Unreal
Engine 5
从入门到精通

左 未◎编著

中国铁道出版社有限公司
CHINA RAILWAY PUBLISHING HOUSE CO., LTD.

内 容 简 介

书中按照游戏项目开发的流程编排内容，用一个综合实例贯穿全书，详细介绍了蓝图的应用、游戏基础逻辑的编写、UI 的制作、AI 的开发、动画的制作、C++ 开发等知识。

在本书配套资源中提供了书中实例的源文件和素材文件。

本书内容全面，讲解细致，技术实用，适合游戏动漫和虚拟现实开发人员阅读学习，也可作为大中专院校和培训机构游戏动漫及其相关专业的教材。

图书在版编目（CIP）数据

Unreal Engine 5 从入门到精通/左未编著.—北京：中国铁道出版社有限公司，2023.6（2024.9重印）
ISBN 978-7-113-30076-0

I.①U… II.①左… III.①虚拟现实–程序设计 IV.①TP391.98

中国国家版本馆 CIP 数据核字（2023）第 051356 号

书　　名：Unreal Engine 5 从入门到精通
　　　　　Unreal Engine 5 CONG RUMEN DAO JINGTONG
作　　者：左　未

责任编辑：于先军　　编辑部电话：（010）51873026　　电子邮箱：46768089@qq.com
封面设计：MXK DESIGN STUDIO
责任校对：刘　畅
责任印制：赵星辰

出版发行：中国铁道出版社有限公司（100054，北京市西城区右安门西街 8 号）
网　　址：http://www.tdpress.com
印　　刷：北京盛通印刷股份有限公司
版　　次：2023 年 6 月第 1 版　2024 年 9 月第 4 次印刷
开　　本：787 mm×1 092 mm　1/16　印张：25.25　字数：567 千
书　　号：ISBN 978-7-113-30076-0
定　　价：148.00 元

前　言

Unreal Engine（虚幻引擎，简称 UE）是一款先进的实时 3D 创作工具，可制作逼真的视觉效果和沉浸式体验，从设计可视化和电影式体验，到制作 PC、主机、移动设备、VR 和 AR 平台上的高品质游戏，Unreal Engine 都能为创作者提供支持。

这本书在讲什么

在本书中，主要回答下面几个问题：

- UE5 是什么
- UE5 入门要掌握些什么知识
- 在本书中会制作一个怎样的游戏

● UE5 是什么

在介绍 UE5 之前，先了解一下游戏引擎是什么？当前的游戏引擎是一个什么概念？

在早期，开发者如果想要让自己开发的游戏运行在不同的平台上，或许就要准备不同的代码。比如，在 Android 系统中编写程序一般用的是 Java 或者 C++ 语言；在 iOS 平台中编写程序用的则是 Object-C 或者 Swift 语言。这会让一个团队的代码开发量变成单平台开发的好几倍。而当前的引擎则解决了这个问题，开发者只需要编写一套游戏代码，就可以发布到不同的游戏平台上，节省了很多开发的时间，UE5 就是这样一款引擎。另外，随着引擎的发展，现在的引擎还继承了很多方便的功能，比如：

注重开发管线的集成。简单来说，就是使用一个引擎，美术人员可以在上面进行场景设计、制作角色动画等操作；策划人员可以在上面配置游戏属性；程序员可以在上面编写游戏代码。

注重生态的建设。现在的引擎一般都带有插件市场，用户可以通过市场购买、下载和使用觉得有用的插件，避免自己"造轮子"，从而提高开发效率；也可以自己编写和发布插件，放在插件市场售卖。

本书的前三章会简单地介绍 UE5 的基础知识，并对引擎的界面、蓝图的基本操作进行详细讲解，为后面进入实战打下坚实的基础。

● UE5 入门要掌握些什么知识

想要完整地做出游戏，需要掌握的知识包括并不限于：游戏世界规则的搭建、游戏中的 UI、游戏中的 AI、角色的动画和表现、游戏打包和优化等。其中，前四项是一个 UE5 开发者在开发游戏之前必须要掌握的。

所以在本书中，我们会重点介绍下面这些知识，并且使用这些知识来完成我们的游戏：

● 使用蓝图开发游戏逻辑

蓝图是自 UE4 以来就有的一款脚本语言。与其他传统的语言相比，蓝图编程的特点是通过"拖拖拽拽"就能完成。用户不是在写代码，而是在"画"代码——通过函数节点的组合来创建逻辑，因此对于新手来说，蓝图的学习成本非常低。在本书的第 4 章，会深入地讲解如何在 UE5 中使用蓝图来开发逻辑，然后制作游戏的基础运行逻辑。

● 使用 UE5 中的 UMG 进行 UI（用户界面）的开发

UI 即 User Interface，中文是"用户界面"。游戏中的用户界面指的是显示在屏幕上的可交互的信息（如按钮），或不可交互的信息（如一系列文字和图片）。游戏中的分数、玩家背包、设置界面等，这些都属于用户界面。本书的第 5 章，会介绍如何用 UE5 中的 UMG 来制作 UI，并且建立一个 UI 界面来显示厨房订单和玩家分数等信息。

● 使用 UE5 进行 AI 开发

AI 的中文是"人工智能"，全称为 Artificial Intelligence。所谓的 AI，就是让个体拥有自己的智慧，去完成某个方面的决策，并比较合理地完成任务。

在游戏领域中，人工智能使用得非常广泛，你在游戏中遇到的 NPC（None-Player Character，也就是非玩家角色），都是 AI 驱动的：

● 你的敌人。比如《DotA》《英雄联盟》中的人机局，你的对手就是几个非常复杂的 AI。

● 你的队友。比如《战神 4》中的主角的儿子，可以辅助你战斗。

● 一个自动速通的示范角色。比如《喵斯快跑》中的一个能够自动完美通关角色。

目前的 AI 主要分为两种：像 AlphaGo，其实是属于学习型 AI，它通过大量的机器学习得到最终的运算模型；另一种是传统型 AI。传统型 AI 需要制作者人工制定详尽的决策规则，比如设定它的任务和目标，设定它遇到特定的外界刺激时要做出什么反应等。游戏中的大多数 AI 一般都是用这种方式制作的，能够满足大多数的要求。本书要讲的，就是传统型 AI。

在 UE5 中，默认使用的传统型 AI 是行为树架构。在本书的第 6 章，会讲解 UE5 中的 AI 系统、行为树是怎么设计的，以及怎么使用 UE5 的 AI 系统来

　　为角色制定它的行动模式。

● UE5 中的角色动画

　　　　游戏中的角色是怎么跑动、跳动以及做其他动作的呢？这就需要给角色设置在不同情况下播放的动画。在第 7 章中会介绍 UE5 中的动画系统，并且介绍如何让机器人在处理食材的时候播放处理的动画。

● 在本书中会制作一个怎样的游戏

　　在本书中会构建一个厨房场地，放置一些食材，然后让一个机器人能够在场景中自动跑动、获取和处理食材、将食材组合起来完成食客的订单，并获取分数。

入门之后——如何继续进步

　　学完前面的几章内容之后，你已经具有了一个 UE5 入门者应当有的能力，并且能够制作一个属于自己的较为简单的游戏了。那么接下来要如何继续精进呢？

　　书中会推荐几种方法，照着这几种方法做下去，你的 UE5 开发能力就能继续提高。

　　学习 C++ 语言。我们要更加深入地了解 UE5 引擎，就得去了解 UE5 本身是怎么运行的。UE5 是使用 C++ 语言实现的，所以如果想让自己的 UE5 开发之路走得更远，一定要学习 C++。前面几章的游戏内容都是通过蓝图实现的，但某些逻辑在蓝图中实现不了，必须用 C++ 编程才能实现。我们会在第 8 章详细介绍如何在 UE5 中使用 C++。

　　除此之外，在第 9 章介绍了其他的一些能够学习 UE5 的途径（比如一些很有用的博客和网站），以及成为一个成熟的 UE5 开发者需要掌握的知识。

为什么要选择本书作为你的第一本 UE5 教程

　　你可能经历过这种窘境：学习或工作中遇到某个问题，想在网上搜索资料，虽然找到了相关内容，但在看完之后还是一知半解。真正能让读者看懂的文章，应该是有头有尾，有故事有结局有总结的。网上的文章有的是"笔记式"的，只记录文章作者自己认为最关键的点；有的文章则是默认读者已经有了一定的基础，上来就长篇大论，展开来讲很高深的知识。相信很多人在看完这两种文章后仍然处于不懂的状态。

　　真正能让一个初学者好吸收的资料，应该遵守 SCQA 原则，也就是背景—冲突—问题—回答。

　　读书的时候我们常有类似的疑问：学会解决这道题究竟有啥用？如果搞不明白要学习的东西究竟有什么用处，那么学习起来既缺乏动力，没有目标，也不知道要学到什么程度。所以，脱离了实际问题的知识，是难以吸收的，很难融入现有的知识体系，也很难让学习的人真正提起兴趣。书中在每节的开头都会先讲使用的背景（需求），然后围绕这个需求来提出解决方案，再引出对应的知识点。

还有很重要的一点：书中会用一个游戏案例贯穿始终，跟着这本书做完所有示例，最后也就完整地做完了一个游戏。这样的好处有两个：一是通过制作范例，能将知识融会贯通，毕竟实践出真知；二是一个完整的游戏范例可以让我们了解到每个部分的知识是被用在游戏开发中的哪一处，处于什么地位，以后怎么举一反三。

在配套资源的示例工程中，每一个工程文件都是该章节最终完成的效果。如果有读者想要直接从第 3 章开始学习，可以加载已经完成的第 2 章的示例工程文件；如果想要从第 4 章开始学习，可以加载第 3 章的示例工程文件，以此类推。

最后祝大家学习愉快！

左未

2023 年 5 月

目　录

↘ 第 3 章　蓝图

↘ 第 4 章　编写游戏的基础逻辑

第 5 章　游戏 UI 的制作

↘ 第 6 章　Unreal Engine 5 中的 AI

↘ 第 7 章 动画

↘ 第 8 章 Unreal Engine 5 中的 C++ 开发

第1章 Unreal Engine 5 概述与安装

这一章，简单介绍一下 UE5 这个游戏引擎，让大家对其有个基本的了解。本章的重点是讲解如何安装 UE5。

↘ 1.1 什么是 Unreal Engine 5

假设你的团队立了一个项目，并且已经选好了游戏的制作内容，就差选定开发工具了。而选定开发工具，最重要的就是选一款游戏开发引擎。那么选择哪款引擎呢？

目前，国内在使用的主流游戏开发引擎有三款：Cocos2dx、Unity 和 Unreal Engine，它们的标志分别如图 1.1、图 1.2 和图 1.3 所示。

图 1.1   图 1.2   图 1.3

如果你的游戏类型是 3D 的，开发团队达到了一定的人数，并且对游戏的画面品质有一定要求，或者对引擎的可定制性有更高的要求，那么使用虚幻引擎是比较合适的。

和前面提到的 Cocos2dx 和 Unity 一样，Unreal Engine 是一个跨平台游戏开发引擎。使用虚幻引擎开发的游戏可运行于多个平台，如 Windows、MacOS、Linux、Android、iOS、Switch、PS5 等。你可以使用一套代码进行游戏开发，并在多个平台发布游戏。

目前有非常多的 3A 大作都使用了 UE 作为它们的开发工具，你也许听过的有：《战争机器 4》《勇者斗恶龙 XI 寻觅逝去的时光》《PUBG/ 和平精英》《耀西的手工世界》《仙剑奇侠传七》等。

虚幻引擎已经迎来了第五代，虽然在写这本书的时候，第五代还是初版，但是基本的使用，以及我们要重点讲解的基础部分在新版本应该也不会有太大的改变，所以即使在购买这本书的时候 UE5 已经发布了更新的版本，你还是可以参考这本书进行学习的。

⬎ 1.2　Unreal Engine 5 的安装

那么既然我们选定了 UE5 作为我们的开发引擎，下一步当然就是要下载和安装它。我们可以通过两种方式安装 UE5：

- 通过 Epic 商城下载编译完的 UE5，下载之后就可以直接运行。这种方式胜在方便快捷。
- 自行下载和编译 UE5 的源码版本。下载源码之后要进行各种配置，然后是漫长的编译，最后才能使用。

1.2.1　选择适合自己的版本

那么我们要选择哪个版本进行开发呢？

一般而言，如果你只是学习或开发小游戏用，那么用商城版本就够了。商城版本其实也可以看到大部分源码，可以满足学习源码的需求，甚至也能够对引擎源码打断点调试。商城版本开箱即用，下载完就可以直接打开，用于创建和开发属于你自己的游戏。

而如果你的开发团队拥有一定的人数，要开发一款大型游戏，那么在未来的开发中极有可能要修改到 UE5 的源码来自定义引擎的逻辑。这个时候就推荐你使用 UE5 的源码版本，可以更自由地对引擎进行定制。缺点是源码版本的下载和配置的步骤比较烦琐，而且第一次编译的时间非常漫长。

1.2.2　安装商城版本

读者朋友如果想快速开始我们的学习流程，建议先选择商城版本。首先我们需要安装 Epic 启动器。访问网址 https://www.epicgames.com/store/zh-CN/download?lang=zh-CN，单击网页中的"下载 EPIC GAMES 启动程序"按钮就可以下载，如图 1.4 所示。下载完后，打开这个下载的 .exe 文件，在打开的安装界面中单击"安装"按钮，如图 1.5 所示，进行安装。

图 1.4

图 1.5

　　安装后我们可以在桌面上看到 Epic Games Launcher 快速启动图标（见图 1.6），双击它进入程序。初次进入会要求登录 Epic 账号，如果你没有 Epic 账号，可以单击下面的"注册"按钮来注册一个账号（见图 1.7）。注册完毕之后就可以登录。

　　登录后我们单击左上角的这个"虚幻引擎"标签，如图 1.8 所示。再单击上方的"库"，跳转到虚幻引擎的版本库，然后单击加号 来添加一个虚幻引擎版本到本地，如图 1.9 所示。单击库的箭头打开版本选择下拉框，选择一个合适的 UE5 引擎版本（本书在写作时最新的版本是 5.0.0，读者可以跟我一样选择 5.0.0，或者直接选择最新的 UE5 版本）。然后，单击"安装"按钮，选择安装路径并开始安装，如图 1.10 所示。

图 1.6

图 1.7

图 1.8

图 1.9

图 1.10

1.2.3　安装源码版本

　　源码版本指的是我们自己从 Epic 的 Github 仓库中下载 UE5 的源码，然后自己进行编译，适合想要调试引擎源码或修改引擎源码的用户。源码的安装方式比较复杂，我在这里只是说一下大概的步骤，如果大家有兴趣，可以上网查询详细步骤。

　　（1）注册或登录 Github 账号。

　　（2）登录虚幻社区，并且在个人设置的"连接账户"中输入你的 Github 用户名，保存后会收到一封邮件。

　　（3）单击邮件中的链接，确定绑定。

　　（4）确保你有编译 UE5 源码所需的开发环境，比如 VisualStudio 的安装。

　　（5）下载 UE5 的源码，双击 Setup.bat 下载必要的资源。

　　（6）使用 VisualStudio 编译 UE5 并启动。

↘ 1.3　从商城版本启动

　　前面我们虽然两种安装方法都介绍了，不过在你学习本书的时候，推荐先使用商城安装版，上手更加方便。安装 UE5 后，在安装 UE5 的"库"页面，单击对应版本的"启动"按钮，即可启动 UE5。

第2章　界面与游戏场景搭建

在上一章中，我们已经初步了解了 UE5 是一款怎样的引擎。在本章中，我们会正式开始学习 UE5 的功能，并通过使用这些功能来制作一个属于我们自己的游戏。

事不宜迟，让我们开始吧！

↘ 2.1　我们要制作的游戏

最近有一个很火的游戏叫 Overcooked（煮糊了），可以由多个玩家一起合作，在游戏中的厨房协作来完成一道道的菜肴，如图 2.1 所示。玩家之间需要通过非常默契的配合，才能比较快地完成一道又一道的菜。

玩这个游戏的时候，有时会因为其中某个玩家的不熟悉，操作速度太慢，或者误操作，很有可能就会误了某个订单，继而导致各个玩家之间出现矛盾。这也是这款游戏被称为"分手厨房"的原因。

图 2.1

吵架那可不好！于是我在想，能不能做一个全自动机器人来玩这个游戏呢？这个机器人非常聪明，会自动选择最紧急的单子来做，根据不同的菜品选择正确的原材料并执行正确的工序，永远不会出错。

所以这个游戏就叫 Autocook 好了，也就是全自动烹饪厨房。玩家只要看着机器人做菜就行了，完全不用动手操作，享受完美完成订单的极致快感。

↘ 2.2 新建 Unreal Engine 5 项目

在上一节中我们已经讲明了要做什么样的游戏，接下来就可以正式动工了。考虑到从零开始做一个游戏的学习曲线会过于陡峭，我们会在一个模板工程上进行开发。这个模板工程来自 UE5 预览版本的第三人称游戏模板，你可以在附件中找到这个工程。

> 🔔 **提示**
>
> 从 UE 5.0.1 之后，第三人称游戏模板工程已经发生了一点变化。但变化不大，主要体现在外观上，比如主角的模型变了——从白色机器人变成了金属色机器人，还有就是游戏场地发生了一点变化——具体是多了几根柱子。但是，这两个项目在关键的游戏逻辑上区别不大，所以本质上是一样的。本书中，我们将以附件提供的工程为基础模板进行学习。由于两个工程的区别不是特别大，初学者建议直接用我提供的模板工程进行学习，但是如果你想有一点挑战性，也可以自己用 UE5 创建一个第三人称模板进行学习。

下面我们将分别了解如何打开示例工程和如何使用 UE5 创建新的第三人称模板工程。

2.2.1 方式一：打开实例工程

第一种方式是直接从本书的配套资源中找到项目目录 Autocook_01_Original，然后打开此工程。

在上一章中我们已经安装好了 UE5 并且第一次启动了它，界面如图 2.2 所示。

接下来我们单击下方的"BROWSE（浏览）"按钮，如图 2.3 所示。在弹出的窗口中选择并打开示例项目中的"Autocook.uproject"文件，就可以打开这个工程。

图 2.2

图 2.3

> **提示**
>
> 项目中的 uproject 文件记录着项目的概述信息，如果你安装了虚幻引擎，那么虚幻引擎会自动关联 .uproject 文件，所以你也可以直接进入到项目目录中，双击 uproject 文件就可以打开项目。

如果你使用的是更高版本的 UE5 来打开示例工程文件，那么在打开工程文件的时候可能会提示："This Project was made with a different version of the Unreal Engine. Opening it with this version of the editor may prevent it opening with the original editor, and may lose data. We recommend you open a copy to avoid damaging the original."（见图 2.4）。大意是你正在使用一个和项目的版本不同的 UE。如果你想打开这个项目，有两种选择，一是单击对话框底部的"Open a copy"，单击这个选项后，引擎会帮你复制一份工程文件，并将新的工程文件升级到你正在使用的 UE 版本。如果你不想让引擎帮你复制，可以单击左下角的"More Options（更多选项）"，对话框会展开所有选项，包括了另外两个选项："Convert in-place（原地转换）"，也就是不拷贝，直接对原项目进行升级；"Skip conversion（跳过转换）"，也就是不升级，如图 2.5 所示。

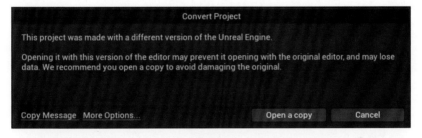

图 2.4

图 2.5

如果你对原本的项目已经有备份，可以直接选择"Convert in-place"。

> **提示**
>
> 第一次打开工程文件时，由于引擎要做打开文件的相关准备，可能会停留在如图 2.6 所示的画面较长时间（性能不错的电脑可能也需要半小时左右），需要大家耐心等待，这并不是系统出现了问题。

图 2.6

2.2.2 方式二：从 Unreal Engine 5 创建第三人称

还是打开 UE5 的启动面板，然后单击左侧的"GAMES（游戏）"，选择中间的"Top Down（俯视角游戏）"作为我们的游戏基础内容，如图 2.7 所示。在右下角的"PROJECT DEFAULTS（项目默认值）"中选择"BLUEPRINT（蓝图）"（见图 2.8），表示这是一个纯蓝图项目。然后在"Quality Preset"右侧的下拉框中选择"Scalable（可缩放）"，如图 2.9 所示。

图 2.7

图 2.8

图 2.9

> **提示**
>
> 　　为什么要把这个选项改成 Scalable 呢？当我们在性能不太高的电脑上开发游戏时，Scalable 模式会根据你的电脑硬件水平自动地关闭一些比较消耗性能的特性，使得开发游戏的时候 UE5 能够运行得较为流畅。如果你的电脑性能非常高，可以使用默认的 Maximum 模式。

　　最后一步是指定游戏项目所在的目录以及项目名称。单击 Project Location（项目位置）右边的这个文件夹按钮（见图 2.10），选择你的游戏项目要存放的位置（见图 2.11），然后在右边的 Project Name（项目名称）中输入游戏的名称"Autocook"，如图 2.12 所示。

　　最后，单击下方的 Create（创建）按钮（见图 2.13），完成项目的创建。

图 2.10

图 2.11

图 2.12

图 2.13

↘ 2.3　Unreal Engine 5 界面介绍

　　在前面一节中，我们通过 UE5 的启动器创建了一个名为 Autocook 的项目。项目创建完了之后，UE5 编辑器就会被自动打开。这也许是你第一次看到 UE5 编辑器的样子（见图 2.14），你可以先随着自己的好奇心随便点点，也可以跟着书中介绍的内容来较为系统地了解 UE5 编辑器中最常用的部分。

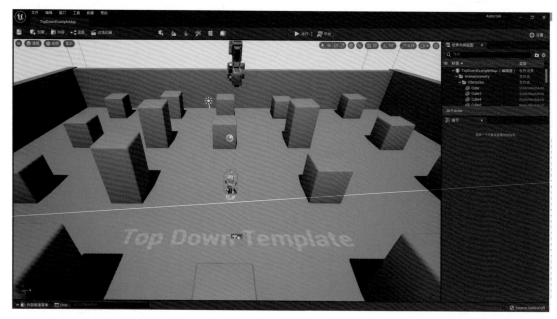

图 2.14

如果你是初次接触 UE5 编辑器，为了后面正式开始制作游戏时，能够快速地在编辑器中找到需要的界面，建议先阅读完本章并进行实际操作。

2.3.1 将界面切换为英文版

接下来的讲解我们都将基于 UE5 英文版本，所以在这里请读者先把编辑器的语言切换为英文。

使用 UE5 的英文版本有诸多好处：

- 在公司里的实际开发中，更多地使用的是英文版本；
- 在网上英文版本的资料更多，使用英文版本有助于在遇到问题时能更快地找到答案；
- 大多数蓝图中的英文版本函数都能根据其名字在 C++ 中找到对应的版本，有助于以后从蓝图迁移到 C++ 开发。

尽管如此，可能有些读者会对英文稍显吃力，所以我会在每个英文选项的后面附上对应的中文。

在场景编辑器中（也就是创建完工程后默认打开的编辑器界面），单击左上角的"编辑"，选择"编辑器偏好设置"，如图 2.15 所示。在弹出来的窗口的上面有一个搜索栏，输入"语言"，然后单击"编辑器语言"右边的下拉框，选择"英语（English）"，如图 2.16 所示。

图 2.15

图 2.16

关闭窗口，现在可以看到整个编辑器的语言被更改成了英文。

2.3.2　Unreal Engine 5 界面概述

准备工作已经做好啦，我们现在开始正式了解 UE5 的界面。UE5 的编辑器界面有非常多元素，其中最重要的已经用红色线框圈了出来，如图 2.17 所示。接下来我们逐一介绍被圈中的每个部分。

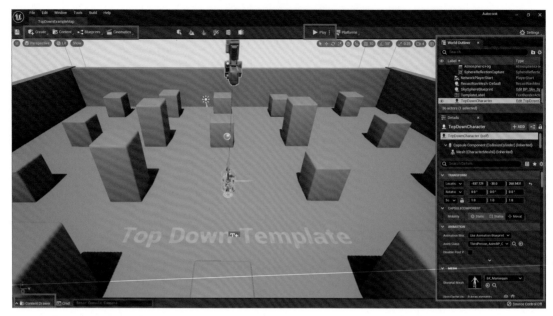

图 2.17

2.3.3 播放按钮

首先，最重要也最常用到的，是在屏幕上方的绿色播放按钮，如图 2.18 所示。单击这个按钮后，游戏就会在编辑器中间的 Viewport（视口）中开始运行。

> **提示**
>
> 在游戏中按"Esc"键就可以退出游戏。

图 2.18

2.3.4 左上角的菜单选项

编辑器左上角有一排菜单，分别是 Create（创建）、Blueprints（蓝图）、Cinematics（剧场），如图 2.19 所示。其中，我们开发游戏使用频率比较高的是 Create 和 Blueprints，所以这里只介绍这两个。

图 2.19

1. Create 菜单

使用 Create 菜单能够方便地创建对象。我们开发时要把各种物体拖入到场景里面去，就会经常用到这个菜单。

> **提示**
>
> 　　什么是"对象"？如果你是第一次接触到编程，可能对"对象"这个词一头雾水。其实简单来说，"对象"在编程世界，约等于"东西"或者"物体"。所以以后看到对象这个词，你可以在心里直接把它替换为"东西"。比如把"创建对象"替换成"创建东西"。

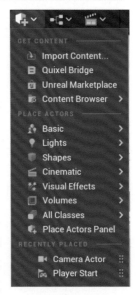

　　选择 Create 菜单，如图 2.20 所示。我们这里只介绍几个常用的命令。

- Lights（光照）：包括直射光、点光源等类型的光照。本书中不会修改到场景中的光照，所以读者了解一下即可。
- Shapes（形状）：包括立方体、球等形状。后面我们制作游戏场景的时候会大量用到这个菜单。
- Cinematic（剧场）：使用时间轴来安排场景中的物体，我们可以使用这一功能来制作游戏中的过场动画，甚至可以用它来制作一部完整的电影。
- Visual Effects（视觉效果）：包括后处理体积、平面反射等。
- Volumes（体积）：其实直译为"体积"会导致新手非常难理解，笔者认为译为"区域"会更好理解一些。用 Volumes（体积）去覆盖某一片区域，就能给这片区域加上某个功能。比如说 NavMeshBoundVolume（导航网格范围体积）就能给某个区域加上寻路信息，这些信息对于游戏角色的寻路功能是必不可少的。

图 2.20

2. Blueprint 菜单

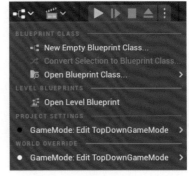

　　Blueprint（蓝图）菜单（见图 2.21）是一系列与蓝图相关的操作，后面我们写蓝图的时候可能会用到这个菜单。蓝图菜单的功能包括了：New Empty Blueprint Class（新建蓝图类）、Convert Selection to Blueprint Class（将所选转换为蓝图类）、Open Blueprint Class（打开蓝图类）、Open Level Blueprint（打开关卡蓝图）编辑 GameMode。

图 2.21

2.3.5　右侧边栏

　　在编辑器右侧的界面是右侧边栏，默认包括了世界大纲和细节两个面板。

1. World Outliner（世界大纲）

世界大纲这个词可能有点难理解，你可以把它理解成是一个目录，目录中的每一个词条分别对应场景中的一个对象，如图 2.22 所示。

选择 World Outliner 里面的某个对象，这个对象在场景中会高亮。比如，当你选中第一个 "Cube" 的时候，场景中这个柱子就会亮起来，如图 2.23 所示。

图 2.22

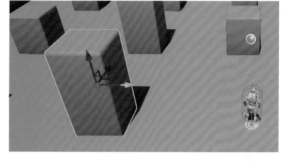

图 2.23

反过来，当我们选中场景中的某个对象的时候，这个对象也会相对应地在世界大纲中被选中。比如选中场景中这个角色的时候，场景中角色会高亮，如图 2.24 所示。同时，世界大纲会跳转到对应的地方并且选中 "TopDownCharacter"，如图 2.25 所示。

图 2.24

图 2.25

2. Details（细节）

当场景中或者世界大纲中某个对象被选中的时候，下方会显示出它的各种属性，这个面板在 UE5 中称为 "Details（细节）"，如图 2.26 所示。选中场景中的角色的时候，细节面板就会出现，并且显示角色所在的位置、转向、缩放比例。

> **提示**
> "属性" 可以理解为对象的某种性质，比如对象的位置及它的转向等。

图 2.26

2.3.6　Content Drawer（内容抽屉）

单击屏幕下方的 Content Browser，或者同时按住空格键和 Ctrl 键，就可以显示出 Content Drawer（内容抽屉），如图 2.27 和图 2.28 所示。

图 2.27

图 2.28

内容抽屉的功能很好理解。它是 UE5 中的资源浏览器，我们可以使用它对游戏资源做新增、删除、修改和浏览，就像我们在使用 Windows 的文件管理器一样。

右击内容抽屉的空白处就会弹出右键菜单，可以方便地创建文件夹、创建新的蓝图类、关卡、材质或者其他资源，如图 2.29 所示。

图 2.29

2.3.7　Viewport（视口）

Viewport（视口）就是编辑器中间这块占据了很大空间的区域，如图 2.30 所示。

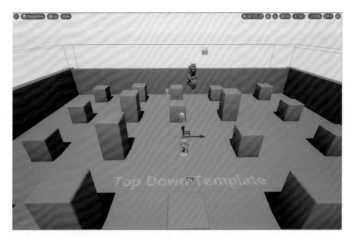

图 2.30

默认情况下，我们单击播放按钮▶之后，游戏就会在这个区域内被运行。

在游戏还没被运行的时候，我们也能通过这个区域来查看游戏场景中的内容。你可以移动、缩放视口的显示内容。比如说，使用鼠标就可以做很多操作。在 Viewport 中：

● 按住鼠标左键或者右键拖动，就可以转动视角；

● 滚动鼠标滚轮，就可以进行缩放。

除此之外还有一种很常见的操作方法。不知道你有没有玩过 FPS（第一人称射击）游戏？对于游戏里面的角色，我们按住 W、S、A、D 键，分别可以操作它向前、后、左、右四个方向走。使用这种方法，你也可以控制 Viewport 对应的镜头前后左右地移动。同时，你还可以用鼠标控制这个镜头的转向，就好像你在操控一个隐形的角色一样去查看游戏场景。

在游戏开始运行之后，上面这一排按钮会变成图 2.31 所示的样子。此时，如果我们单击第四个按钮⏏，就会脱离玩家角色，重新进入像游戏未运行前的那种自由模式，此时我们也可以通过上面说的方法来操作镜头。如果想要从自由模式回到游戏模式，再单击第四个按钮即可（自由模式下的第四个按钮变成了手柄状）。

图 2.31

↘ 2.4　游戏场景搭建

了解完 UE5 编辑器的界面之后，我们可以通过搭建 Autocook 的游戏场景来熟悉这些界面上的功能。在此之前，回顾一下我们要做的游戏——我们要做一个类似于 Overcooked 的游戏。在开始制作游戏的逻辑和让机器人出现之前，我们必须先要搭建游戏的场景，也就是机器人工作的厨房。

为什么要参与制作场景呢？这是为了让我们能够通过场景的搭建，学习一下如何在 Viewport 中移动和摆放物体，还有熟悉一下 Viewport 和细节面板的使用。

最终我们的效果要做成如图 2.32 所示的样子。

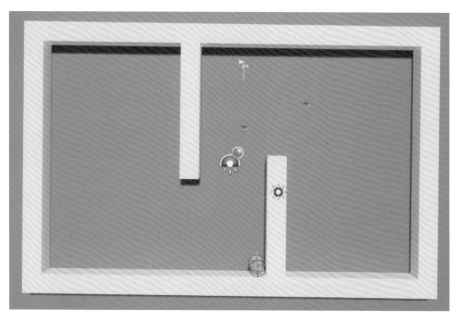

图 2.32

2.4.1　删除原有的场景物体

在制作我们自己的场景之前，先看看现在已有的场景，如图 2.33 所示。

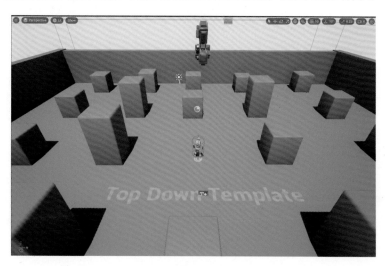

图 2.33

在示例场景中有很多小柱子。我们先要把这些小柱子都给删除了，露出平地，然后才能构建我们自己的场景。

想要删除某个对象，首先要选中它。你可以在 Viewport 中直接选中其中一根柱子（见图 2.34），此时柱子的边缘会高亮，表示你已经选中它。同时，编辑器右上角的世界大纲会选中对应的对象条目，如图 2.35 所示。

图 2.34

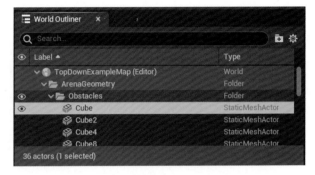

图 2.35

接下来你可以有两种方式来删除这根柱子。

方式一：在 Viewport 中的柱子上面右击，或者在世界大纲中，柱子对应的条目上右击，在弹出的菜单中选择"Edit（编辑）"→"Delete（删除）"命令，如图 2.36 所示。

图 2.36

方式二：选中柱子后，按"Delete"键。

1. 尝试逐一删除柱子

用我们上一节学到的 Viewport 的操作方法，可以按住鼠标右键左右移动鼠标来转动 Viewport，结合使用 W 键 S 键 A 键 D 键在 Viewport 中移动，这使得我们可以在 Viewport 中找到所有的柱子。

然后我们一个一个地选中这些柱子，逐一删除掉它们。

2. 批量删除

接下来你会发现，一个一个删除柱子实在是太费时间了。那么，我们来看看一个便捷的方法，使用这种方法可以一次性删除场景中所有的柱子。

在世界大纲中，可以看到有一个文件夹叫作"Obstacles（障碍物）"，这个文件夹下保存着所有的柱子对象。单击，选中这个文件夹下的第一个 Cube（见图 2.37），可以看到场中对应的柱子亮了起来。然后在世界大纲上转动鼠标滚轮，来到最后一个 Cube，也就是"Cube31"这里，如图 2.38 所示。按住 Shift 键，同时单击这个"Cube31"。可以看到从 Cube 到 Cube31 全都被选中了，如图 2.39 所示。这个时候再按一下 Delete 键，就可以看到场中所有的柱子都被删除了。

删除了文件夹内所有的对象之后，我们还需要再选中文件夹本身，再按下 Delete 键删除它，如图 2.40 所示。

图 2.37

图 2.38

图 2.39

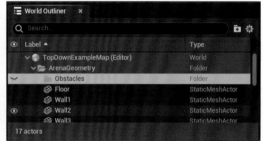

图 2.40

最后我们就能得到一个空白的场景，如图 2.41 所示。

图 2.41

2.4.2　删除场景周边的墙

接下来我们还需要删除场景四周的四堵墙。

与之前批量删除柱子的方法一样，我们先选中世界大纲中的"Wall1"（见图 2.42），然后按住 Shift 键，单击"Wall5"，如图 2.43 所示。此时从 Wall1 到 Wall5 之间的四个对象都会被选中并且高亮，按 Delete 键，就可以一口气将它们删除掉了。

图 2.42

图 2.43

2.4.3　删除场景中的文字

在世界大纲中找到"TemplateLabel"（你可以在世界大纲上面的搜索栏搜索这个名字），按 Delete 键删掉它。TemplateLabel 对应的是如图 2.44 所示的物体。

图 2.44

2.4.4　把地面重置到世界原点

实例工程有一个奇怪的地方——场景的地面是"悬浮"在半空中的，也就是说地板对象的 Z 坐标不是 0。

为了后面的计算更加方便，我们需要把地面的坐标重置到世界的原点（理论上，这个坐标应该是 $x, y, z = (0, 0, 0)$，但是实际操作中会有所不同）。

在世界大纲中选中"Floor"，或者直接在 Viewport 中选中地板，如图 2.45 所示。细节面板中就会出现地板的属性。在 Transform（变换）标签下显示的是地板的变换属性，如图 2.46 所示。

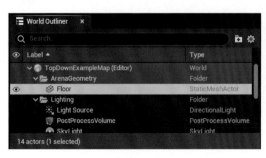

图 2.45

图 2.46

Transform 在游戏中是一个常见的名词，它一般有三种子属性，对应图 2.46 中的左侧红色框，分别是：Location 表示对象的位置信息；Rotation 表示对象的转向信息；Scale 表示对象的转向倍率。

地板在原工程中其实就是由一个普通的立方体拉伸而成的。在 UE5 中，基础立方体的大小是 100 cm×100 cm×100 cm。观察到缩放那里的设置是 (30, 40, 1)，也就意味着目前地板的尺寸是：长 40 米，宽 30 米，厚度是 1 米。

为了将地板设置到世界的中心，通常来说我们会想到将地板的位置设置为 (0, 0, 0) 就行了。但是在这里我们还需要考虑地板的厚度。地板的位置由立方体的中心决定，所以现在从地板的中心到地板的上表面，距离是 50 cm。如果我们只是简单地将地板的坐标设置为 (0, 0, 0)，就会导致地板上表面的 Z 坐标（高度）实际上是 50 cm。为了让地板的上表面的高度是 0，我们需要将地板的 Z 坐标向下移动 50 cm，而保持 XY 为 (0, 0)。最终地板的 Transform 参数如图 2.47 所示。

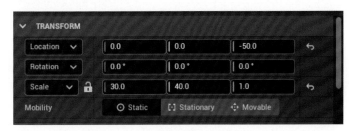

图 2.47

除了移动地面之外，我们还得在世界大纲中找到"NavMeshBoundsVolume"（见图 2.48），这是一个"寻路体积"，在这个寻路体积范围内的区域，才能够生成后面机器人到处走动需要的寻路信息。由于我们将地板的位置变了，所以寻路体积的位置也得随之改变，才能够覆盖整个地面。选中寻路体积后，将它的 Transform 参数改成如图 2.49 所示的样子。

图 2.48

图 2.49

2.4.5　搭建工作台

我们的地图暂且以 Overcooked2 游戏的这个地图为基础（见图 2.50），自己稍稍做一些修改。我们自己的底图最终效果如图 2.51 所示。

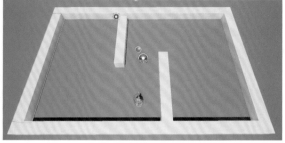

| 图 2.50 | 图 2.51 |

2.4.6　建立厨房四周的墙

清空地面和墙面之后，就正式开始制作游戏的厨房。

首先我们要搭建厨房的边界。思路是使用 UE5 自带的功能来创建一个正立方体，然后通过拉伸，把它变成我们需要的形状。

现在我们来创建一个立方体。还记得 2.3 节提到的 Create 菜单吗？就是它，在编辑器的左上角，如图 2.52 所示。单击，选择它的子菜单"Shapes"（形状）→"Cube"（立方体），如图 2.53 所示。

你会发现在视口中会出现一个正立方体（见图 2.54），接下来要把它变成我们所需要的样子。

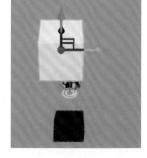

| 图 2.52 | 图 2.53 | 图 2.54 |

我们的厨房暂定有 20 m × 12 m 这么大，那么其中一个边界就需要 22 m 那么长。一个立方体原来的边长有 1 m，所以我们需要把它拉长 22 倍。

> 🎙 **提示**
>
> 为什么厨房的长是 20 m，但是我们要把标准立方体沿一个方向放大为 22 倍即 22 m？因为我这里说的厨房大小是内径，而厨房的墙有一米厚。为了最后组装成厨房之后，内径是正确的，要把缩放设成 22 倍。

拉长有两种方式，一种是在视口中选中立方体，然后按 R 键，你会发现立方体上面的三个箭头变成了三个小立方体，这意味着它进入了拉伸模式，如图 2.55 所示。这时候选择

其中一个方向，比如说绿色方向的小轴，按住左键往一个方向拖动，就会发现立方体在小轴那个方向上被拉长了，如图 2.56 所示。看一眼右边 Details 面板里面的 Scale 参数，X、Y、Z 其中某个轴的数值已经不再是 1 了。

图 2.55

图 2.56

但是这种方式有一个问题，就是很难调节到一个精准的数值，比如说我们让它在 X 方向拉伸为原来的 10 倍，单单靠我们手动这样去拉，很难精准地拉出来。

这个时候我们可以选择在细节面板中，直接将绿色轴对应的绿色参数，也就是 Y 轴的 Scale 改为我们想要的缩放倍率，然后按一下回车键就会生效，如图 2.57 所示。

> **小知识**
>
> 在 Viewport 中选中一个物体后，按一下 W 键，物体会变成"可移动"模式，操纵杆变成箭头，你可以拖动箭头让它移动；按一下 E 键，物体进入"可旋转"模式，操纵杆变成球形，可以改变物体的转向；按一下 R 键，物体则进入"可缩放"模式，操纵杆变成立方体；按一下 Q 键，物体身上的操纵杆就会消失。
>
> 除了在视口中使用 W、E、R 三种方式来分别改变物体的位置、旋转、缩放，还可以直接在细节面板中输入数字改变。

接下来我们把这个长条形的物体放置到 (-650, 0, 50) 的位置，这样它就成了第一堵墙。

由于厨房是长方形的，我们可以简单地将这堵墙复制粘贴成为平行的另一堵墙。选中这堵墙，按 Ctrl+C 快捷键进行复制，然后粘贴，可以发现场上出现了另一堵墙，叫作"Cube2"，给它设置位置为 (650, 0, 50)。

接下来创建左右两堵墙，我们还是根据前面的步骤，从 Create 面板中再创建一个立方体"Cube3"，设置它的参数如图 2.58 所示。

图 2.57

图 2.58

然后，同样是对这个"Cube3"进行一次复制粘贴，产生"Cube4"，再更改"Cube4"

的位置为 (0, 1050, 50)。这样，我们就建好了厨房的四周。

2.4.7　建立厨房内的灶台

接下来的灶台搭建就交给你自己来做。方法不外乎还是从 Create 菜单创建两个立方体，将它们进行缩放，然后放置到合适的地方。具体怎么调，不用那么精细，只要样子像就好了。

这里给出两个立方体的参数分别如图 2.59 和图 2.60 所示。

图 2.59

图 2.60

↘ 2.5　物体卡片与材质入门

上一节我们已经把厨房里灶台的位置都摆好了，接下来我们需要在灶台上摆放做出一道菜所需要的道具。目前来说 Autocook 只考虑做水果蔬菜沙拉这道菜，所以仅需要下面这些道具：

- 制作水果蔬菜沙拉所需要的原材料（苹果、香蕉、青瓜和沙拉酱）；
- 切菜用的刀与砧板；
- 装菜品用的盘子。

2.5.1　模型还是卡片

在厨房里摆放这些道具，我们有两种选择。通常的做法是找一些道具对应的 3D 模型（网上有好多免费的 3D 模型可供下载），如图 2.61 所示。但在本书中，我们先不采用这种方式。这是考虑到网上的 3D 模型质量参差不齐，而且 3D 模型的导入和放置到场景中需要耗费大量的时间。

为了简化这个步骤，我们通过在场中摆放道具的图片卡片来代表它，如图 2.62 所示。制作卡片可以节省下大量的摆放时间，提高学习的效率。通过摆放，最终的效果如图 2.63 所示。最左侧是沙拉酱，然后从左往右分别是砧板、盘子、香蕉、苹果、青瓜。

图 2.61

图 2.62

图 2.63

那么，接下来就介绍一下如何制作卡片并摆放在场景中。

2.5.2　创建子文件夹

在创建卡片之前，我们要创建多个物体。由于物体多了之后在世界大纲里面很难找，所以我们要先新建一个文件夹来容纳它们。在世界大纲中找到代表关卡的条目"TopDownExampleMap"，右击，在弹出的菜单中选择"Create Folder"，如图 2.64所示。然后将新创建的文件夹命名为"ItemCards"，如图 2.65 所示。

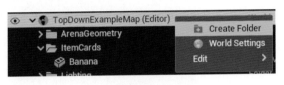

图 2.64

图 2.65

后面我们创建的卡片最后都要拖动到这个文件夹里。

2.5.3　放置空卡片

首先我们要创建一个空的卡片，这个卡片是没有任何内容的，一个纯白色的卡片。在左上角的 Create 菜单中选择"Shapes"→"Plane"（见图 2.66）来创建一个平面。接着调整它的位置，把它放置到灶台上，如图 2.67 所示。

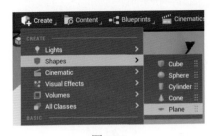

图 2.66

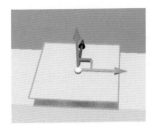

图 2.67

选中卡片后按 F2 键进行重命名，在世界大纲中将它的名称修改为"CardBanana"，然后拖动到文件夹"ItemCards"中，如图 2.68所示。

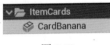

图 2.68

2.5.4 导入对应的蔬菜图片

右击内容浏览器的空白处，在弹出的菜单中选择"New Folder"就可以创建文件夹，如图 2.69 所示。我们在路径"Content/TopDownBP/"下创建文件夹"Items"，然后再在 Items 文件夹下创建子文件夹"Banana"（最终路径为"Content/TopDownBP/Items/Banana"）。

在本书的配套资源的素材中找到图片"TexBanana.jpg"，然后将图片拖动到内容浏览器文件夹的空白处，将这张图片导入到 UE5。得到 UE5 中的文件，如图 2.70 所示。

> 🔔 **注意**
>
> "Banana"前面的"Tex"表示 Texture，也就是纹理。对于新手来说，游戏中的纹理可以粗暴地理解为图片。

图 2.69

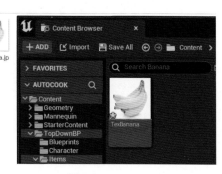

图 2.70

2.5.5 建立卡片材质

现在，场景中的那张卡片仍旧是空白的，如何才能让导入进来的这个香蕉纹理显示到卡片上呢？

1. UE5 材质入门

首先，介绍一下"材质"的概念。

在 UE5 中，一个 3D 物体的外观是由材质（Material）决定的。材质可以决定物体外表的颜色、透明度、是否发光等属性。

如果你选中刚才新建的平面（Plane），在细节面板上可以看到它对应的材质，如图 2.71 中的红色框所示。

双击图 2.71 中的蓝色框，就可以打开材质编辑器。对于材质编辑器来说，最重要的地方就是中间的材质图，如图 2.72 所示。这是本书中第一次接触到 UE5 的图（Graph），材质图与以后我们要接触的蓝图一样，它通过连线联系各个节点，来实现期望的逻辑。

在图 2.72 中，节点"BasicShapeMaterial"决定了材质的最终效果。这个节点上最

需要被关注到的就是参数"BaseColor"，它决定了材质的颜色。你可以双击图 2.73 中的红色部分，UE5 会打开一个颜色编辑器，如图 2.74 所示。

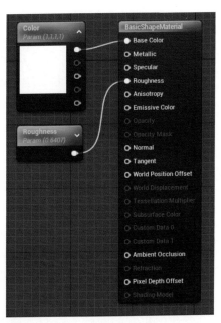

图 2.71

图 2.72

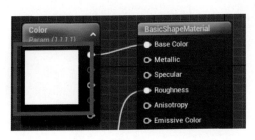

图 2.73

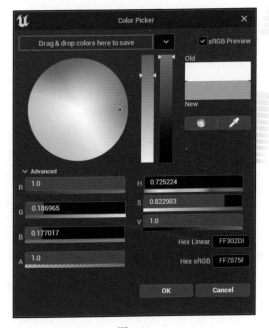

图 2.74

　　我们选中某一个新的颜色，比如红色，单击"OK"按钮，然后单击左上角的"Save"按钮来保存材质，如图 2.75 所示。

　　回到场中看一开始创建的那个白色卡片，这个时候能看到它已经被变成了刚才选择的那种颜色，如图 2.76 所示。

图 2.75

图 2.76

不仅如此，除了白色卡片的颜色变了，场中灶台的颜色也变了！这是由于厨房灶台和刚刚创建的卡片都是共用引擎的同一个材质"BasicShapeMaterial"，所以一旦修改了这个公用材质的颜色，所有用到这个材质的物体外观都会发生改变。

 提示

选中厨房中某个灶台，可以在细节面板中看到它的材质也是"BasicShapeMaterial"。

这个材质是引擎资源的一部分，被很多地方使用到。所以，一旦我们以后创建了别的游戏，新建一个默认的立方体、平面、球型这些 UE5 自带的形状的时候，这次的修改会直接影响到它们的颜色。因此，我们要避免直接修改引擎的材质，最好是新建一个属于自己的材质，再进行修改。

为了避免修改到引擎资源，我们打开刚才编辑过的那个材质，把颜色重新改回白色，如图 2.77 所示。

图 2.77

2. 新建香蕉卡片材质

为了避免修改到引擎的材质，我们要另外给卡片新建对应的材质。

回到刚才导入香蕉图片的那个文件夹"Content/TopDownBP/Items/Banana"，在空白处右击，然后选择"Material（材质）"，如图 2.78 所示。将创建的材质命名为"MatBananaCard"，这里的"Mat"前缀表示 Material。

图 2.78

双击打开这个材质，会发现这个材质的节点上什么参数也没有设置。现在我们想要让这个材质显示香蕉的图片，很简单——只要两步。

首先，在内容浏览器中拖动香蕉的纹理到材质编辑器中，如图 2.79 所示。

图 2.79

　　拖进来之后你会发现材质编辑器自动生成了一个名为"Texture Sample（纹理采样）"的新节点，如图 2.80 所示。这个节点的作用是让材质可以获取纹理对应位置的颜色信息。

　　我们来了解一下计算机中图片相关的常识。图片其实是由一个像素一个像素组成的，每个像素都表示一种颜色，最终将所有像素组合起来，就变成了一幅完整的图片。而"图片分辨率"这个概念，指的就是构成图片的像素的多少，比如 300×300，表示图片由 300 列 ×300 行像素组成。

　　在计算机中，一个颜色的像素通常可以由（光的三原色）红色、绿色、蓝色混合而成，它们的缩写就是 RGB（Red Green Blue）。所以图 2.80 所示的这个节点中，右边的 RGB 管脚就代表着图片的颜色。

　　我们从 RGB 这个管脚拖动出一根连线，连接到材质节点的"Base Color"管脚上，如图 2.81 所示。然后，单击左上角的"Save"按钮来保存材质。这样就得到了能够显示香蕉图案的材质。

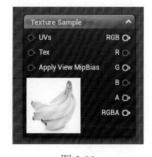

图 2.80

图 2.81

3. 使用香蕉材质

　　选中场景中的空白卡片，右边的细节面板会显示出卡片的细节。我们找到材质的配置，然后将香蕉材质拖入到"MATERIALS"的"Elements"槽中，如图 2.82 所示。

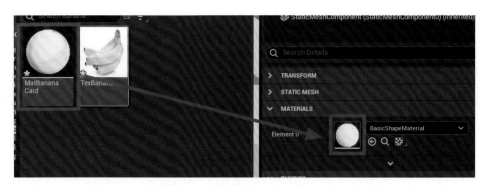

图 2.82

这个时候场景中的卡片就成功地显示出香蕉图案了，如图 2.83 所示。

然后，我们调整一下卡片的旋转值，把 Rotation 的 Z 值改成 90，这个时候卡片就变成正确的方向了，如图 2.84 所示。

图 2.83

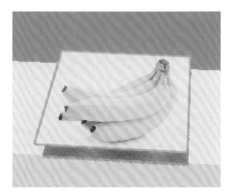

图 2.84

最后调整卡片位置，把香蕉卡片放在我们希望它出现的位置就可以了。

2.5.6 放置其他卡片

其他的卡片也是一样。我们在"Content\TopDownBP\Items"下分别建立几个文件夹：Apple（苹果）、Cucumber（黄瓜）、Plate（盘子）、ChoppingBoard（砧板）。

然后分别从本章的素材中选择物品的图片，拖入到对应的文件夹中。

为了能够让每个卡片有不同图片的外观，按照上面介绍的方法，我们需要在每个文件夹下做这些步骤：

（1）新建一个材质；

（2）向材质编辑器中拖入一张纹理；

（3）连线，把纹理采样的 RGB 连到 Base Color 上。

现在物品少，所以这些重复操作的耗时还能接受，但是一旦以后想扩展游戏中物品类型的数量，就会变得很费时间。

其实不难发现，这些材质之间只有唯一一个不同，那就是纹理采样的纹理对象不同。

那么存不存在一种方法，使得我们可以让这些材质全部基于一个基础模板，只改动它们的纹理呢？

答案是可以的，只要通过 UE5 中一个叫作材质实例的对象就可以了。

1. 材质实例简介

首先我们在"Content/TopDownBP/Items"根目录下，用前面介绍的方法创建一个材质，命名为"MatItemCard"，如图 2.85 所示。

双击打开这个对象。在空白处右击，然后在弹出来的面板中搜索"Texture Sample"，选择列表中的"Texture Sample"来添加节点，如图 2.86 所示。

图 2.85

图 2.86

添加节点后，在 Texture Sample 节点上右击，在弹出的菜单中选择"Convert to Parameter（转换为参数）"，如图 2.87 所示。然后选中 Texture Sample 节点，按 F2 键，对节点进行重命名。这里我们把它重命名为"ItemTexture"，如图 2.88 所示。

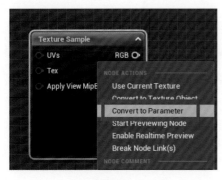

图 2.87

图 2.88

如此一来，这张图片就被变成了一个参数，可以在左侧的细节面板中看到，如图 2.89

所示。

将纹理采样节点的 RGB 管脚连接到 Base Color 管脚上，这时会发现纹理采样节点下方有一个 ERROR 报错，如图 2.90 所示。

图 2.89

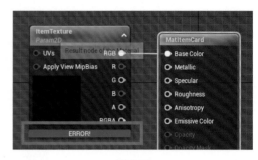

图 2.90

这是因为 ItemTexture 节点没有纹理作为默认参数。我们可以单击细节面板的"None"按钮，如图 2.91 所示，然后随意选择一个纹理作为默认纹理。最后单击左上角的"Save"按钮进行保存。

图 2.91

现在我们就建立好一个基础的材质模板了。

2. 为每一个卡片创建材质实例

所谓材质实例，其实也是一个材质。一个材质实例会有作为它基础的一个基础材质。这么说起来很容易混淆材质实例和材质这两个概念。下面，介绍一下它们之间的不同点：

- 材质需要画材质图，需要连接节点。
- 材质实例可以理解为"继承于"父材质的一个"特例"（或者说"实例"）。
- 材质实例不可以编辑里边的材质图，不能新增、修改、删除材质节点。
- 材质实例唯一能做的就是修改"父材质暴露出来的参数"。这里的参数指的就是像前文中创建的参数"ItemTexture"。

使用材质的原因其实也是基于上面三点，这些特点可以简化我们的操作步骤。当我们使用材质实例而非材质的时候，只需要创建一个父材质，暴露参数，然后创建对应的材质实例，更改参数就可以了。

这里举个例子，还是以香蕉为例。

在内容浏览器中，跳转到香蕉卡片资源所在的路径"Content/TopDownBP/Items/Banana"，在空白处右击，在弹出的菜单中选择"Materials & Textures"→"Material Instance"命令来新建一个材质实例（见图 2.92），并将新建的材质实例命名为"MatInstCardBanana"。其中，"Mat"表示 Material，"Inst"表示 Instance，这是开发中常用的缩写。

图 2.92

双击新创建的材质实例"MatInstCardBanana"，进入材质实例编辑器。在右侧的细节面板中，找到 Parent（父材质），然后单击下拉框，搜索刚才我们创建的父材质"MatItemCard"，并且在搜索结果中选中它，如图 2.93 所示。此时，细节面板的上方就会出现刚才暴露的参数。接下来把参数"ItemTexture"左侧的选项（见图 2.94）打上钩，表示启用这个参数，然后就会发现这个参数由暗变亮。参数亮了之后，单击参数对应的下拉框，输入"TexBanana"来选中香蕉纹理，如图 2.95 所示。

图 2.93

图 2.94

图 2.95

　　选择纹理之后，单击左上角的"Save"按钮来保存材质实例，然后我们就可以像使用一个普通材质一样使用这个材质实例了——把"MatInstCardBanana"拖动到香蕉卡片的材质框即可。

　　使用材质实例，可以让我们不必为每一个卡片都重复做新建材质、拉材质图、设置纹理这些操作，节省了很多重复性工作。

　　现在，大家可以试试用这个方法也给其他卡片设置显示内容，比如苹果、黄瓜、砧板等其他物体。

第 3 章　蓝图

在前一章中，我们已经熟悉了 UE5 的界面，还把游戏场景搭建好了。现在，这个游戏世界已经有了各种物品，那么下一步就是要让游戏世界运行起来。所以接下来我们要给游戏添加运行规则，换言之就是"游戏逻辑"。

在游戏开发中，我们经常用编程语言来编写游戏逻辑——不管是角色的走动，还是其他动作，以及游戏的输赢条件等。在 UE5 中，可以使用的编程语言包括并不限于蓝图（Blueprint）、C++、Python、Lua、Javascript。其中，蓝图和 C++ 是 UE5 原生支持的。我们在本章要介绍的，就是 UE5 的蓝图脚本语言。

↘ 3.1　为什么要学习蓝图

为什么我推荐大家先学习蓝图作为 UE5 中的第一门开发语言呢？理由有三个，下面分别进行讲解。

第一，蓝图编程是可视化的、节点化的，对新手非常友好。

我们看图 3.1，这就是蓝图编程中一个典型的案例。逻辑之间通过连线来产生联系，只需要搜索需要的节点，然后根据自己的需求拉一下线，就可以实现想要的功能。

所以，对比其他语言，蓝图不需要大量的学习编程语言语法的时间成本，可以快速上手。

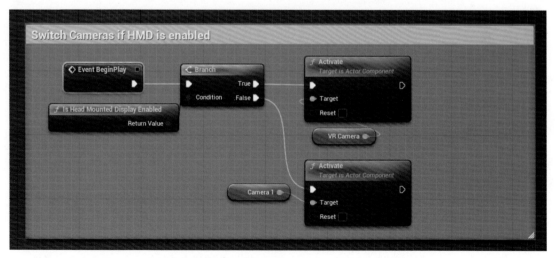

图 3.1

第二，蓝图不需要长时间编译。对比 UE5 中另一个常用的编程语言 C++，蓝图制作完了点编译，几乎不耗费时间，而 C++ 有时候编译需要十几秒，甚至在项目代码变多之后会达到一两分钟（视机器性能而定）。

第三，蓝图的节点函数名大多数和 C++ 版本的能够一一对应，学会蓝图编程以后，再改用 C++ 编写游戏逻辑，转换成本不会太高。

当然，蓝图也有它的缺点——在某种情况下代码易读性低。蓝图的节点占用视觉面积过大，所以一旦某个逻辑比较复杂，使用到的节点就可能会很多，会导致读代码的人非常痛苦。同时，蓝图节点间的连线如果过多，也会让人产生眼花缭乱的感觉，不利于维护。

这些缺点在小规模使用下可以通过一些代码规范来规避。为了规避这个问题，我们最好把代码分成一段一段的，或者用一些方法将可重复利用的代码封装起来。

由于大量的蓝图代码不利于维护，所以在大型项目的开发中，我们可能会完全使用 C++（或其他脚本语言）进行开发，或者使用小部分蓝图配合大部分的 C++（或其他脚本语言）进行开发。

但是在现阶段，或者说在刚接触 UE5 的阶段，蓝图还是我们入门学习的不二选择。

↘ 3.2 蓝图类

这一节，我们来正式了解蓝图。首先，我们要从"蓝图类"这个概念开始。

3.2.1 面向对象编程中的类和实例

在了解什么是蓝图类之前，我们先要了解一下"类"这个概念。"类"这个概念可不是 UE5 蓝图的专属，它是面向对象编程（OOP）的核心概念。

在面向对象编程中，有两个重要的概念，一个是"类"，一个是"对象"。类表示的是"种类"，比如有一个种类叫作动物，一个种类叫作哺乳动物，一个种类叫作人。类有几个特性：

首先，类最重要的功能在于封装。什么叫封装呢？简单来说，有一个类叫作动物，那么你可以给动物这个类添加各种功能，比如移动，比如呼吸，还可以给这个类添加各种属性，比如体重，颜色等。

其次，类之间可以有继承关系，一个类可以继承另一个类的所有公开特性。我们假定有关系："人"属于"哺乳动物"，而"哺乳动物"又属于"动物"，如图 3.2 所示。那么：

- 如果规定了"动物"是能够移动的物体，给了它移动的功能。那么，你就可以不用再编写"哺乳动物"和"人"的移动功能。
- 只需要编写哺乳动物特有的其他功能或特性——比如它是恒温的且胎生。接下来，可以再让人继承于哺乳动物，继承它的所有公开特性和功能，人也会拥有恒温和胎生属性了。

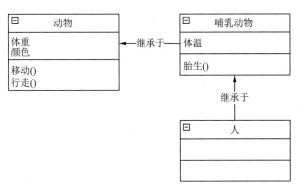

图 3.2

最后，类是"多态"的。什么叫作多态呢？假设我们给哺乳动物编写了一个移动功能，我们默认它是四条腿走路的（当然也有很多哺乳动物不是四条腿走路，这里只是假设）。然后我们又写了一个"人"类，"人"继承于"哺乳动物"，但是重新编写了移动功能，使用两条腿走路。于是，即使我把一个"人"仅仅当作"哺乳动物"而不是当作"人"来看 [口语化说法：街上走着一个哺乳动物（指的是人）。专业说法：用"哺乳动物"类型去持有"人"对象]，这个"人"还是会使用它自己版本的移动功能，也就是会使用两条腿走路，如图 3.3 所示。

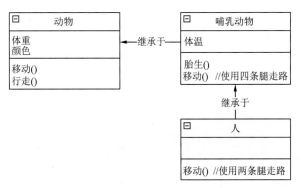

图 3.3

说完了类，我们再讲讲实例。如果把类说成是"种类"，那么对象就可以说是属于这个种类的某个"个体"。这个个体拥有这个种类的所有功能，比如一个人的对象同时也会拥有人类的走路、呼吸等功能。

如图 3.4 所示，类是对象的"原型"，也可以说是模板。当某个"个体"（对象）被创建出来的时候，会以类中属性的默认值作为自己的初始值。如图 3.5 所示，比如当我们定义一个类表示人类，你在"人"类中定义身高属性为 1.7 米。那么当我们用这个类为原型创建"人"对象"小明"的时候，这个小明被创建出来的时候就会是身高 1.7 米。当然，对象被创建出来之后，我们可以自由地修改这些属性。比如，如果你觉得"小明"的身高需要更高，那么可以在创建后自由地将他的身高修改为 1.8 米。

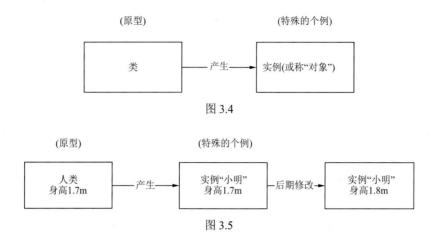

图 3.4

图 3.5

3.2.2 蓝图中的基础类

接下来，我们来认识一下 UE5 中最常见的几个基础类（见图 3.6 ~ 图 3.9），它们分别是：Object、Actor、Pawn 和 Character。如图 3.10 所示，这四个类存在着继承关系，其中：

- Object 表示"物体"，是 UE5 中大多数类的基类；
- Actor 表示"演员"，是所有可以被摆放到场景中物品的基类，继承于 Object 类；
- Pawn 表示"棋子"，是所有有形物体的基类，继承于 Actor；
- Character 表示角色，是所有游戏中人形角色的基类，继承于 Pawn。

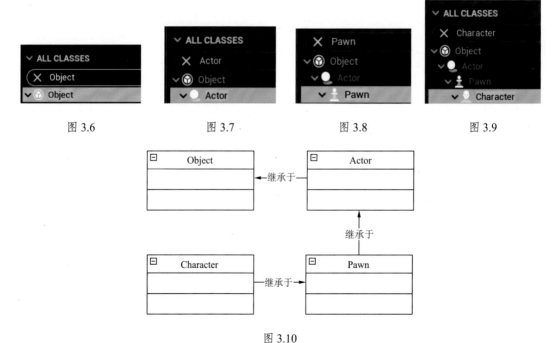

图 3.6　　　　图 3.7　　　　图 3.8　　　　图 3.9

图 3.10

1. Object

首先是 UE5 中的根基类，称为"Object（物体）"。UE5 中的很多类都继承于 Object，它提供了很多一个 UE5 物体应该有的基础功能，包括但不限于以下几点：

GC（Garbage Collection），垃圾回收机制。在游戏开发中，我们常常会管理成千上万的对象和对应的资源，如果在原生 C++ 开发中，一旦不使用这些资源了，那么需要我们手动找出全部不用资源，把它们销毁。如果我们忘记将这些资源销毁，就会造成内存占用越来越大，最终会影响游戏的性能。所以虚幻引擎引入了 GC 机制，这个机制可以自动找出游戏中已经不被使用到的资源，并且在合适的时间帮我们销毁。Object 类中，就有大量与 GC 相关的逻辑。

序列化（Serialization）的作用是将游戏中的某些状态保存成为一个文件。比如说在单机游戏中，我们常需要将存档保存成为本地的一个文件；再比如说在网络游戏中，我们得将角色的状态定时上传到服务器，为此，需要把对象的状态搜集起来成为一个文件，或者一个数据块，这也是序列化的一种。

反射（Reflection）指的是每个类都能够知道自己包含了什么属性和功能，并且能够使用这些属性和功能的名字在游戏运行过程中动态地获取和使用它们。

最重要的是，Object 作为一个最根本的基类，能够让 UE5 的其他类都能有一个共同继承的祖先，这样才能方便地管理这些对象。

2. Actor 类与组件模式

Actor 可以翻译为演员，它直接继承于 Object。Actor 表示的是一个能够被放置在场景中的物体（这个物体也许是可见的，但也有可能是不可见的）。比如游戏场景中的柱子就是一个 Actor（的子类）对象，它是可见的；而游戏中的某某管理器也可以是 Actor，可以被摆放在场景中，但它不需要外观，是不可见的。

重要的 Actor 子类 [子类又称"派生类（Derived Class）"，指的是继承于这个类的类] 有很多。如图 3.11 所示，有形的比如下文中要提到的 Pawn，而无形的比如 LevelScriptActor，用于设置场景的基础逻辑，又比如 AGameMode，用来设置游戏模式。

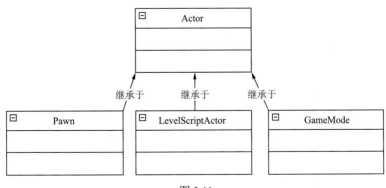

图 3.11

跟 Actor 密切相关的类是 ActorComponent，它直接继承于 Object。Component 表示"组件"，ActorComponent 的意思就是 Actor 的组件。这里涉及一个编程常用的设计模式，叫作组件模式。

组件可以用来丰富类的行为，比如我们创建了一个叫作"人"的类。如果我们想要让"人"有穿衣服的能力，那么就可以新建一个组件叫作"穿着组件"，并附着到"人"上（见图 3.12），这样一来"人"借助这个组件就有了穿衣的能力。

图 3.12

组件模式还有一个好处叫作"解耦合"，也就是减弱耦合。

什么是耦合呢？耦合指的是两个实体之间的关联强度。其中，"强耦合"指的是一个功能和另一个功能息息相关，一旦对方不存在了，可能就无法正常运行。而"弱耦合"甚至"无耦合"的意思是两者中的任意一个消失了，另一个还能够正常运行。比如上面我们写的"穿着组件"，如果解耦做得好，那么：

- 我们可以随时让"人"拥有或失去穿着服装的能力。
- 如果设计得当，那么衣服组件不但能让"人"穿上衣服，而且即使我们想将角色从人改成宠物——比如一只可爱的猫，那么只要我们把衣服组件附着到猫身上，猫立刻就能拥有穿衣服的能力，如图 3.13 所示。

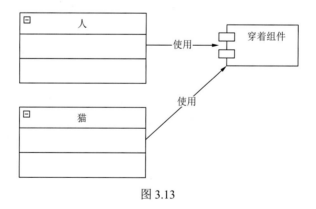

图 3.13

3. Pawn

继承于 Actor 的有一个重要类叫作 Pawn。与 Actor 不同的是，Pawn 一般是特指"有外观的生物"。这个生物我们默认它是被 AI 智能控制的，比如场上的怪物，或者接下来我们要讲的 Pawn 的子类 Character（角色）。

Pawn 可以被一个 AIController（AI 控制器）控制，继而拥有 AI 相关的能力。

4. Character

Character 继承于 Pawn，这个类代表的是"两腿走动的人形角色"（所以理论上你的猫角色不能用这个类）。在这个类中主要新增的功能是：

- 角色会默认拥有一个骨骼蒙皮组件，用来表示角色的人形外表；
- 为角色增加移动相关的逻辑。

Character 一般可以被两种形式操控。如图 3.14 所示，第一种形式是通过 InputController（输入控制器）等方式，接收玩家的键盘和鼠标输入来行动；第二种形式是通过被 AIController 控制，使用行为树等方法决定行动的内容。其中，InputController 和 AIController 都继承于 Controller，而 Controller 一般会用来控制一个 Pawn 的逻辑。

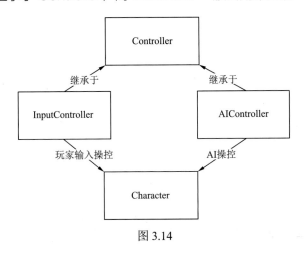

图 3.14

3.2.3 类命名

上面提到的 Object、Actor、Pawn 和 Character 在 C++ 中对应的名称分别是：UObject、AActor、APawn 和 ACharacter。这里的命名为什么有些类的前缀是 U，有些前缀是 A 呢？

这是因为在 UE5 中有一个规则：直接或间接继承于 UObject 的类，包括 UObject 本身，命名都要以 U 开头；但是如果类直接或间接继承于 AActor，那么命名就要以 A 开头。这样命名的好处可想而知，当你看到类的前缀的时候就明白了它是一个什么样的类——一个普通的 UE5 Object，还是一个场景中的 Actor。

除了上面提到的，UE5 命名规则还有几条（大家在后面学习 UE5 C++ 开发的时候，可以再回过头来研究）：

- 枚举类型（后面会详细介绍）命名应该以 E 开头；
- 泛型一般以 T 开头；
- 如果类或者结构体的祖先不是 UObject，命名都要以 F 开头。

虽然这些类都带着前缀，但是记住，这只是它们在 C++ 中的命名。在蓝图中，这些前缀会被隐藏，比如 UObject 会变成 Object，AActor 则会被称为 Actor。所以当你需要搜索这些类的时候，就不用带上前缀了。

↘ 3.3 创建第一个蓝图类

上一节我们已经了解了什么叫作蓝图类，还有它的作用是什么。讲了这么多道理，不如一个实践来得明白，那么接下来我们就在 UE5 中创建第一个蓝图类吧。

我们的目标是创建一个无形的 Actor，然后把它放置到场景中。并且当游戏在 Viewport 中启动的时候，在屏幕上显示一句"Hello UE5"。

来到"Content/TopDownBP"目录下，创建新的文件夹"Test"。然后进入到新建的 Test 目录，右击空白处，在弹出的菜单中选择"Blueprint Class（蓝图类）"，如图 3.15 所示。

图 3.15

此时会出现一个对话框，让你选择父类（Pick Parent Class）。因为我们要创建的类是要能够放置在场景中的，所以需要让这个类继承于 Actor。可以直接单击窗口上面的 Actor，或者在下面的搜索栏输入并选择 Actor，然后单击底部的"SELECT（选择）"按钮，如图 3.16 所示。

图 3.16

我们的蓝图类学习将围绕自己创建的"教师"类和"学生"类来展开。所以创建出来的文件需要被命名为"BP_Teacher"和"BP_Student"，"BP_Teacher"的意思是代表"教师"的一个蓝图类，其中命名前缀"BP"表示 Blueprint。

↘ 3.4　认识蓝图编辑器

这一节，我们来了解一下蓝图编辑器，并通过创建"BP_Teacher"的实例来体验其使用方法。

3.4.1　蓝图编辑器

双击上一节创建的蓝图类"BP_Teacher"（见图 3.17），打开蓝图编辑器。

蓝图编辑器与关卡编辑器其实差不多。我们先了解一下它大概都由哪些部分组成，在后面再深入了解每一个部分。

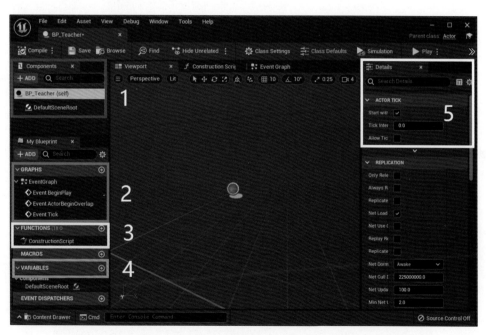

图 3.17

在图 3.17 中：

- 红色框部分表示的是 Component（组件），显示的是前面提到的 "ActorComponent"。其中，可以看到一个组件叫作"DefaultSceneRoot"，类型是 Scene Component（继承于 ActorComponent），作用是控制 Actor 的 Transform（位置、旋转、缩放）。在第 2 章中我们能够移动、旋转和缩放场景中的墙体和卡片，就是因为这些 Actor 都挂载了 SceneComponent。
- 蓝色框部分表示的是 EventGraph（事件图）。

- 黄色部分表示的是 Functions（函数）。函数是一个编程的专业名词，后面会细讲。
- 绿色框表示的是 Variables（变量），也就是一个类具有的属性。
- 白色框部分同关卡编辑器的一样，是 Details（细节）面板，用来显示被选中物体的细节属性。

接下来我们会对图 3.17 中的不同区域，以及它对应的知识点按照变量（对应绿色框）、函数（对应黄色框）、事件（对应蓝色框）、组件（对应红色框）的顺序进行讲解。

3.4.2　创建 BP_Teacher 的实例

前面讲过类与实例的关系。现在，我们需要使用类作为原型生产出一个实例。

那么如何创建"BP_Teacher"类的实例呢？很简单，来到内容浏览器，将"BP_Teacher"直接拖动到场景中的任意位置就可以了，如图 3.18 所示。

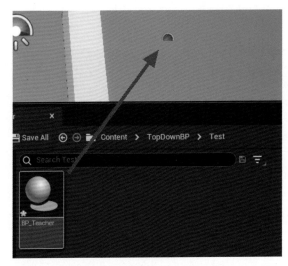

图 3.18

然后我们就可以在世界大纲中找到被创建出来的实例，如图 3.19 所示。如果选中这个物体（实例），可以在下方的细节面板中看到它的属性。

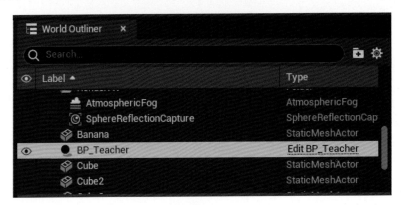

图 3.19

↘ 3.5 变量

变量是一个编程用语，字面上的意思就是"可以变化的属性"。

3.5.1 新建变量

我们先来尝试创建一个新的变量。通过单击变量标签右边的"+"号，可以新建变量，如图 3.20 所示。

图 3.20

单击"+"号，我们给"BP_Teacher"类添加一个变量叫作"Age（年龄）"，用来表示一位教师的年龄，如图 3.21 所示。

图 3.21

3.5.2 变量的类型

每个变量都有其对应的类型。单击变量名称右边的下拉框，就可以选择变量的类型，如图 3.22 所示。

图 3.22

1. 常用类型及其读写

在弹出的选项框中，最上面的一排排花花绿绿变量类型，是 UE5 中的常用类型，使用频率最高。这些类型包括了：

- Boolean 布尔类型。它只可能有两个值：True（真）或 False（假）。
- Byte 字节类型。字节类型也算是一种数字类型，它代表一个八位二进制。在蓝图编程中，蓝图的枚举类型可以被转换为 Byte，方便存储和转换类型。
- Integer 和 Interger64 是整数类型，用来表示整数。Integer 表示 32 位的整数，Integer64 表示 64 位的整数，区别在于可表示的整数范围不同。
- Float 和 Double 浮点数类型，可以用来带小数的数字，比如 3.14。两者的区别是精度不同，后者的精度会比前者更高。
- Name、String、Text 是 UE5 中的三大文本类型，用来表示一段文字。
- Vector 是向量类型，可以理解为数学中的向量概念，有三个子属性分别是 x, y, z。经常用来表示物体的三维坐标或者一个三维方向。
- Rotator 是转向，经常用来表示一个物体的旋转属性，也是有三个子属性，分别是 Pitch、Yaw、Roll，分别代表上下、左右和水平滚动的角度。
- Transform 表示变换类型，它有三个子属性：位置、转向、缩放。我们在第 2 章中移动、旋转和缩放了墙和卡片，就是在修改它们的 Transform。

"年龄"应该是一个整型，所以我们给 Age 变量的类型设置成 Integer。注意，添加新变量之后需要单击编辑器左上角的"Compile（编译）"按钮，才能生效。

> **小知识**
>
> 什么是编译？对于 UE5 蓝图来说，编译意味着将节点连线的图（Graph）转换成 UE5 能够"运行"的另一种形式。每次修改节点之后，都需要单击编译，才能让最新的逻辑生效。

为了方便，我们希望每次编译成功之后都能自动保存蓝图。可以单击 Compile 旁边三个小的点按钮，在弹出的菜单中选择"Save On Compile"→"On Success Only"命令。设置完以后，每次你单击编译，一旦编译通过，蓝图就会自动保存，如图 3.23 所示。

图 3.23

接下来我们看一下与变量的读取和设置相关的节点。

从变量窗口拖动 Age 变量到中间的图中，可以看到会出现两个选项——"Get Age"

和"Set Age"（见图 3.24），对应读取 Age 值与设置 Age 值的节点，你可以分别选中试试看。

> **提示**
>
> 　　在实际操作中，有更简便的方法可以拖出 Age 的 Get 和 Set 节点。按住 Ctrl 键，将变量拖动出来，就会直接变成 Get 节点；按住 Alt 键拖动出来，就会直接变成 Set 节点。

在图 3.25 中，红色属于 Get 节点，输出的是当前 Age 的值。蓝色表示要设置给 Age 的新值，黄色表示 Age 被设置之后的新值。

图 3.24　　　　　　　　　　　　　　　　　　图 3.25

2. 结构体类型

在 UE5 中，结构体（Structure）可以理解为与类差不多，它也可以有自己的属性（封装），比如有一个叫"人"的结构体，它有名字、年龄、身高三个成员变量；但是在蓝图中结构体之间不能有继承关系。

与类的区别在于，结构体是不可以有"封装功能"的，用编程专业名词来说，它不能有"成员函数"。这种结构体也叫作 POD（Plain Old Data）结构体。

> **提示**
>
> 　　在原生 C++ 编程中，允许结构体有成员函数。

常用类型中介绍的 Vector、Rotator、Transform 都属于结构体类型，它们都拥有自己的子变量。

现在，我们来新建和使用一个结构体类型的变量。再新增一个变量叫作"Rotation"，类型设置为 Rotator（见图 3.26），用来表示教师的面向。

图 3.26

新变量 Rotation 和其他变量一样，有 Get 和 Set 节点。但是如果你想要读取它的子属性，还需要做这样的操作：右击 Rotation 的 Get 节点，在弹出的菜单中选择"Split

Struct Pin"（见图 3.27），就能看到 Rotation 变量分裂成了三个子属性，如图 3.28 所示。使用这种方法可以将节点分割开，为结构体的每一个子属性分别显示一个 Pin（管脚）。

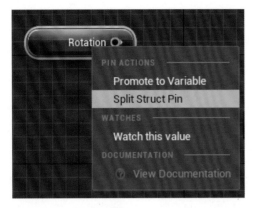

图 3.27

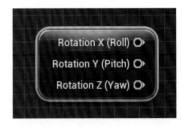

图 3.28

同样的，在 Set 节点上右击，在弹出的菜单中选择"Split Struct Pin"，也可以将它分裂成多个管脚，如图 3.29 所示。

除了上面提到的几个常用结构体以外，你还可以在类型选择框的 Structure 一项中找到更多的结构体，如图 3.30 所示。

图 3.29

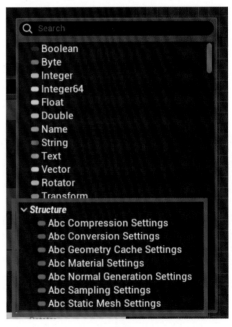

图 3.30

当然，你也可以创建属于自己的结构体。具体操作等后面需要用到的时候再细讲。

3. 对象类型

变量的类型还可以是一个类的实例。

假设你新建一个类叫作"BP_Student"继承于 Object，表示学生（这一步交给你自己来吧，在 BP_Teacher 类的同目录下，再创建一个 BP_Student 类继承于 Object）。那么你可以在"BP_Teacher"类下添加一个变量叫作"MyStudent"，然后将它的类型设置为"BP_Student"，用来表示"教师"类的某一个学生。

来看看怎么做。

假设你已经创建完了"BP_Student"类。回到"BP_Teacher"类，我们还要创建一个新变量，命名为"MyStudent"，然后打开类型选择框，直接在上方的搜索栏中输入"BP_Student"，如图 3.31 所示。

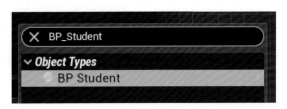

图 3.31

将光标移动到对应选项上面之后，会出现一个菜单，如图 3.32 所示。

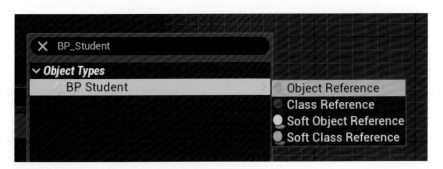

图 3.32

Object Reference（物体引用）表示的是引用一个学生的"实例"；而 Class Reference（类引用），代表着引用这个"BP_Student"类本身。为了让"MyStudent"表示一个具体的学生（而不是学生这种类型），我们要选择的是 Object Reference。

3.5.3　容器类型与默认值设置

所谓容器，指的是一个能够组织元素（Element）的数据结构。不同的容器对物体有不同的组织方式，目前，比较常用的容器类型有：数组、集合、映射。

1. Array（数组）

Array（数组）是最常用的容器，它以顺序排序的形式来组织元素，并且在蓝图中，元素的下标从 0 开始。比如在图 3.33 所示的数组中，总共有三个元素，分别是 A、B 和 C，它们对应的元素下标是 0、1、2。

接下来我们尝试创建和使用一个数组。在教师类"BP_Teacher"中，新建一个叫作 StudentNos（学生学号）的变量，用来容纳若干个学生的学号。创建一个数组变量需要先把变量的类型指定为 Integer，用来指定数组元素的类型。然后我们可以在右边的细节面板中找到"Variable Type（变量类型）"，单击图 3.34 所示的红框处，然后在下拉列表中选择"Array（数组）"。如此一来，你就得到了一个元素类型为 Integer 的数组。

图 3.33

图 3.34

我们接下来给这个数组设置默认值。单击左上角的"Compile"按钮进行编译之后，右边的细节面板会出现"DEFAULT VALUE（默认值）"选项，在这里就可以给数组设置初始值。

假设这个教师有五位学生，学号分别是 1、2、3、4、5。那么我们需要分别单击五次加号按钮（见图 3.35 中的红色框），分别添加五个元素，然后分别修改它们的值为 1、2、3、4、5，如图 3.36 所示。

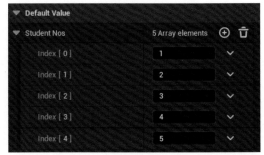

图 3.35

图 3.36

2. Set（集合）

Set（集合）是一种要求元素不能重复的容器。它的使用方式和 Array 相似，但是元素是无序的。同样，创建变量的时候你需要先确定元素的类型，比如以 Integer 作为元素类型，选择完后，单击类型右边的按钮展开下拉菜单，选择其中的"Set"，就可以创建一个以 Integer 为元素类型的集合，如图 3.37 所示。

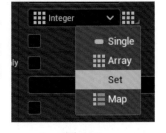

图 3.37

3. Map（映射）

Map 的中文是"映射"。Map 里的元素是成对存在的，每一个"Key-Value Pair

（键值对）"中，包含一个 Key（键），还有一个 Value（值），你可以分别指定 Key 和 Value 的类型。如图 3.38 中的 Map，这个 Map 中有三个键值对，其中，三个键值对的 Key 是 Key A, Key B, Key C，分别对应的 Value 是 Value A, Value B, Value C。

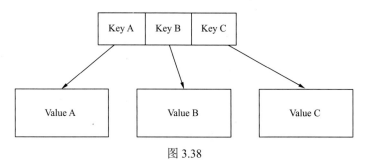

图 3.38

让我们来实践一下。

在"BP_Teacher"类中创建一个 Map 类型的变量，用来表示学生的学号和学生名字的映射关系。新建变量"StudentNoToName"，表示从学号到名称的映射，首先我们要选择 Key 的类型为 Integer（表示学号），然后单击右边的按钮，在下拉列表中选择 Map，如图 3.39 所示。

选择 Map 之后，你会发现原有类型的旁边又多了另一个类型选项。在这两个类型选项中，第一个的类型代表 Key 的类型，第二个则表示 Value 的类型。由于 StudentNoToName 变量表示的是从学号到名称的映射，所以 Key 类型应该是学号的整型（Integer），Value 值则是学生的名字，所以应该是一个文本，类型选择 String，如图 3.40 所示。

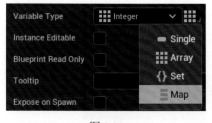

图 3.39

图 3.40

设置完键值对的类型后，单击"Compile"按钮进行编译。接下来我们跟数组一样，可以给 Map 添加默认值，单击加号就可以增加一个新元素。

需要注意一点，在 Map 中，不可以同时存在两个 Key 相同的键值对，也就是说 Key 是不可以重复的，但是 Value 可以重复。用 StudentNoToName 来举例子，这个 Map 中不可以有两个学号一模一样的学生，但是不同学号的学生却可以有一样的名字。比如 Map 中（见图 3.41），你可以规定 1 号和 2 号学生的名字都叫小明，但是不可以规定有两个学号为 1 号的学生，即使他们两人的名字不同。现在你可以试一下在 Map 中添加两个 Key 为 3 的键值对，当你添加第二个 Key 为 3 的键值对的时候，编辑器就会提示你：Map 属性中不可以有重复的 Key，如图 3.42 所示。

图 3.41

Duplicate keys are not allowed in Map properties.

图 3.42

3.5.4 变量的作用域

最后我们再来谈谈变量的作用域。作用域这个词如字面上的意思，它规定了一个变量能够起作用的区域。

在蓝图中，变量的作用域分为两种，也把变量分为两种：

第一种叫作成员变量，它的作用域是整个类，也就是整个类都可以读取和写入它的值。我们在前文中，多次在 VARIABLES 选项卡中建立的变量，都是成员变量，你可以在整个类中访问它。

第二种变量叫作局部变量，看名字就知道它的作用域在"局部"。它一般是在函数（后面我们会详细介绍函数）中被定义的，作用域就在定义它的那个函数的内部，在函数外面是无法被访问到的。在函数的编辑界面中，变量选项下面会出现新的选项"LOCAL VARIABLES（本地变量或局部变量）"（见图 3.43），在这里创建的变量都属于局部变量，只会在函数内部生效。

图 3.43

3.6 函数与常用的蓝图节点

讲完了变量，接下来我们来了解一下蓝图中的函数。

3.6.1 函数、参数与返回值

1. 函数

函数的英文是 Function，这个单词也可以翻译为"功能"。没错，函数的作用就是要实现某个特定的功能。比如你可以编写一个函数叫作"行走"，负责某个人的行走逻辑。

在蓝图编程中，每个函数必须是类成员函数，也就是说它必须被定义在某个类的内部，作为类的成员之一（在 C++ 中，函数可以不属于任何一个类或结构体）。

在编程用语中，我们使用一个函数的时候会说"调用函数（Call a Function）"，其实也可以理解为"使用该功能"。

2. 参数

函数为了实现某些功能，如果需要先被告知一些额外的信息，就需要从功能的使用者那里获取这些信息。比如有一个函数是将某些指定的文字显示在屏幕上，那就需要函数的使用者决定要显示的文字是什么，然后传入到该函数中。对于一个函数来说，这些需要从调用者传进来的信息就叫作函数参数（Function Param）。

3. 返回值

函数执行完毕后，如果有需要告知调用者的某些结果，它可以将这个结果返回给被调用者。在编程用语中，这些被返回的结果就是"函数返回值（Return Value）"。

3.6.2　构造函数

我们首先来了解函数中一个比较特殊的个例——构造函数。构造函数对于面向对象编程中有重要的意义。当一个实例刚被创建出来的时候，首先会被执行的就是类的构造函数，所以我们经常用构造函数来做一些初始化，比如设定某些成员变量的初始值，或者获取某些资源。

打开"BP_Teacher"类的蓝图编辑界面。你会发现虽然你现在什么还没做，但是函数面板就已经有了一个函数，叫作 ConstrucionScipt（构造脚本）（见图 3.44），在蓝图中，这个函数就充当着构造函数的作用。

图 3.44

3.6.3　实践：创建一个 Say 函数

开始实战！接下来我们给"BP_Teacher"类添加一个说话的函数。

单击左侧 FUNCTIONS（函数）面板上的加号来添加一个新函数，将其命名为 Say（说话），如图 3.45 所示。双击 Say 函数，就可以打开该函数的编辑界面，如图 3.46 所示。我们可以看到，目前整个函数的逻辑只有一个起始节点，表示函数的入口。

图 3.45　　　　　　　　　　　　　　　　　　　　图 3.46

接下来我们就要在这个函数入口后面添加逻辑，使得这个函数能够实现将文字显示到屏幕上的功能。

1. 搜索和使用节点

我们准备让这个函数显示一句"Hello UE5"的文字到游戏屏幕上。

在 Say 函数的函数编辑器空白处右击，会弹出当前能够使用的所有行为的列表。我们在搜索框输入"print"，然后选中"Print String（打印字符串）"，如图 3.47 所示。

选中后，在空白处会出现一个叫作"Print String"的节点。"Print String"节点是一个函数，它会将指定的文字打印到屏幕上，至少需要一个参数"In String"，表示要被打印到屏幕上的文字（图 3.48 中的红框内）。将红框内的值修改为"Hello UE5"，按"回车"键确定参数。

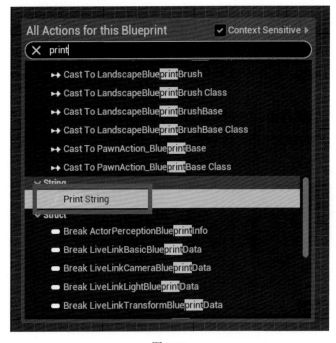

图 3.47　　　　　　　　　　　　　　　　　　　　图 3.48

Say 函数的入口节点有一个白色的管脚，这是一个"执行管脚（Execute Pin）"，我们用鼠标从这个管脚上拉一条线，连接到 Print String 节点左边的执行管脚上，如图 3.49 所示。这样一来，Say 函数进入逻辑之后，接着就会调用 Print String 的逻辑了。

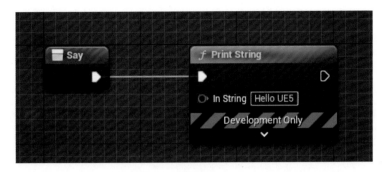

图 3.49

2. 调用函数

函数已经编写完毕了，那么我们要通过什么方式调用它，让它打印文字到屏幕上呢？在开发阶段，有一种简单的方法，可以让我们在 UE5 编辑器中方便地单击一个按钮就可以调用某个函数，方便调试功能。

为此，我们需要将对应的函数设置成"Call In Editor（可以在编辑器中被调用）"。在左侧的 FUNCTIONS 面板中选中 Say 函数（见图 3.50），此时，右边的细节面板会显示出该函数的属性，我们找到"Call In Editor"选项，并且选中它，如图 3.51 所示。接下来编译和保存"BP_Teacher"类，使蓝图生效。

图 3.50

图 3.51

在本书的后面，如果没有特殊的情况，修改完蓝图之后想要让蓝图生效，默认都是需要单击一次"Compile（编译）"和"Save（保存）"按钮的，所以我将不再提醒，请大家一定要记得每次修改后都要编译和保存。

回到主编辑器，单击上面的 Play 按钮▶，在编辑器中启动游戏。游戏启动后，我们在右边的世界大纲中搜索"BP_Teacher"，找到"BP_Teacher"的实例并且选中它，此时会显示实例的属性，在属性中可以找到一个 Say 按钮，如图 3.52 所示。单击 Say 按钮，Say 函数就会被调用，游戏的左上角会打印出"Hello UE5"，如图 3.53 所示。

图 3.52

图 3.53

3.6.4　让 Say 函数说点别的话

我们不想让 Say 函数只能固定地打印"Hello UE5"，还想让它打印点别的文字。

那么，就需要给 Say 函数添加一个参数，来指明要打印的文字。

选中 Say 函数，在细节面板中可以找到"INPUTS（输入）"选项，表示输入函数的信息，也就是函数的参数。单击旁边的加号可以添加一个新的函数参数。我们新建一个参数叫作 Message（信息），类型为 String，表示要被打印的文字，如图 3.54 所示。

图 3.54

编译之后，可以看到函数的入口节点多了一个管脚"Message"，如图 3.55 所示。我们把这个管脚拖动到 Print String 节点的"In String"管脚上（见图 3.56），表示直接让 Say 函数的 Message 参数决定 Print String 节点 In String 的值。

给函数添加参数之后，如果还是使用 Call In Editor 模式，在单击 Say 按钮的时候我们没有途径给 Say 函数传达所需要的参数。所以我们需要创建另一个函数，让新的函数成为"Call InEditor"，然后让新的函数来调用 Say 函数。

我们先把 Say 函数的"Call In Editor"取消选择，如图 3.57 所示。然后再创建一个函数"DoSayInEditor"，并且选择这个函数的"Call In Editor"选项。

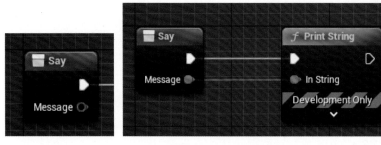

图 3.55　　　　　　　　　　图 3.56　　　　　　　　　　图 3.57

双击 DoSayInEditor 函数，进入它的编辑界面，然后从左侧的 FUNCTIONS 面板中找到 Say 函数，把 Say 函数拉到空白处，如图 3.58 所示。或者你也可以在空白处右击，打开搜索面板，直接搜索"Say"，就可以找到 Say 函数。

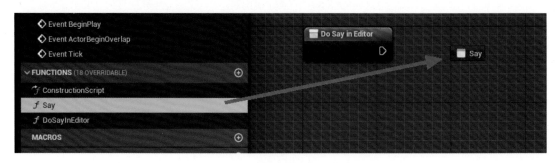

图 3.58

修改 Say 节点 Message 的值为 "Hello From DoSayInEditor"，这就完成了对 Message 参数的赋值，然后从 DoSayInEditor 入口节点的执行管脚拉线连到 Say 节点的执行管脚上，调用 Say 函数。

编译后再运行游戏，在世界大纲中找到 BP_Teacher 的实例，细节面板中出现了按钮 "Do Say in Editor"，如图 3.59 所示。单击该按钮，可以看到屏幕上打印了文本 "Hello From DoSayInEditor"，如图 3.60 所示。

图 3.59

图 3.60

上面我们已经大致了解了如何新建一个函数，以及如何调用一个函数，并且接触到了一个新节点 Print String。

想要让函数能够实现各种各样丰富的功能，仅仅使用一个 Print String 肯定是不够的，我们需要认识更多的基础节点。下面我们就来认识一下 UE5 的各种常用节点。

3.6.5　变量的 Get 和 Set 节点

在前文介绍变量的时候已经介绍过变量的 Get 和 Set 节点，我们可以使用这两种节点来获得和修改变量的值。

从变量选项卡中选取某个变量，按住 Ctrl 键拖动出来，就是 Set 节点；按住 Alt 键拖动出来，就是 Get 节点（见图 3.61），在 3.5.2 节已经对它们介绍过了，这里就不再赘述。

图 3.61

3.6.6　容器类变量的读取和写入

1. 容器类的整体读写

在 3.5 节中，我们介绍了容器类的概念，最常见的容器类包括 Array、Set 和 Map 三种。这里我们看看容器类是如何被读取和写入的。

首先来看一下容器类怎么进行整体获取和修改。与普通变量一样，这些容器类也可以通过拖动出 Get 和 Set 节点来读取和写入，如图 3.62 所示。比如我们可以用 Get 节点获取数组，也可以用 Set 节点将另一个数组赋值给它（数组的元素会被复制）。

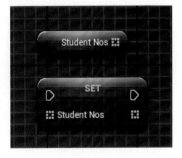

图 3.62

2. 添加数组元素

使用 Add 节点，可以给数组添加一个元素。以"BP_Teacher"的 StudentNos 数组为例，从数组 Get 节点的数据管脚上，拖动出节点搜索框，搜索并选中"Add"（见图 3.63），会出现一个 Add 节点，我们可以在 Add 节点的参数那里输入想要添加到数组中的元素，比如我们可以添加一个 50 到 StudentNos 数组中，如图 3.64 所示。

图 3.63   图 3.64

3. 数组元素的遍历读取

对于一个容器，我们有时候还需要知道容器中有什么具体元素。比如，图 3.62 中的 StudentNos 数组都有些什么元素呢？这就需要通过一种叫遍历的方法。通过遍历，可以读取容器类中的每一个元素。

对于数组的遍历来说，最常用的节点叫作"For Each Loop"。我们从 StudentNos 的 Get 节点拖动出一条线，就可以搜索出对应的节点，如图 3.65 所示。

如图 3.66 所示，在 For Each Loop 节点的三个执行管脚（白色空心箭头）中：

- 管脚 1"Exec"连接上一个节点的执行管脚。
- 管脚 2"Loop Body"（循环体）则在遍历每个元素的过程中都会被调用一次。假设数组 StudentNos 拥有 1、2、3、4、5 一共五个元素，那么连接槽 2 就会被调用 5 次。注意，以后我们将会经常提到循环体这个名词，大家要记住循环体对应的就是 For 节点的 LoopBody 管脚所连接的蓝图逻辑。
- 管脚 3"Completed"在遍历结束后会被调用。还是以 StudentNos 为例，当 1、2、3、4、5 五个元素全都被遍历完了之后，这个管脚就会被调用。

除了执行管脚以外，中间还有两个绿色的数据管脚。

- Array Element（数组元素）表示当前被遍历到的元素，对于 StudentNos 来说，在五次 Loop Body 管脚的执行中，这里的值分别会是 1 ~ 5。
- Array Index 表示的是元素的下标，即元素的序号，从 0 开始。也就是说在五次 Loop Body 管脚的执行中，它的值分别是 0 ~ 4。

我们还是来实践一下，尝试打印出 StudentNos 的所有元素，然后在打印完所有元素之后，打印一句"Print Compelte（打印完毕）"。

回到 Say 函数，先把旧的节点全部清空（可以用光标把旧的节点都框选起来，按 Delete 键删除掉），只留下入口节点。然后按图 3.67 所示创建对应的节点和连接蓝图。

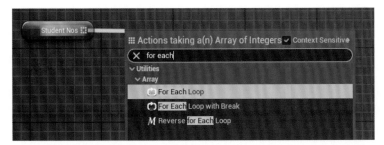

图 3.65

图 3.66

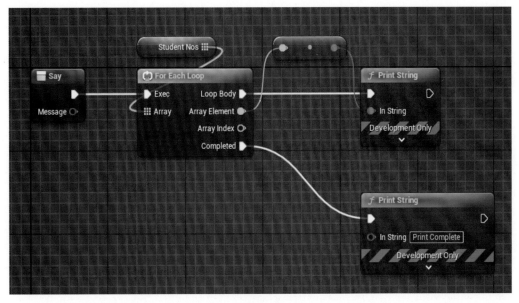

图 3.67

　　StudentNos 的元素类型是 Integer，但是 Print String 函数的 In String 的参数类型是 String。所以当你将 Array Element 直接拖动到 In String 管脚的时候，UE5 会自动帮你做一次从 Integer 到 String 类型的转换，就是中间这个小节点，如图 3.68 所示。记得要单击 "Compile（编译）" 和 "Save（保存）" 蓝图。

　　运行游戏，在世界大纲中找到 "BP_Teacher"，在细节面板中找到 "Do Say In Editor" 并单击，然后就可以看到屏幕上的输出内容，如图 3.69 所示。

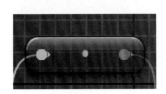

图 3.68

图 3.69

提示

你可能会觉得奇怪，为什么顺序是反过来的？没错，这个屏幕上打印字符串的函数看起来就是反过来的，旧的消息在下方，新的消息在上方。刚才制作的蓝图是没问题的。

4. 数组单个元素的读取

我们可以使用 Get 节点，以元素的下标为参数，获取对应的元素。比如说我们想要获取 StudentNos 中下标为 2 的元素（下标从 0 开始，下标为 2 表示第三个），在 StudentNos 的数据管脚拖动出节点选择框，输入 get，选择"Get(a copy)"，如图 3.70 所示。参数输入 2。这样右边的数据管脚对应的就是下标为 2 的元素了，如图 3.71 所示。

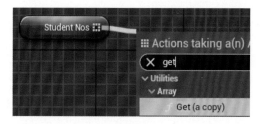

图 3.70

图 3.71

5. 数组单个元素的修改

如果我们想要修改数组中某个元素的值，比如将 StudentNos 下标为 2 的元素的值从原来的 3 改成 100，可以使用"Set Array Elem"节点。

从 StudentNos 的数据管脚拖动出搜索框，就可以搜索到这个节点，如图 3.72 所示。参数 Index 表示下标，我们这里输入 2；Item 表示元素新的值，这里输入 100，表示将下标为 2 的元素的值修改为 100，如图 3.73 所示。

图 3.72

图 3.73

"Size to Fit"表示当你访问的下标超过数组的长度的时候，可以扩展数组。比如 StudentNos 数组现在有五个元素，但是将 Index 填写为 99（也就是第一百个元素），那么"Size to Fit"这个布尔值为真（打上了钩）的时候，元素的长度会被自动扩展为 100。

6. Map 添加键值对

与 Array 非常相似，我们可以使用 Add 来添加键值对到 Map 中。以 StudentNo ToName 变量为例，我们只需要从它的数据管脚中拖动出节点搜索框，搜索并选择 Add 节点，如图 3.74 所示。Map 的 Add 接收两个参数，分别是 Key 和 Value 的值，我们可以使用 Add 节点向 StudentNoToName 中添加一个学号为 6，名称为"小王"的数据，如图 3.75 所示。

图 3.74

图 3.75

7. Map 单个键值对的查找

Map 的元素读取和修改与 Array 非常像。

以 Student No To Name 变量为例，来看看如何读取单个键值对。从 StudentNo ToName 拖动出节点搜索框，然后搜索和选中 Find 节点，如图 3.76 所示。

- 管脚 1 表示你要读取的那个值对应的 Key。比如当你要查找学号为 1 的学生的名字，这里输入 1。
- 管脚 2 的值是 Map 中刚才你指定那个 Key 对应的 Value。
- 管脚 3 表示的是按照你搜索的 Key，能否找到对应的值。比如对于 Student NoToName 现在的元素内容来说，如果你输入一个学号为 -1 的 Key，由于 Map 中没有 -1 对应的键值对，所以会找不到对应的值，此时第三个管脚就会输出 False。

图 3.76

8. Map 单个键值对的修改

修改 Map 的单个键值对则与添加键值对一样用的是 Add 节点。如果 Add 节点中指定的 Key 对应的键值对已经存在于 Map 中，那么会直接将对应键值对的 Value 更新为 Add 节点指定的 Value 值。假设 StudentNoToName 已经存在了 Key 为 1 的键值对，那么我们还是可以使用 Add 节点，只要将 Key 参数设置为 1，那么 Value 参数就会更新到对应的键值对。

9. Map 的遍历

Map 的遍历与 TArray 有很大的不同。Map 的遍历一般包括两步：

第一步，对 Map 使用一个叫作 Keys 的节点，这个节点会将 Map 所有的 Key 搜集成一个数组；

第二步，对 Key 组成的数组进行遍历，数组中的每一个元素对应 Map 中的每一个 Key，利用这些 Key 来获取 Map 中对应的值。

以 StudentNoToName 变量为例，我们先从它的数据管脚上拉出一个 Keys 节点，这个节点会返回一个 Key 数组，对这个数组调用 For Each Loop 节点进行遍历，得到每一个 Key，将它作为 StudentNoToName 的 Find 节点的参数，就可以找到每一个值，如图 3.77 所示。

图 3.77

3.6.7　数字类型相关的节点

对于一个数字类型（整数 Integer、浮点数 Float 或双精度类型 Double）的变量，我们可以从它的 Get 节点的数据管脚上拖动出加、减、乘、除四种基础运算，使用符号"+""－""*""/"分别可以搜索出这四种节点。

数字支持的操作符如图 3.78 所示。

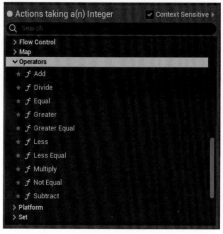

图 3.78

Add 节点对应数字的加法，Subtract 对应减法，Multiply 对应乘法，Divide 则对应除法，四种节点如图 3.79 所示。

图 3.79

除此之外，还有一些数字比较的节点，它们会比较两个数字并且输出一个布尔值：

- Equal 比较是否相等；
- Greater 数字是否大于另一个数字，Greater Equal 数字是否大于等于另一个数字；
- Less 数字是否小于另一个数字，Less Equal 数字是否小于等于另一个数字；
- Not Equal 两个数字是否不相等。

3.6.8　字符串操作

字符串是游戏中常用的一个变量类型。字符串操作中最常用的有两个：Append（附加）操作和 Format Text（文本格式化）操作。

先介绍 String 的 Append 节点，它的作用是将多个字符串拼装成一个。你可以单击右边的"Add pin"来增加字符串的个数。举个例子，如图 3.80 所示的这个节点，它的三个参数分别是"Test""String"和"Append"，最终在输出管脚"Return Value"中将会返回一个新的字符串"Test String Append"。

图 3.80

我们可以利用这个节点来将数组 StudentNos 中的所有元素组成一个字符串。下面通过修改 Say 函数来体验一下，双击进入 Say 函数的编辑界面，新建一个"局部变量"叫作"ResultString"，类型为 String，然后像图 3.81 这样拖动出节点图。

其中，Append 节点 A 管脚的输入是 ResultString 本身，B 管脚的值是 StudentNos 的单个元素，表示每个学生的学号（使用了类型转换节点），C 管脚的值是一个空格，用来分割每一个数组元素。Append 节点的输出会重新设置到 ResultString 变量中。假设数组现在的内容是（1、2、3、4、5），那么打印出来的效果如图 3.82 所示。

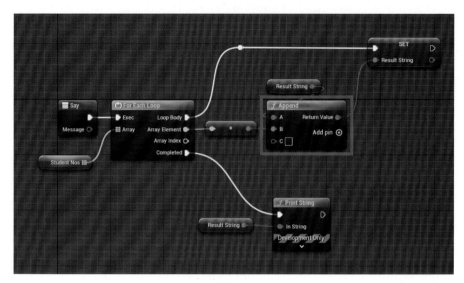

图 3.81

再来讲另一个常用的一个节点：Format Text。它能够让你向一个文本模板里面填充参数。在文本模板中，我们会使用"{ 参数名 }"来表示参数。举个例子，下面这个模板需要外部提供两个参数，一个叫作"Name"，一个叫作"Year"。

图 3.82

```
My name is {Name}, and I'am {Year} years old.
```

"Make Literal 变量类型"节点可以用来创建字面值。我们用两个节点"Make Literal String（创建字面字符串）"和"Make Literal Int（创建字面整数）"来创建参数，分别填入"小王"和"20"，如图 3.83 所示。

图 3.83

Format Text 节点的输出管脚最终会输出文本"My name is 小王，and I'am 20 years old."。

我们可以利用 Format Text 节点来比较优雅地打印 StudentNoToName 的所有键值对。修改 Say 函数为如图 3.84 所示，我们先用了 3.6.6 节提到的方法遍历整个 Map，然后创建一个文本模板"学号：{No}，姓名：{Name}"，这个模板需要的两个参数 No 和 Name 分别由键值对的 Key 和 Value 提供，最终将每一次 Text Format 返回的字符串都叠加到 ResultString，并且用一个分号来结束当前键值对的显示。Say 函数最后在游戏里的运行结果如图 3.85 所示。

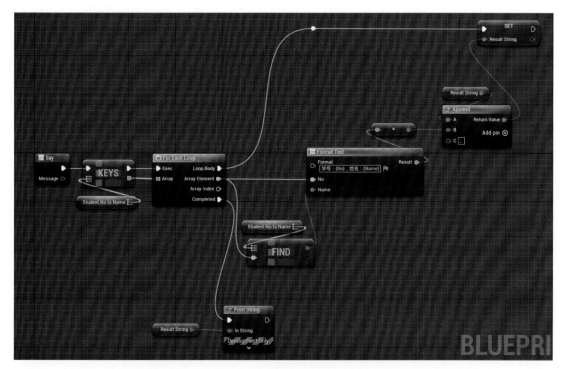

图 3.84

图 3.85

3.6.9　条件节点

条件节点会判断某些条件，然后根据这些条件选择要执行的管脚。

1. Branch（分支）节点

在条件节点中，最常用的是 Branch 节点，它提供类似于其他语言"if"关键字的功能。你可以在节点搜索框中搜索并选中 Branch 节点，如图 3.86 所示。不过也有更快捷的方法——按住 B 键，同时在蓝图编辑器的空白处单击，就能在单击处生成一个 Branch 节点。

图 3.86

Branch 节点的输入参数是一个布尔值，当这个布尔值为 True 的时候，接下来它会执行 True 管脚，反之，如果布尔值为 False，则执行 False 管脚。

举个例子。在 3.6.6 节中介绍过 Map 的 Find 节点，向这个节点传入一个 Key，会返回一个对应的 Value，以及一个布尔值，这个布尔值代表在 Map 中用这个 Key 能否找到对应的 Value。一般而言，如果找不到 Key 对应的键值对，我们就要考虑程序是否出现问题，需要做一些特殊处理。如图 3.87 所示的蓝图，使用了 Find 返回的布尔值作为 Branch 的输入参数，该蓝图的逻辑是：只有在 Map 中找到对应的键值对，才能够把值打印出来，否则打印"找不到对应的值"。

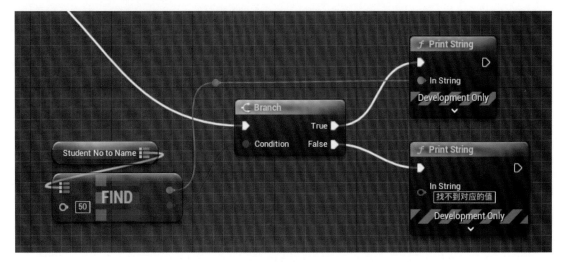

图 3.87

2. Select 节点

再了解一下"Select 家族"，这类节点一般有三个参数，一个布尔值"Pick A"和两个待选变量"A"和"B"。当 Pick A 的值为 True 的时候，返回 A 的值，反之返回 B 的值。为什么叫它们"家族"呢？因为几乎不同的常用类型都有一个与之相对的节点，这些 Select 节点包括：Select Int、Select Float、Select String、Select Transform 等等。

一个典型的 Select Int 节点如图 3.88 所示。

图 3.88

在图 3.88 所示的蓝图中，当 BooleanValue 的值为 True 的时候，右边的 Return Value 输出 A 的值，也就是 50；反之，当 BooleanValue 为假的时候，输出 B 的值 100。

3.6.10 Object 创建节点

我们已经了解过了类和实例的区别，使用类作为原型可以创建出它的一个特例，这个特例就叫作实例（Instance）。

如何才能在蓝图中使用一个类来创建对应的实例呢？那就要用到"Construct Object From Class（从类构建 Object）"节点了，如图 3.89 所示。我们来看看节点的参数列表和返回值：

● 第一个参数 Class 就是我们要使用的类原型，比如说如果想创建"BP_Teacher"的实例，这里就应该是"BP_Teacher"类。

● 第二个参数 Outer 可以理解为实例的拥有者。一般而言，我们会默认新创建出来的 Object 的所有权是创建者，也就是"Self"。当然，也有特殊的情况，这就要根据实际来决定新 Object 的所有者是谁。

● 返回值 ReturnValue 就是被创建出来的实例。

举个例子。比如我们想将之前创建的 MyStudent 变量设置为一个"BP_Student"的实例。蓝图如图 3.90 所示，具体的步骤如下：

第一步，在 Class 参数那里单击展开下拉框，搜索和找到 BP_Student 类。

第二步，在 Outer 参数的管脚上"按住"鼠标左键，往左拖动会出现一个节点选择框，输入"Self"来获取对 Self 节点的引用。Self 节点表示"当前实例"，也就是 BP_Teacher 实例（假设我们在 BP_Teacher 内拖动的这个蓝图）。

图 3.89

第三步，将 ReturnValue 作为参数传给 MyStudent 的 Set 节点。

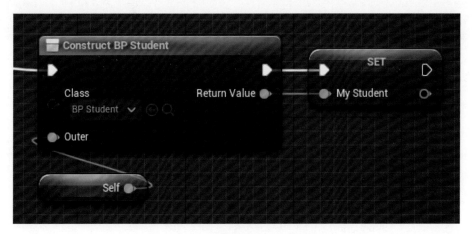

图 3.90

Unreal Engine 5 从入门到精通

3.6.11　Cast 节点

在最后，我们了解一下 Cast 节点。在 3.2 节中提到面向对象编程的多态性的时候，讲过我们可以用一个父类引用去持有一个子类对象。举例来说，我们可以用一个"哺乳动物"的引用去持有"人"实例，虽然使用的是"哺乳动物"的引用，不过由于面向对象的多态性，如果"人"类覆写了某些逻辑，在实际运行的时候仍会运行"人"实例重写的新逻辑。

然而，使用"哺乳动物"引用持有"人"实例，是访问不到"人"类的一些新建属性的。假设"人"类又创建了一些新属性（比如"人名""发色"之类的），这些属性在"人"实例被"哺乳动物"引用的时候都是访问不到的。这个时候我们要重新把实例从父类转换成子类，也就是将实例从"哺乳动物"转换成"人"类，才能够使用这些子类新定义的属性。

来做个实验吧。

现在我们以一开始新建的 BP_Student 类为父类，创建一个子对象 BP_FemaleStudent（女性学生）。在 BP_Student 的同个目录下，右击，在弹出的菜单中选择创建新蓝图类，然后在所有类型中搜索并选中"BP_Student"作为父类，如图 3.91 所示，并将创建出来的新类命名为"BP_FemaleStudent"。

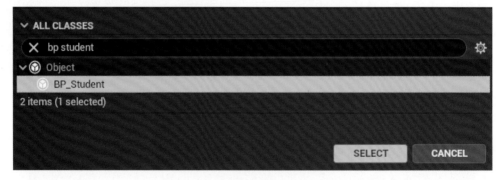

图 3.91

在 BP_Teacher 的编辑界面，找一个函数，比如 Say 函数（或者你自己创建一个新函数来做测试），使用 Construct Object From Class 节点来创建一个 BP_FemaleStudent 实例并赋值给 MyStudent 变量，如图 3.92 所示。此时 MyStudent 的类型为 BP_Student，持有着 BP_FemaleStudent 实例，就是所谓的"父类引用持有子类实例"的情况。

当我们在使用 BP_Student 变量的时候，如果想要访问 BP_FemaleStudent 类中的某些新属性，那就需要重新将实例的类型从父类转换成子类，这个时候就要使用"Cast to"节点。

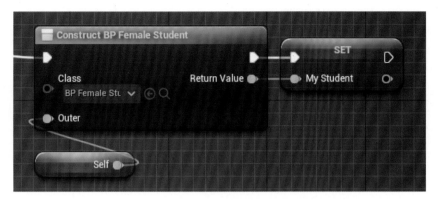

图 3.92

我们可以直接从 MyStudent 的 Get 数据管脚按住鼠标拖动出一个搜索框，搜索"cast to"，然后就可以找到"Cast To BP_FemailStudent"，如图 3.93 所示。

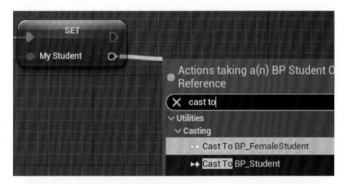

图 3.93

一个典型的 Cast 节点如图 3.94 所示。如果转换成功，右边第一个执行管脚就会运行，你可以使用被转换类型成功以后的变量；如果转换失败，中间的"Cast Failed"执行管脚被运行，你可以在后面处理转换失败的情况。

图 3.94

什么情况会发生转换失败呢？当被转换的类型不是实例的"实际类型"或其"实际类型的祖先类"时（祖先类指的是当前类型直接或者间接继承的基类），会发生转换失败。举个例子，假设我们又新建了一个 BP_MaleStudent（男性学生）类继承于 BP_Student，但 MyStudent 引用的是 BP_MaleStudent 类型的实例，那么当你尝试把它转换为一个 BP_FemaleStudent 的实例，就会失败，如图 3.95 所示。

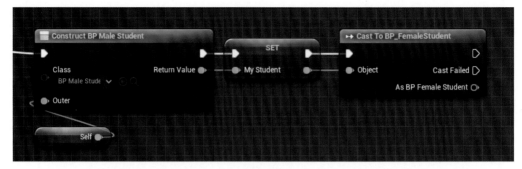

图 3.95

↘ 3.7 事件

说完函数，现在再回过头来看看整个蓝图编辑界面，只剩下最后的 Events（事件）面板没有讲了，所以本节我们就来介绍一下蓝图中的事件。"事件"可以理解为游戏过程中某件事情发生之后，发送的一个通知，你可以在事件节点后面连接蓝图来响应对应的事件。

单击"EventGraph"展开 BP_Teacher 的"EventGraph"项可以看到如图 3.96 所示的三个事件。目前在 EventGraphs 中就已经存在了三个事件：Event BeginPlay、Event ActorBeginOverlap 和 Event Tick，我们来讲一讲这其中的第一个和最后一个。

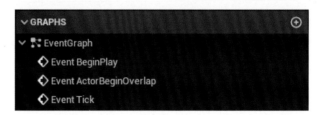

图 3.96

3.7.1 BeginPlay 事件

双击 EventGraphs 中的 BeginPlay 事件，编辑器就会跳转到事件对应的节点。由于这个事件节点的后面没有衔接任何节点，所以当前事件节点没有被启用，节点是灰色的，如图 3.97 所示。

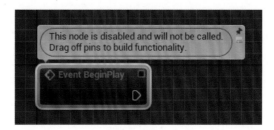

图 3.97

在 Actor 实例被创建到场景中之后，BeginPlay 事件会被调用，一般可以在这里做一些初始化的操作。

做个实验来验证下。打开 BP_Teacher 类，双击跳转到 BeginPlay 事件，然后拖动出一个 Print String 节点并让 BeginPlay 节点调用它，并且打印字符串"Hello UE5 from Event BeginPlay"。

重新运行游戏。由于我们在 3.3 节中就已经拖动了一个 BP_Teacher 的实例到场景中，所以当场景被运行的时候，BP_Teacher 的实例会被自动创建，从而触发 BeginPlay 事件，打印出如图 3.98 所示的结果。

图 3.98

3.7.2　Tick 事件

接下来，我们在 EventGraphs 中双击 Tick 事件，跳转到事件节点，如图 3.99 所示。

Tick 事件在游戏每帧运行的时候都会被调用一次，也就是说假设游戏的 FPS（每秒帧率）为 60，那么每秒这个节点就会被调用 60 次。

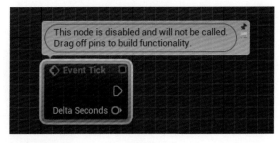

图 3.99

什么是游戏帧？我们平时玩游戏肯定都听说过 FPS（Frame Per Second），也就是每秒帧数，也可以理解为游戏画面在一秒内刷新的频率。当我们说游戏的 FPS 为 60 的时候，意味着画面在一秒之内刷新了 60 次。一般来说，帧率越高，画面看起来越流畅。

在不限制帧率的情况下，在不同电脑上是不同的，高性能的电脑上跑的帧率就会高一些，低性能的电脑的帧率就会低一些。这是由于每帧之间都需要做大量的运算，包括游戏逻辑运算、物理模拟运算、渲染运算等，运算越复杂，对电脑性能的要求也就越高。

由于在不同的电脑上帧率不同，每一帧之间的时间间隔也会不同。所以 Tick 事件节点还带有一个输入参数"Delta Seconds"，表示上一帧到这一帧之间经过的时间。

利用 DeltaSeconds 可以做很多事情。举个两个例子吧。

例子一。假设你要计算本帧内角色要移动的距离，那么根据公式 $\Delta S = V \times \Delta t$ 可得，移动的距离等于角色当前的速度乘以 DeltaSeconds。同样的，如果角色正在做匀加速运动，那么根据恒定的加速度、当前的速度和 DeltaSeconds 三个参数，也能算出本帧最新的速度。

例子二。想要累计某个功能启动以来经历过的时间，那么可以增加一个变量

PassTime（Float 类型），每次 Tick 事件触发的时候，将 DeltaSeconds 参数叠加到 PassTime 上，就可以得到累计时间。

连接如图 3.100 所示的蓝图可以打印出 DeltaSeconds。

可以看到开始游戏之后随着游戏的运行，每帧在屏幕上都会打印出那一帧的 DeltaSeconds，如图 3.101 所示。

图 3.100

图 3.101

3.7.3 其他事件

事件的本质其实是在 C++ 层定义的一系列钩子函数（Hook Function，指的是在调用者做了某些特定的事之后的通知函数），所以如果你想要实现别的函数，那么需要把光标指到 FUNCTIONS 栏上，此时会出现一个"Override"按钮，单击该按钮展开下拉框，这些就是所有当前类可以响应的事件，如图 3.102 所示。

以 Actor 为例，我们讲几个常用的事件：

- BeginPlay 和 Tick 在前文已经讲了；
- EndPlay 和 BeginPlay 是相对的，Actor 被结束使用的时候事件发生；
- Destroyed Actor 被销毁的时候事件发生；
- ActorOnClicked Actor 被点击的时候事件发生。

除此以外你还可以在 C++ 自定义属于自己的蓝图事件，具体操作我们会在第 8 章详细讲解。

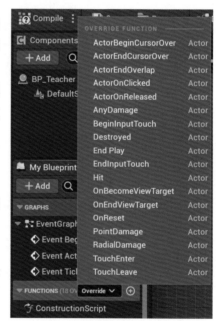

图 3.102

↘ 3.8 结构体和枚举

在 3.5 节中介绍了很多种 UE5 的常用变量类型，包括基元类型的 Integer 和 Float 等，也包括了文本类型 String，最后还介绍了 Vector 和 Rotation 等 UE5 定义的结构体类型。

除了 UE5 本身提供的结构体以外，我们也可以创建属于自己的蓝图结构体，用来代表一些比较复杂的数据结构。

3.8.1　结构体

在 UE5 蓝图中，结构体是和类一样能够封装多个数据的数据结构。结构体和类的区别在于：UE5 蓝图中的结构体只能够拥有成员变量，没法像类一样拥有成员函数和事件。这是因为 UE5 希望结构体就是单纯拿来存放数据的，不希望它像类一样能够承载功能的实现。

我们做个实验，创建一个结构体。还是在路径"Content/TopDownBP/Test"文件夹下，右击空白处，在弹出的菜单中选择"Blueprints"→"Structure"来创建一个结构体（见图 3.103），然后我们把创建出来的结构体命名为"StudentInfo"，如图 3.104 所示。

图 3.103

图 3.104

双击 StudentInfo，进入结构体的编辑页。可以发现确实就如上面所说一样：界面上只有数据（变量）相关的面板，没有函数面板和事件面板。

我们来看看如何给结构体添加一个成员变量。方法和给类增加变量相似，只不过给类添加成员变量要单击"+"号，对于结构体来说，则是要单击"New Vairable（新建变量）"按钮，如图 3.105 所示。我们使用按钮"New Varialbe"来添加两个变量"No（学号）"和"Name（名称）"，类型分别是 Integer 和 String，如图 3.106 所示。

图 3.105

图 3.106

和类的成员变量一样，我们还可以设置变量的默认值。比如你可以给 No 设置默认值为 -1（-1 常在编程中表示"未被设置"），Name 变量设置一个默认值叫作"默认名称"，如图 3.107 所示。最后单击左上角的"Save"按钮就可以保存结构体，如图 3.108 所示。

图 3.107   图 3.108

回到 BP_Teacher（或者随便找一个类），就可以像使用 UE5 原本提供的结构体如 Vector 一样地使用 StudentInfo 了。我们可以创建一个叫作"TestStudentInfo"的变量，类型就选择 StudentInfo 结构体，如图 3.109 所示。图 3.110 中的四个节点分别是结构体管脚分裂（Split Struct Pin）前后的 Get、Set 节点，可以看到与我们在 3.5.2 节中分裂 Rotation 变量是一样的。

图 3.109

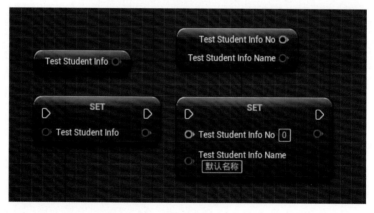

图 3.110

3.8.2 枚举

在编程中，枚举通常可以理解为一个规定的集合。

举个例子。一个枚举"Week"表示一个星期内的七天，那么它的值就会包括 7 个：星期一、星期二、星期三、星期四、星期五、星期六、星期天。又比如，一个枚举"CharacterMoveState"表示角色的移动状态，那么它可能的值就会包括：站立、趴着、下蹲、移动、奔跑等。

做个实验，我们来创建一个枚举值"ESchoolType"，它代表学校的类型，有五个值：

幼儿园、小学、初中、高中、大学。

还是在路径"Content/TopDownBP/Test"文件夹下，右击空白处，在弹出的菜单中选择"Blueprints"→"Enumeration（枚举）"，如图 3.111 所示，然后将新建的文件命名为"ESchoolType"。

枚举文件可以使用字母 E 为命名前缀，表示 Enum（枚举）。

双击文件，进入枚举 ESchoolType 的编辑界面，可以单击右上角的"New"来创建新的枚举值，如图 3.112 所示。因为我们有五个枚举值，所以可以一次性点五下，然后逐一输入它们的值，如图 3.113 所示。其中，"Display Name（显示名称）"是枚举的值，"Description（描述）"则是对枚举值的描述。

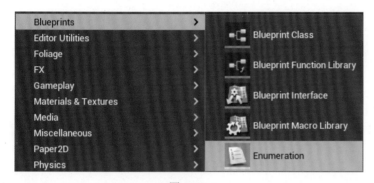

图 3.111

图 3.112

图 3.113

现在我们来使用这个枚举。打开 3.8 节新建的"StudentInfo"结构体，新建一个参数名为"SchoolType"的变量，此时变量类型可以搜索到刚才创建的 ESchoolType（见图 3.114），选择它作为变量的类型，如图 3.115 所示。

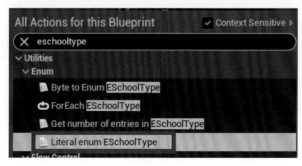

图 3.114

图 3.115

在蓝图中，我们可以使用"Literal enum ESchoolType"节点创建一个 ESchool Type 的字面值来给变量赋值（见图 3.116），只要在节点搜索框中搜索"ESchoolType"就可以搜索到这个节点。

图 3.116

↘ 3.9 蓝图排版的小技巧

这一节，我们来介绍蓝图排版的一些小技巧。

为了能够使我们创建的蓝图更加美观和直观，可以使用一些小技巧来组织蓝图。这里介绍两个小技巧。

3.9.1 中间点

有时候，我们会发现两个管脚之间的连接线会穿过另一个节点（见图 3.117），如果这样的线多了，就会造成以后在维护这个蓝图的时候，看不清线的走向。

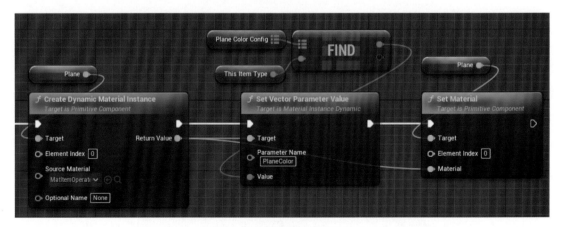

图 3.117

这个时候，我们可以通过添加中间点的方法来改变线的走向。

将光标放在要修改走向的连接线上（如图 3.118 中红色箭头指向的地方），此时对应的线会高亮，这个时候双击，就会发现这里出现了一个中间点，如图 3.119 所示。

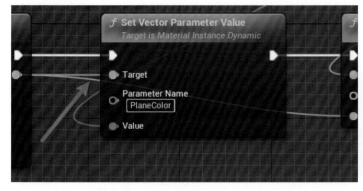
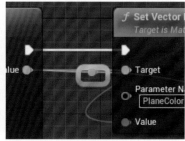

图 3.118　　　　　　　　　　　　　　　图 3.119

接下来，我们就可以用鼠标来拖动这个中间点到合适的位置，让线尽量不要穿过其他的节点，如图 3.120 所示。

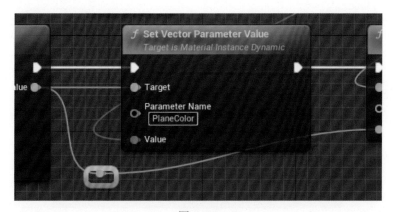

图 3.120

如果发现线还是穿过了，那么还可以再添加另一个中间点。这次我们选择线靠结束端的那一边来双击，得到一个新的中间点，如图 3.121 所示。然后将右边的中间点也往下拖动，使它和左边的中间点在同一个水平线上，如图 3.122 所示。这样，线就完全绕开了另一个节点，蓝图看上去就更加直观了。

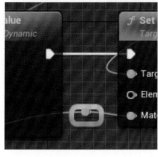
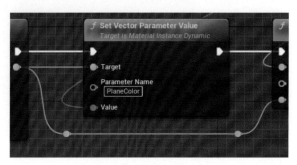

图 3.121　　　　　　　　　　　　　　图 3.122

中间点可以视为和它出发点的管脚是一个效果，所以我们可以从中间点上拖动出新的节点搜索框，如图 3.123 所示。

如果我们以后还想选中中间点和移动它的位置，应该怎么做呢？我们可以在中间点的附近用鼠标绕着中间点选中一个小范围，这样就可以选到中间点（见图 3.124），选中后中间点会高亮，这时就可以拖动它来移动它的位置。

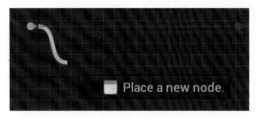

图 3.123

图 3.124

3.9.2　节点对齐

除了中间点以外，我们还可以将节点进行对齐，以此来让蓝图变得更简洁。

举个例子，在图 3.125 中有两个节点 ValueA 和 ValueB，这个时候如果让它们能够在水平方向上对齐，看起来就会整洁很多。

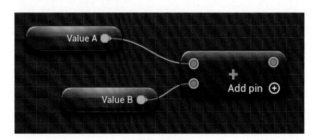

图 3.125

此时，我们可以用鼠标框选这两个节点（见图 3.126），然后在其中一个节点上右击，在弹出的右键菜单中选择"Alignment（对齐）"→"Align Left（左对齐）"（见图 3.127），这时就可以发现这两个节点的左侧对齐了，如图 3.128 所示。

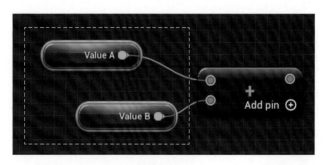

图 3.126

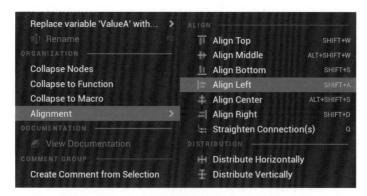

图 3.127

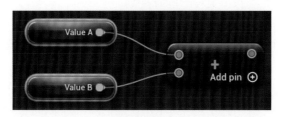

图 3.128

　　可以看到 Alignment 选项中总共有六个对齐选项，分别是：顶端对齐、中间对齐、底端对齐、左对齐、居中对齐、右对齐。我们可以根据实际的需求来使用不同的对齐方式。

第4章　编写游戏的基础逻辑

在第 3 章中，我们已经学习了蓝图的基础概念和一些基础的使用方法。实践出真知，唯有经过实践的知识才能够被消化，变成我们自己的。所以，在这一章里，我们要使用学到的蓝图知识来构建游戏 Autocook 的基础规则。

在这个游戏中：厨房中每隔一段时间，会不停地产生新的订单。如果订单在规定时间内未被完成，订单会超时，订单超时会有惩罚，扣除玩家的游戏分数。

游戏的主题是制作水果蔬菜沙拉，所以一个订单需要的物品包含两种：必要部分包括了盘子和沙拉酱；可选物品包括了苹果、香蕉和青瓜，随机从中选出 1 ~ 3 样。

完成未超时的订单，可以获得订单对应的分数。

为了完成上面的逻辑，在本章中我们需要编写大量的蓝图逻辑，包括了下面提到的几点，分别对应本章中的五个小节：

一、创建一个新的蓝图枚举"EItemType"，用来表示游戏中所有需要使用到的物品的类型。

二、创建一个蓝图类"Order"，用以封装订单相关的信息和逻辑。它将初始化和保存订单的基础信息，比如：订单编号、所需要的原材料、订单的过期时间、完成订单能得到的分数。

三、创建一个蓝图类"OrderManager（订单管理器）"来负责订单的管理事务。订单管理器会每隔一段时间生成一个新的订单、实时处理过期的订单，并且处理和记录玩家的分数。

四、创建一个类"ItemOperatorStation（物品操作者站台）"继承于 Actor，表示物品操作台，摆放在厨房的地面对应的物品附近。机器人站到上面之后就可以进行对应的操作。比如机器人如果站到苹果的操作台前面，就可以获取一个苹果物品；如果机器人拥有一个苹果，站到砧板操作台上，就可以获得一个切好的苹果。

五、创建一个类"PlayerBag"表示玩家背包，用来记录当前拥有的物品。

在本章中，我们还没有学习如何为游戏搭建 UI 界面，所以为了方便测试，我们还会给这些类各种各样的"In Editor"函数来打印调试用的信息，测试结果会以 Log 的形式打印到屏幕上和 Log 窗口里。

由于在本章我们会编写很多蓝图，所以还需要先建立一个文件夹用来存放后面写的蓝图。在"Content/TopDownBP"下创建文件夹"Autocook BaseLogic"，如图 4.1 所示。后面我们编写的蓝图，大都会存放在这个路径。

图 4.1

↘ 4.1　创建用于表示物品类型的枚举

在开始蓝图逻辑编写之前，我们要先创建一个枚举，用来表示游戏中所有物品的类型。

在路径"Content/TopDownBP/AutocookBaseLogic"下，新建枚举"EItemType"。分别添加 10 个枚举值，如图 4.2 所示。包括了：

- 一个默认值。在 UE5 中，一般我们都会给所有枚举设置第一个枚举值为"默认值"，一般以"None"或"Default"命名。
- 食材原料类，包括苹果、香蕉和青瓜。
- 沙拉酱。
- 砧板。
- 盘子。
- 被处理后的食材原料。食材原料经过砧板的切碎之后，就会成为"被切碎的食材"，与食材原料类一一对应：被切好的苹果、被切好的香蕉和被切好的青瓜。

图 4.2

在代码中添加充分的注释是良好的习惯，所以你可以分别在枚举的"Enum Description"中输入枚举的介绍，以及在"Description"中描述每一个枚举对应的意义。

↘ 4.2　订单类

我们在 3.2 节介绍蓝图类的时候讲过，在面向对象编程中，类是最核心的概念。一个类基本可以代表"一类事物"，封装了自己的属性，并且有自己的功能。

蓝图类"Order"（订单）将是我们游戏中最重要的概念之一，也是我们要设计的第一个类。

相信第一次设计一个类的你肯定是一头雾水，那么类要怎么设计呢？游戏需求决定了代码的设计，所以我们还是得先回过来看看游戏需求是什么样的。在我们的游戏 Autocook 中，要求订单具有以下特性和功能：

- 菜品。由于我们的菜品只有水果蔬菜沙拉一种，所以订单的必要物品包括一个盘子和一份沙拉酱。至于订单内其他的物品，可能会包括切好的苹果、香蕉或青瓜，为了模拟不同顾客的需求，我们会从中随机地选出 1 ~ 3 个水果蔬菜。
- 时间。每个订单都有属性：被创建的时间、订单的最大等待时间和订单的过期时间。它们的关系是：订单过期时间 = 订单创建时间 + 最大等待时间。一旦超过了过期时间，那么订单将失效。
- 分数。每个订单都有一个分数，在订单规定的时间内机器人如果完成了订单，就能得到游戏分数。

除了上面提到的那些基础功能之外，订单类还会封装一些便捷的函数，比如：

- 从外部接收一个时间作为参数，判断在这个时间订单是否已经过期；
- 从外面接收一个物品列表，判断这些物品组合起来是否能够完成订单。

4.2.1 订单的创建及其测试方法

在"Content/TopDownBP/AutocookBaseLogic"路径下创建订单类"Order"，继承于"Object"，如图 4.3 所示。

Order 类直接继承于 Object，所以不能直接被放置在场景中，那我们怎么才能测试与它相关的逻辑呢？

我们可以再写一个继承于 Actor 的类"TestOrder"，由于这个类继承于 Actor，所以可以被放置在场景中。在 TestOrder 类中，我们可以添加各种各样的"Call In Editor"函数来进行测试。

在 Order 类的同目录下创建"TestOrder"类（见图 4.4），并让它继承于 Actor。类创建完毕后，将这个 TestOrder 类拖动到场景中。如此一来，这样等游戏一开始，TestOrder 的实例就会被自动创建。

图 4.3

图 4.4

关于订单，有两个变量我们希望在订单创建时由外部指定。现在我们来创建它们。

创建第一个变量"GeneratedTime"，代表订单的创建时间，类型是 Float，如图 4.5 所示。

再创建第二个变量"OrderId"，表示订单的唯一 Id，类型为 Integer。"唯一 Id"指的是在每次游戏中，一个订单只能有一个唯一编号。为了让订单的 Id 能够唯一，需要知道其他哪些 Id 已经被占用了，所以订单的 Id 也要交给创建者来指定。一般来说，我们会维护一个自动增加的 Id（每次使用后加一），比如第一个订单的 Id 是 0，第二个是 1，第三个是 2，以此类推。

图 4.5　　　　　　　　　　　　　　图 4.6

为了让这两个变量能够在创建的时候由外部设定，我们需要分别选中这两个变量，然后在细节面板将"Exposed on Spawn（在创建时暴露）"选项选中，如图 4.7 所示。

现在让我们回到测试类 TestOrder 的编辑器界面，来写一个测试函数。给 TestOrder 添加一个函数"TestNewOrder"（见图 4.8），然后设置它为"Call In Editor"，用来测试创建一个新订单的逻辑。

图 4.7　　　　　　　　　　　　　　图 4.8

如图 4.9 所示，在函数"TestNewOrder"中，我们使用"Construct Object From Class"节点，指定 Class 参数为 Order 类，然后指定 Outer 参数为 Self。可以看到，由于刚才 Order 的两个变量 GeneratedTime 和 OrderId 已经被指定为"Exposed on Spawn"，所以在创建节点中，它们以参数的形式出现了。

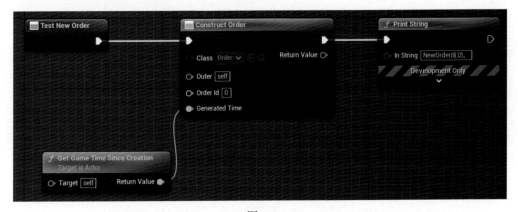

图 4.9

接下来我们要给这两个参数指定对应的值。订单 Id"OrderId"简单地设置为 0 就好了。至于如何设置当前时间，我们要用到一个节点叫作"Get Game Time Since

Creation"。这个节点对应的函数会返回当前 Actor 自被创建以来经过的时间。可以推理出，如果 TestOrder 这个 Actor 是被我们直接摆放到场景中的，那么在游戏开始的时候 TestOrder 的实例就会被创建，于是 TestOrder 被创建以来经过的时间，就近似于游戏已经运行的时间了。

最后，我们再给 TestNewOrder 函数添加一个 Print String 节点，成功执行之后会打印"NewOrder 成功。"。

现在我们回到游戏中，在世界大纲中找到 TestOrder 的实例，细节面板里就可以找到 TestNewOrder 按钮，单击它即可测试创建新的订单。

4.2.2 初始化订单信息

订单被创建出来之后，它需要负责自身某些信息的初始化。为了初始化这些信息，我们需要先给 Order 类创建一个叫作"InitOrderInfo"的函数，如图 4.10 所示。

对照前面提到的对订单类的需求，订单在创建之后起码需要初始化三种信息：订单包含的物品信息、订单的分数和订单的时间。对应地，我们创建 InitOptionalItems、InitScore 和 InitTime 三个函数，如图 4.11 所示。

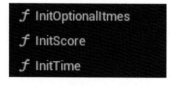

图 4.10

图 4.11

将初始化逻辑划分到三个新函数的目的是提高代码的易读性和可维护性，接下来我们只要让 InitOrderInfo 函数来调用这三个新函数就可以了。打开函数 InitOrderInfo 的编辑界面，将三个函数从 FUNCTIONS 界面拖动到空白处并连线，使用上面三个函数，如图 4.12 所示。

图 4.12

接下来我们就介绍这三个函数以及它们要使用到的变量是怎样设计的。

4.2.3 初始化订单物品信息

一个订单需要的物品分为两种：第一种是必要物品，包括上菜必须的盘子，以及必不

可少的沙拉酱；第二种是可选物品。为了模拟顾客的需求，我们先确定可选物品的个数是
1 ~ 3，从苹果、香蕉、青瓜中随机选出。

1. 创建变量

为了满足上面的需求，我们需要创建三个变量。

第一，表示必要物品的变量。创建一个变量名为"EssentialItems（必要物品）"，
类型为枚举 EItemType 的数组，如图 4.13 所示。

由于必要物品对于每个订单都是一样的，所以我们可以提前给它填充内容。单击蓝图
编译后我们就可以给 EssentialItems 添加默认值。选中 EssentialItems，在细节面板中
找到 DefaultValue 来设置默认值，给它添加两个元素，一个是盘子，一个是沙拉酱，如
图 4.14 所示。

图 4.13　　　　　　　　　　　　　　　　图 4.14

第二，表示可选物品的变量。创建一个名为"OptionalItems（可选物品）"的变量，
类型同样为 EItemType 的数组，不需要输入任何默认值，如图 4.15 所示。

图 4.15

第三，我们还需要创建一个名为"OptionalItemCountMap"的变量，类型为 Map，
它的 Key 类型是 EItemType，Value 类型是 Integer，如图 4.16 所示。这个变量用来统
计可选物品的个数。举个例子，Map 中如果有一个键值对的 Key 为苹果，Value 为 2，则
表示订单的可选物品中包含两个苹果。

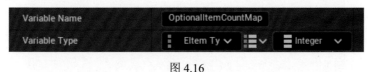

图 4.16

2. 初始化可选物品函数

双击打开前面创建的"InitOptionalItems"函数，我们要在这个函数中实现初始化可
选物品的逻辑。

先放一张最终的成品图，最终要创建的函数如图 4.17 所示。

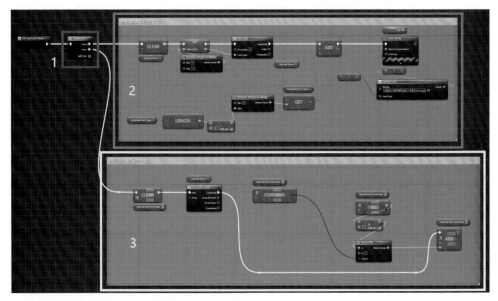

图 4.17

（1）创建函数的局部变量

在开始拖动节点之前，我们需要先给 InitOptionalItems 函数创建两个局部变量。在 InitOptionalItems 中，添加两个"局部变量"，如图 4.18 所示。其中：

第一个变量是"ItemCount"，表示可选材料的个数，类型为 Integer。

第二个变量"CandidateOptionalTypes"表示的是可选材料的可选类型，类型为 EItemType 数组。我们将从这个数组的元素中随机选出可选物品。编译后，我们需要在它的默认值下添加三个值，分别是切好的苹果、切好的香蕉和切好的青瓜，如图 4.19 所示。

图 4.18

图 4.19

（2）Sequence 节点（红色部分）

我们先来看看图 4.17 中的红色框——一个"Sequence"节点。Sequence 是一个很方便的用来组织代码逻辑的节点，它可以有多个执行管脚（单击"Add pin"按钮可以增

加输出执行管脚）。当执行完上一个执行管脚的逻辑后，就会按顺序
接着执行下一个管脚。举个例子，在图 4.20 中，Then 0 管脚连接着
图 4.17 中蓝色部分的蓝图，当这部分蓝图的逻辑执行完之后，才会
运行黄色部分的蓝图。用 Sequence 节点可以非常好地组织代码，让
代码有更高的可读性。

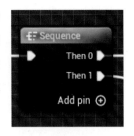

图 4.20

（3）随机产生可选物品并添加到 OptionalItems 中（蓝色部分）

再来看看图 4.17 中黄色部分的蓝图。这部分蓝图代码的作用是
随机选出若干个物品，添加到可选物品 OptionalItems 列表中。

其实随机物品添加到可选列表中要做的事情很简单，包括了三步：首先把可选物品列
表 OptionalItems 列表清空；然后随机确定需要的可选物品个数（1 ~ 3）；最后随机选
出每一个可选物品添加到 OptionalItems 中。

首先我们要重置可选物品列表的数据，清空 OptionalItems。这里我们使用到了数组
操作 Clear 节点来清空数组，如图 4.21 所示。

接下来需要随机选出可选物品的个数，使用的是 "Random Integer in Range（在范
围内随机整数）" 节点。这个节点可以让你设定一个范围的下限和上限，然后在这个范围
内随机确定 Integer。这里我们希望可选原物品的个数在 1 ~ 3 之间，所以 "Min" 和 "Max"
参数分别输入 1 和 3。随机选出来的值 "Return Value" 写入到局部变量 "ItemCount" 中，
如图 4.22 所示。

图 4.21

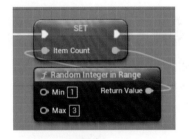

图 4.22

最后，我们需要根据可选物品的个数 ItemCount，使用 For Loop 节点进行循环，
在循环中随机选出每一个可选物品。节点参数中，第一个下标 First Index 的值是 0，第
二个下标 Last Index 的值是 ItemCount −1（使用减法 Subtract 节点），一共会循环
ItemCount 次，如图 4.23 所示。举个例子，假设随机选出来的可
选物品个数 ItemCount 是 3，那么 For Loop 的下标范围就会是
0 ~ 2，总共有三次循环。

接下来，在每一次循环中，我们从物品待选类型列表 Candidate
OptionalTypes 中选出一个物品类型。使用 Random Integer in
Range 节点，随机的下限为 0，上限为 CandidateOptionalTypes
的长度减去 1。这样子就能随机选出一个 Integer 作为下标，使用
这个随机选出来的下标来获取 CandidateOptionalTypes 的元素

图 4.23

（见图 4.24），就完成了从数组中随机选取出元素的功能。

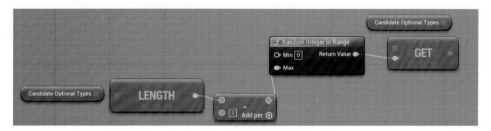

图 4.24

随机选出来一个材料类型之后，就可以将材料类型添加到 OptionalItems 列表，完成一个可选材料的添加，如图 4.25 所示。

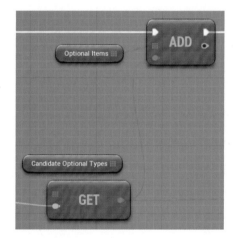

图 4.25

为了方便查看调试信息，我们可以再添加一个 PrintString 节点来打印随机添加的可选物品信息，如图 4.26 所示。

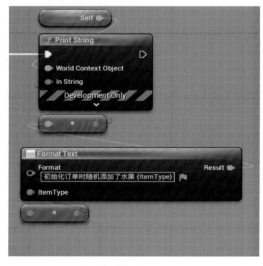

图 4.26

（4）统计物品信息（黄色部分）

为了能让以后"检测物品列表能否完成订单"这个功能实现起来更简单，我们还要对每一个可选物品类型的数量进行统计。思路是遍历 OptionalItems 数组，然后统计它们的数量。

首先，我们需要把记录统计数据的变量 OptionalItemCountMap 进行初始化，使用 Clear 节点清除它的所有数据，如图 4.27 所示。

然后我们对上一小节中蓝色逻辑随机选出来的物品列表 OptionalItems 进行遍历，并以遍历的材料为 Key，尝试使用 Contains 节点从 OptionalItemCountMap 寻找对应的键值对，如图 4.28 所示。Contains 节点会返回一个布尔值，表示 Map 中是否包含这个 Key。

图 4.27

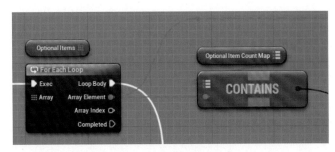

图 4.28

Contains 节点可能会有两种结果：一种是找不到 Key 对应的键值对，那就表示从来没有记录过这个类型的物品；一种是找到了键值对，那么表示已经记录过这个类型的物品，此时如果使用这个 Key 去找对应的 Value，就能得到这个类型的物品目前已经统计到的个数。

当 OptionalItemCountMap 中没有对应的键值对时，表示是第一次遇到这个类型的物品，那么就应该添加一个键值对（Key 为该物品的类型，Value 为 1），将这个类型的物品个数在 OptionalItemCountMap 中初始化为 1。当能够从 OptionalItemCountMap 中取出对应的键值对时，这表示我们已经记录过了这个物品，那么我们需要将对应的 Value 加 1 后重新更新到 OptionalItemCountMap，代表统计到该类型的物品数量加一。

使用 Add 节点可以方便地更新 Map 的值。如果 Add 节点使用的 Key 对应的键值对不存在，那么会向 Map 添加一个键值对；如果对应的键存在，那么用最新的 Value 覆盖原来的 Value。也就是说，我们使用 Add 就可以直接实现键值对的添加或者修改。这样一来我们就只需要确定键值对中的 Value 是什么就行了。

这里我们使用 Select Int 节点来方便地选择出键值对中的值。Select 节点的布尔参数就是前面 Map 的 Contains 节点得到的结果，代表能不能找到 Key 对应的键值对。如果找到了键值对，那么我们使用这个 Key 从 Map 中找到对应的值（通过 Find 节点），然后加 1 作为 Select Int 节点的 A 参数；如果找不到键值对，那么使用 Select Int 的 B 参数，这里我们输入 1。

最后的蓝图如图 4.29 所示。

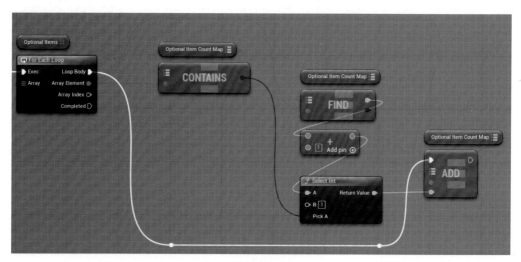

图 4.29

4.2.4 初始化订单分数

在决定订单需要的物品之后，我们就可以计算订单的分数了。订单分数的高低与订单中物品的个数有关，首先我们需要定义每增加一个可选物品，订单可以增加多少分，然后数一数有多少个可选材料，最后将可选物品的个数乘以单个物品对应的分数，就能得到订单的总分。

为了保存订单的分数，我们先给 Order 类添加一个叫作 Score 的变量，类型为 Integer，如图 4.30 所示。

打开 InitScore 函数的编辑界面。添加一个本地变量"SCORE_PER_ITEM"，用来表示每一个可选物品是多少分，蓝图编译后为该本地变量输入默认值 5，表示每增加一个可选物品，增加五分，如图 4.31 所示。

| 图 4.30 | 图 4.31 |

为什么有些变量我们的命名方式是全大写 + 下画线呢？这种命名方式一般对应着常量（Constant），也就是不会变的量。一般我们会使用常量来做配置。

接下来，根据图 4.32 拖动出蓝图。这段蓝图代码表示的是：将 SCORE_PER_ITEM 乘以 OptionalItems 的长度后（也就是可选物品的个数），然后将值赋给 Score。

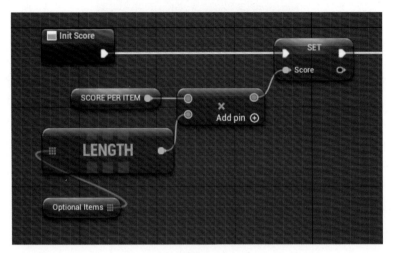

图 4.32

为了方便调试，我们还可以在后面跟着拖动出一个 Print String 节点，用来打印生成的订单分数，如图 4.33 所示。

图 4.33

4.2.5　初始化订单时间

为了能够判断订单是否过期，我们需要给订单设置多个时间相关的属性。订单的时间属性包括了三个：创建时间、最大等待时间和过期时间。订单的创建时间"GeneratedTime"在 4.2.1 节已经讲过了，它由创建订单的外部对象指定。

接下来，给订单类另外创建两个变量，分别是 Float 类型的"MaxWaitTime"，表示订单的最大等待时间；以及同样是 Float 类型的"ExpiredTime"，表示订单的过期时间，如图 4.34 所示。

图 4.34

订单的最大等待时间 MaxWaitTime 应该由订单需要的所有物品个数决定，物品越多，需要准备的时间越多。使用一条简单的公式就可以算出最大等待时间：

最大等待时间 = 所有物品的个数 × 准备每个物品需要的时间

首先我们需要定义每个物品所需要的分数。打开 InitTime 函数的编辑界面，然后添加一个本地变量"TIME_PER_ITEM"。编译蓝图后设置它的默认值为 2，表示准备每个物品需要两秒。物品的总个数包括了"必要物品"+"可选物品"的个数。将 TIME_PER_ITEM 与物品总个数相乘之后赋值给 MaxWaitTime，就得到了订单的最大等待时间，如图 4.35 所示。

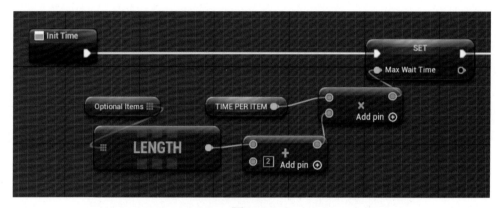

图 4.35

在创建订单的时候，订单的创建时间已经由外部指定了。所以我们现在可以来算订单的过期时间。将订单的创建时间 GeneratedTime 和最大等待时间 MaxWaitTime 相加，就得到了订单的过期时间 ExpiredTime，如图 4.36 所示。

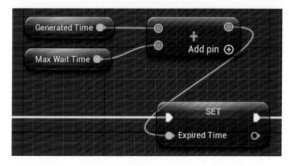

图 4.36

在最后，我们还是创建一个图来打印时间相关的调试信息，如图 4.37 所示。

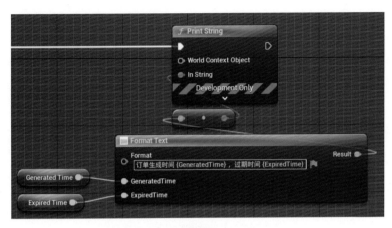

图 4.37

4.2.6　检测当前时间订单是否过期

讲完了订单的初始化逻辑，其实整个订单类已经完成了大半。剩下的，我们还要给它封装两个函数，在将来编写完成订单相关的逻辑的时候会用上。

第一个函数会根据参数传进来的时间，判断订单是否过期。

创建函数"IsOrderExpired"（见图 4.38），并添加一个 Float 类型的输入参数"NowSeconds"，表示当前时间；然后再添加输出，返回一个布尔类型的值，名为"IsExpired"，表示订单是否已过期，如图 4.39 所示。

图 4.38　　　　　　　　　　　　　　　　　　　图 4.39

IsOrderExpired 函数的逻辑非常简单，只要判断参数 NowSeconds 代表的当前时间是否超过了订单的过期时间即可，当前时间超过了过期时间的时候，表示订单已经过期。我们可以直接将比较得到的布尔值作为函数的返回值，如图 4.40 所示。

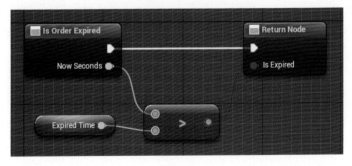

图 4.40

有一个小细节需要注意。我们可以看到这个函数不会修改到订单中的任何变量，只是使用变量做了一个判断。这种不会修改到类状态的函数，可以被标志为"Pure（纯洁）"函数。Pure 函数有两个作用：

● 让使用者能够了解到这个函数不会修改到实例的属性；
● 使得蓝图能够更加简洁。

选中函数，在细节面板中选择 Pure 选项（见图 4.41）就可以将函数变为 Pure。当没有选中 Pure 时（函数默认都是没有选择 Pure 的），使用函数节点的时候，节点的颜色是蓝色的，并且有前后两个执行管脚，如图 4.42 所示。当 Pure 被选中时，函数会变成没有执行管脚的绿色节点，只提供数据管脚，如图 4.43 所示。

图 4.41　　　　　　　　　　图 4.42　　　　　　　　　　图 4.43

4.2.7　检测物品列表能否完成订单

第二个函数的作用是根据传进来的物品列表，判断这些物品能不能完成订单。函数的实现原理很简单，我们分为三步去做：

第一步，在订单的初始化环节，我们已经创建了可选物品的数量统计变量 OptionalItemCountMap，由于完成订单需要的物品包括必要和可选两部分，所以现在需要把必要物品也统计上，组成一个统计了所有物品的数量的新 Map，如图 4.44 所示。

类型	个数
AppleCut	1
BananaCut	2
Plate	1
SaladDressing	1

图 4.44

第二步，对传进来的物品列表进行遍历，每遍历到一个物品，就尝试在统计所有物品数量的 Map 里面查找物品数量，如果找不到物品数量，说明传进来的物品不是订单所需要的，不能完成订单；如果找到了，那么将已统计到的物品个数减去 1。

第三步，遍历统计物品个数的 Map，查看是不是每一个物品对应的个数都是 0。一旦发现有一个物品的个数不是 0，即说明传进来的对应物品个数与订单所需要的不同。遍历完成后，如果所有的材料个数都是 0，那么说明检查通过，订单所需要的物品与传进来的物品列表相符，订单能够被完成。

接下来我们用蓝图完成上面的步骤。

创建一个函数叫"CanOrderBeFinished"，同样把 Pure 选项选择上。添加输入参数"InItems"，类型为 EItemType 的数组；添加输出参数"CanBeFinished"，类型是 Boolean 的数组，如图 4.45 所示。

图 4.45

　　因为逻辑总共包括了三个步骤，所以先拖动一个 Sequence 节点，单击"Add pin"按钮来创建执行管脚，增加执行管脚"Then 2"，如图 4.46 所示。

图 4.46

　　第一步是创建一个总的物品个数统计 Map，包括了可选物品和必要物品的个数。先创建一个本地变量"LocalItemCountMap"，类型是 Map，Key 类型为 EItemType，Value 类型为 Integer，用来统计所有物品各自的个数，如图 4.47 所示。

图 4.47

　　把可选物品的数量统计变量 OptionalItemCountMap 先赋值给 LocalItemCountMap（会发生一次数据复制，相当于把 OptionalItemCountMap 的所有元素复制到 LocalItemCountMap）。然后遍历必要物品，循环体中向 LocalItemCountMap 中添加一个键值对，Key 为必要物品的类型，Value 代表着个数，目前必要物品只有盘子和沙拉酱，并且都只需要一份，所以 Value 为 1 就好，如图 4.48 所示。

　　第二步是遍历外部输入的物品列表，循环体中以材料参数为 Key 调用 LocalItemCountMap 的 Find 函数。有两种结果，一种是根本找不到对应的键值对，那么说明出现了订单上不需要的物品，可以直接返回订单无法被完成；另一种结果是找得到物品类型对应的键值对，那么读取键值对中的 Value，也就是物品个数，将其减 1 然后更新到 LocalItemCountMap 中，如图 4.49 所示。

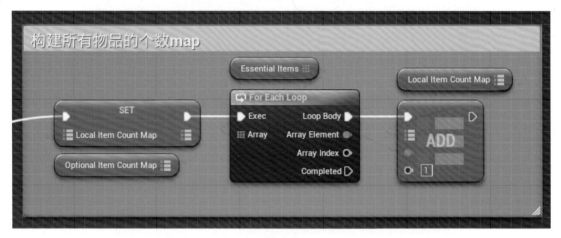

图 4.48

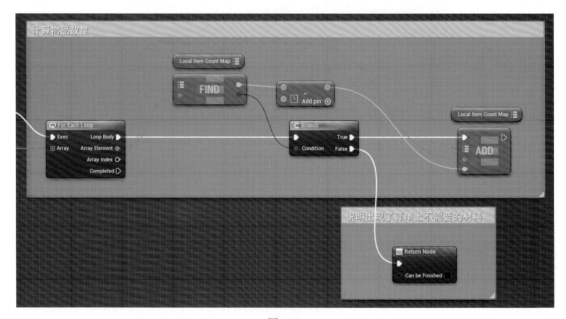

图 4.49

最后，遍历第二步修改完的 LocalItemCountMap，检查每一个键值对中的 Value。一旦发现有一个 Value 不是 0，那么说明传进来的物品个数不对，直接返回订单无法被完成，并且使用 Return Node 节点终止循环并退出函数。如果所有的 Value 都是 0，那么遍历就会从头执行到尾，最终会执行到 For Each Loop 节点的 Completed。一旦能够执行到 Completed，那么表示 LocalItemCountMap 中所有的物品个数都变成了 0，表示传入物品列表和订单所需物品相符，这个时候就能返回订单可以被完成了，如图 4.50 所示。

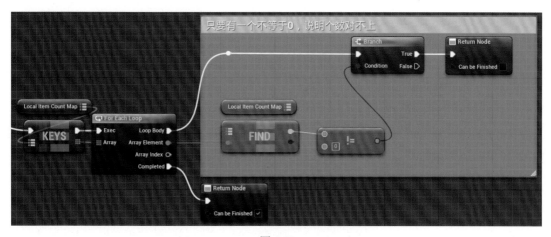

图 4.50

↘ 4.3　订单管理类

完成了 Order 订单类的制作之后，接下来我们要制作订单的管理器 OrderManager。订单管理器负责统筹订单，它的作用包括：

- 记录玩家的游戏总分；
- 在一定条件下，定期生成新的订单；
- 检测和处理过期的订单，并且扣除玩家总分；
- 提供一个尝试完成订单的函数，如果订单被成功完成，订单需要被移除，并且增加玩家的游戏总分。

4.3.1　建立订单管理器类

首先让我们来创建订单管理器的蓝图类。在订单类 Order 的同个目录下，创建一个新的蓝图类继承于 Actor，命名为"OrderManager"，如图 4.51 所示。

图 4.51

4.3.2　记录玩家游戏总分

为了方便，我们让 OrderManager 类兼具管理玩家游戏总分的职责。

打开 OrderManager 类的编辑页面，创建一个成员变量"TotalScore"，类型为 Integer，用来记录玩家的总分，如图 4.52 所示。

图 4.52

玩家的分数会根据订单的完成情况而发生变化。订单失效的时候，玩家会损失订单对应的分数；订单在规定时间内被完成的时候，玩家能够获得订单对应的分数。

为了操作玩家的分数，方便地给玩家分数增加或减去某个值，我们要封装一个函数。创建函数"ChangeTotalScore"，如图 4.53 所示。它的输入参数有两个（见图 4.54），第一个叫"InScoreDelta（分数变化值）"（Delta 在编程中常表示"变化值"），类型为 Integer；第二个参数叫作"IsMinus"，是一个布尔值，表示是否 InScoreDelta 需要取反符号（是否需要乘以 -1），当它为 True 的时候，总分减去 Delta 值，相反当它为 False 时，总分加上 Delta 值。

图 4.53   图 4.54

函数的实现逻辑很简单，我们使用 Select Int 节点，以 IsMinus 为 Pick A 参数来选出一个符号值。当 IsMinus 为 True 的时候选择 -1，反之选择 1。用选择出来的值去乘以 InScoreDelta 就可以得到最终要加到总分上的最终分数变化值。最后，将这个变化值与 TotalScore 相加，再写入到 TotalScore，就可以完成玩家总分的更新，如图 4.55 所示。

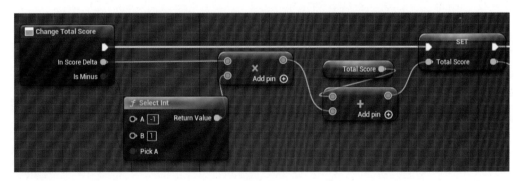

图 4.55

4.3.3　订单的存放

OrderManager 类负责所有订单的管理，所以它需要维护一个订单列表来保存订单的引用。我们为订单管理器添加一个变量"OrderList"，类型是 Order 数组，用来保存所有的订单，如图 4.56 所示。

图 4.56

4.3.4　订单管理器每帧要做的事

由于订单的过期检测和尝试生成订单都需要不停地进行，所以我们需要用到 Order Manager（属于 Actor 类）的 Tick 事件。这个事件会在游戏每次运行一帧的时候触发，由于帧率一般不会太小，我们可以认为它是一直不停地在触发的（当然实际情况不是，帧率非常低时每一帧之间会相隔很久）。

在 Tick 事件的响应逻辑中，我们需要做两件事，分别创建两个函数来实现它们，如图 4.57 所示。

图 4.57

第一件事是检查在当前时间是否有订单已经过期。如果有，那么移除这个订单，并扣除响应的分数。需要创建一个新的函数来负责这件事，名为"ResolveExpiredOrders（处理过期的订单）"。

第二件事是根据条件尝试生成新的订单。注意，"尝试生成"意味着不一定真的会生成订单，只有符合某些条件的时候，订单才会生成。这里我们新建一个函数，叫作"TryNewOrder（尝试生成新的订单）"，用来负责这件事。

两个函数创建完毕后，将这它们都拖动到 Tick 事件的后面，按照图 4.58 所示连接执行管脚。这样一来，每次 Tick 事件触发的时候就会做这两件事了。

图 4.58

4.3.5　处理过期订单

随着时间的流逝，每时每刻都有可能会有订单因为未被及时完成而过期，所以我们要在 Tick 事件中调用 ResolveExpiredOrders 函数，不停地检测和处理这些过期订单。

来看一下这个函数如何实现。

在这个函数中，首先要找到所有过期的订单。我们要有一个变量，用来保存所有应当被移除的订单。创建一个函数局部变量名为"OrdersShouldBeRemoved（应当被移除的订单）"，类型是 Order 数组，如图 4.59 所示。

图 4.59

遍历订单管理器的 OrderList 成员变量，对于其中的每一个订单，调用之前在 Order

（见 4.2.6 节）类中写的 IsOrderExpired（订单是否已过期）函数，传入当前 Actor
（也就是 OrderManager）创建以来经过的时间作为当前时间，判断订单是否过期。
IsOrderExpired 会返回一个 Boolean 值，我们用它作为 Branch 节点的条件参数。如果
已经过期了（IsOrderExpired 返回 True），那么这个订单需要被移除，使用 Add 节点将
它添加到数组 OrdersShouldBeRemoved 中，如图 4.60 所示。

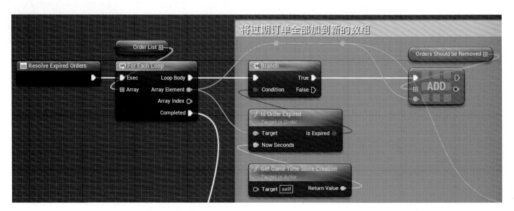

图 4.60

在检测到订单过期的时候，我们可以用 Print String 来打印过期订单的信息，方便到
时调试程序（这个就交给大家自己来做吧）。

遍历完成之后，OrdersShouldBeRemoved 已经填充了所有已经过期的订单。我们
从 OrdersShouldBeRemoved 的 For Each Loop 的 Complete 执行管脚再续上后面的
逻辑。

接下来我们就要遍历 OrdersShouldBeRemoved，并从 OrderList 中移除 Orders
ShouldBeRemoved 中的所有过期订单（见图 4.61 左侧部分）。

> **🔔 小知识**
>
> 你可能会问，为什么不在遍历 OrderList 的过程中，检测到过期的订单就直接对
> OrderList 使用 Remove 节点来移除，而是要先把所有要被移除的订单先加到另一个列
> 表 OrdersShouldBeRemoved，然后遍历 OrdersShouldBeRemoved 来逐个移除？这是因
> 为在编程中，我们有一个要特别注意的地方，就是在容器类的迭代（遍历）过程中，
> 不要向"这个迭代中的容器"添加或者移除元素。一旦你这么做了，迭代就有可能会
> 发生意想不到的结果，在某些情况下，这样会直接引起报错。
>
> 所以，以后如果在遍历过程中想添加或者移除元素，最好的方法是用另一个列
> 表记录下要被添加或移除的元素。在本次遍历之后，再去遍历记录了变更元素的列表
> 来添加或移除元素。

移除过期订单之后，还需要根据订单的分数来扣除总分。这里我们比较粗暴地决定：
如果订单没有在限定时间内完成，直接扣除订单对应的分数。扣除分数会使用到 4.3.2 节
写的 ChangeTotalScore 函数。由于要执行的是扣分操作，所以需要把 IsMinus 参数

选择上，然后从订单读取到 Score 变量，连接到 InScoreDelta 参数上（见图 4.61 右侧部分）。

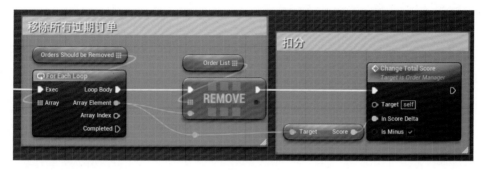

图 4.61

4.3.6　创建新订单

在满足了条件的情况下，订单管理器就会生成一个新的订单。抛开这些条件不管（4.3.7 节再来考虑这些条件），我们先来写一个创建新订单的函数"NewOrder"（见图 4.62）。调用这个函数必定会生成一个新的订单。

在开始创建 NewOrder 函数的蓝图之前，要先给 Order 创建两个成员变量，如图 4.63 所示。

NextOrderId	■ Integer
NextOrderGeneratableTime	■ Float

图 4.62　　　　　　　　　　　　　　　　图 4.63

第一个变量是"NextOrderId（下一个订单的 Id）"。我们在创建订单类时（见 4.2.1 节）讲过，每一个订单都会有一个唯一的 Id。订单被创建的时候，创建者需要负责给它安排一个唯一 Id，这个 Id 的数值应该有维护。

第二个变量与订单的生成条件有关。我们规定每次生成一个订单之后，都要经过一段时间才能生成下一个订单（也就是要有冷却时间），所以还需要创建一个变量"NextOrderGeneratedTime（下一个订单可生成的时间）"，类型为 Float。只有当时间超过了 NextOrderGeneratedTime，才会允许生成订单。

来看看 NewOrder 函数的具体内容，该函数会按照顺序做三件事。

第一，创建订单，然后将订单加入订单列表中（见图 4.64）。使用 Construct Object From Class 节点来创建一个 Order 实例，创建的时候除了 Outer 参数要输入 Self 之外，OrderId 和 GeneratedTime 参数的值分别来自 OrderManager 的刚创建的 NextOrderId 变量和 GetGameTimeSinceCreation 函数（该函数返回 Actor 创建以来经过的时间）。订单实例创建完之后，我们使用 OrderList 的 Add 函数将其加入订单列表中。

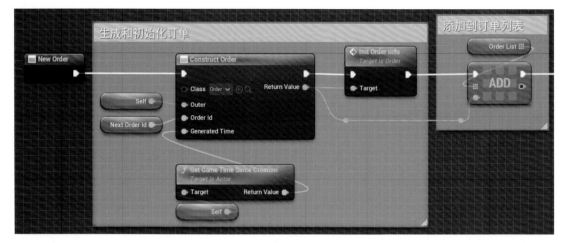

图 4.64

第二，表示下一个订单唯一 Id 的 NextOrderId 变量需要被更新成另一个还没有使用过的值。有很多种算法可以得到这个新的值。这里我们采用最简单的算法，就是将这个 Id 加 1。想要将一个数字加 1，我们会用到一个和 Add 不同的节点，叫作自增节点。从 NextOrderId 的数据管脚中拖动出节点搜索框，在节点搜索框中搜索 "++" 然后选择 "Increment Int" 即可，如图 4.65 和图 4.66 所示。

图 4.65   图 4.66

第三，在 NewOrder 函数的最后，需要更新下一次订单允许被创建的时间 NextOrderGeneratedTime，才能实现订单创建的冷却（Cooldown）功能。满足公式：

下一次订单可生成的时间 = 订单生成的冷却时间 + 当前时间

冷却是一个游戏常用的概念（从机器发热，需要冷却多长时间后才能继续工作引申而来），代表下一次可以做同一件事之前需要等待的时间。这里我们规定等待时间（冷却时间）是一个固定值，可以直接建立一个常量来代表它。为 NewOrder 函数创建局部变量，名为 "NEW_ORDER_COOLDOWN"，类型为 Float，默认值为 5.0。表示每次生成新订单之后需要冷却 5 秒，如图 4.67 所示。接下来，只需要让 NEW_ORDER_COOLDOWN 变量去加上当前时间，就可以得到允许下一个订单生成的时间了，如图 4.68 所示。

图 4.67

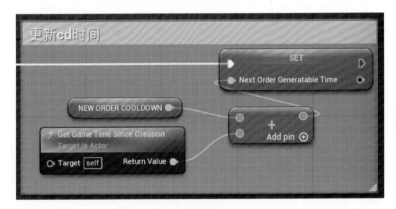

图 4.68

4.3.7　根据条件生成订单

订单的创建是有条件的，写完了创建订单的函数，我们现在思考一下需要根据什么条件来调用它。回到 TryNewOrder 函数的编辑页，我们来编写生成新订单的逻辑。

想要生成一个订单，要符合条件：订单列表 OrderList 是空的或现在超过了下一次订单可生成的时间且当前订单数少于最大订单数。

在上面的条件中，我们会先判断订单列表是否为空，当订单列表是空的时候，不需要后续的条件判断，一定会生成新的订单。这个条件应用在游戏刚开始的时候，那个时候游戏中还没有任何订单，此时我们肯定不能等待冷却时间结束，而是要马上补充一个新的订单，保证游戏中永远最起码有一个订单，游戏才能正常进行。

而如果订单列表不为空，就要考虑其他条件了。首先要求当前时间要超过下一个订单的可生成时间，同时，还要求当前已有的订单个数不能超过最大订单数，这是为了避免在游戏中同时出现订单过多的问题。最大订单数是一个常量，需要我们为 TryNewOrder 函数创建一个本地变量"MAX_ITEM_COUNT"，类型为 Integer，默认值为 5，表示最大订单数为 5。

然后，我们分别拖动出表示三个条件的蓝图（见图 4.69），分别使用 OR 节点和

AND 节点进行布尔值的逻辑操作，得到最终的 Boolean 值就表示能否生成订单。将这个值作为 Branch 节点的 Condition 参数，最后把上一节中创建的 NewOrder 函数拖动到 Branch 的 True 执行管脚，这样一来，当满足订单生成条件的时候，TryNewOrder 函数就会调用 NewOrder 函数，创建一个新的订单。

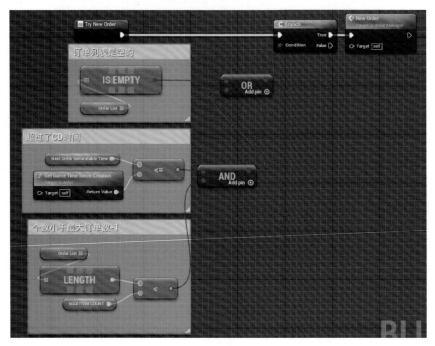

图 4.69

4.3.8　尝试完成订单的函数

在后面的开发中，我们希望机器人可以通过订单管理器 OrderManager 来指定和尝试完成某个订单。所以订单管理器需要提供一个尝试完成订单的函数给玩家使用。

创建函数"TryFinishOrder"，如图 4.70 所示。它的参数（见图 4.71）有两个：一个是 Integer 类型的"InOrderId"，代表想要尝试完成的订单 Id；另一个是 EItemType 数组类型的"InItems"，表示提交给订单的物品列表。除此之外，函数还需要一个 Boolean 类型的输出"IsFinished"，表示订单是否成功地被完成，如图 4.71 所示。

图 4.70 　　　　　　　　　　　　　　　图 4.71

当玩家认为背包中的物品已经满足提交订单的需求后，就可以将想完成的订单 Id 和所有物品提交给"TryFinishOrder"函数，然后就可以根据返回的 Boolean 值，知道想要完成的那个订单是否已经被成功完成。

在实现 TryFinishOrder 函数之前，我们还要先实现另一个函数"FindOrderById"，这个函数的作用是根据订单的 Id，在订单列表 OrderList 中寻找对应的订单，如果找到了就返回这个订单，找不到就返回一个空值。我们需要给 FindOrderById 函数添加一个输入参数"InOrderId"，类型是 Integer，表示待寻找的订单 Id；再添加一个返回值"Order"，类型为 Order，表示查找到的订单，如图 4.72 所示。

图 4.72

来看看 FindOrderById 函数具体要怎么实现。如图 4.73 所示，遍历订单列表 Order List，在循环体（Loop Body 管脚连接的逻辑）中取出其中每一个订单的 OrderId，将它与参数 InOrderId 进行对比，如果相同，那么说明我们要找的就是这个订单，直接调用返回节点 Return Node 来返回这个订单就好。如果遍历完整个 OrderList 还没有找到订单 Id 和参数 InOrderId 相同的订单，说明找不到对应的订单，可以返回一个空值，调用 Return Node，但是 Order 参数保持默认值。

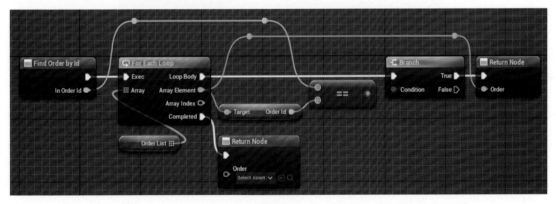

图 4.73

写完了 FindOrderById 函数，让我们回到 TryFinishOrder 函数的开发。

TryFinishOrder 函数的作用是查找到对应订单，然后尝试完成它。

首先，使用 FindOrderById 函数来查找对应 Id 的订单。为了让蓝图组织上好看一点，创建一个局部变量"Order"（类型也为"Order"，见图 4.74），用来保存 Find OrderById 返回的订单实例。

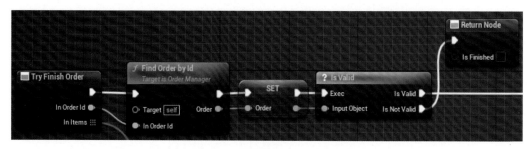

图 4.74

　　由于有可能找不到订单 Id 对应的订单，我们必须用"IsValid"节点判断得到的 Order 变量是否为空值。如果为空值，说明找不到 Id 对应的订单，当然订单无法被完成，所以直接衔接一个 Return Node，返回 IsFinished 为 False，如图 4.75 所示。

图 4.75

　　如果找到了订单（IsValid 节点的"Is Valid"执行管脚），将 TryFinishOrder 函数的 InItems 参数作为参数，就执行这个订单的 CanOrderBeFinished 函数（见 4.2.7 节）。CanOrderBeFinished 函数会返回一个 Boolean 值，表示使用这些物品是否能完成订单。我们用这个 Boolean 作为 Branch 节点的参数，如图 4.76 所示。

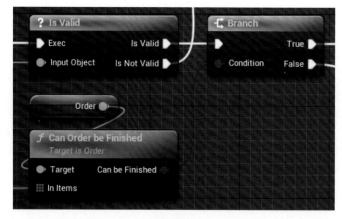

图 4.76

　　如果订单无法被完成（由 Branch 的 False 执行管脚激活），那么直接使用 Return Node 返回 False 结果，表示订单无法被完成。如果可以被完成，那么执行完成订单的逻辑。

　　为了编写完成订单的逻辑，我们需要再创建一个函数"FinishOrder"来实现，如图 4.77 所示。FinishOrder 拥有一个参数——Order 类型的"InOrder"（见 4.78），表示要完成的订单。这个函数的逻辑比较简单，如图 4.79 所示，首先，根据订单的分数，调用我们在 4.3.2 节创建的 ChangeTotalScore 函数来添加玩家总分，从订单的 Score 属性得到订单对应的分数值，然后添加到玩家总分中。接下来，使用数组的 Remove 节点将订单从 OrderList 中移除。

图 4.77　　　　　　　　　　　　　　　　　　　图 4.78

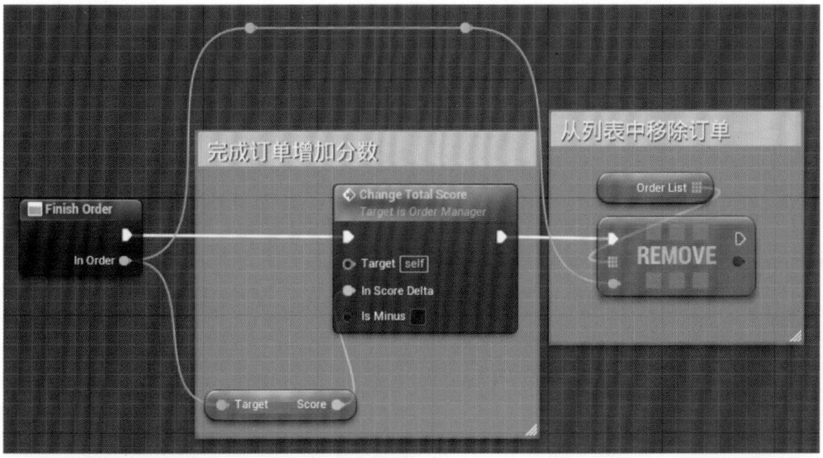

图 4.79

完成 FinishOrder 函数后，回到 TryFinishOrder 函数的编辑界面，将 FinishOrder 连接到 Branch 节点的 True 执行管脚上，如图 4.80 所示。如此一来，当订单可以被完成的时候，FinishOrder 函数就会被调用，从而完成订单，然后调用 Return Node 返回 True 值，表示订单被成功完成。

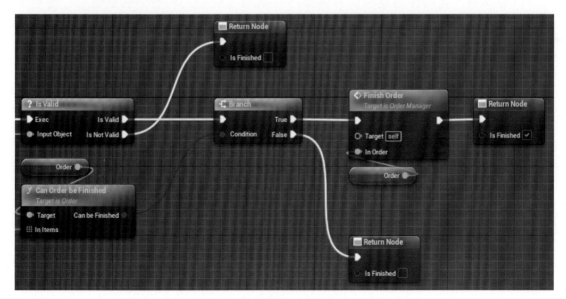

图 4.80

↘ 4.4 玩家背包

在游戏中，玩家获得物品之后需要将物品记录到玩家背包中。机器人在取得食材之后，会将物品添加到背包中；当需要提交订单的时候，又会将玩家背包中的物品全部取出。

4.4.1 玩家背包类的创建

为了方便获取和调试，我们希望能够将玩家背包类摆在场景中，所以需要让这个类继承于 Actor。在与订单管理类 OrderManager 同一个目录下，新建一个继承于 Actor 的蓝图类，命名为"PlayerBag"，如图 4.81 所示。

为了记录背包中的所有物品，创建一个变量叫作"AllItems"，类型为 EItemType 数组，如图 4.82 所示。向背包中添加物品和移除物品，实际上都是在操作这个数组的数据。

图 4.81

图 4.82

4.4.2 添加物品的函数

一般而言，我们要尽量避免外部直接设置成员变量的内容，也就是说，要避免 AllItems 数组的内容直接被外部修改。所以需要创建一个函数，让玩家可以不直接操作 AllItems 而给背包添加物品。创建函数"AddItem"（见图 4.83），它带有一个参数"InItem"，类型为 EItemType（见图 4.84），表示要被添加进背包的物品。

图 4.83

图 4.84

函数逻辑很简单，将参数 InItems 通过 Add 节点添加到 AllItems 数组里就可以完成了，如图 4.85 所示。

4.4.3 获取所有物品

图 4.85

同样的，为了避免外部直接访问 AllItems 数组，我们需要提供一个函数，给外部返

回背包中存在的所有物品。创建函数"GetAllItems"（见图 4.86），添加一个返回值
"AllItems"，类型为 EItemType 数组（见图 4.87），表示背包中的所有物品。

图 4.86　　　　　　　　　　　　　　　图 4.87

将成员变量 AllItems 数组连接到 Return Node 的 AllItems 管脚上，就可以返回这个
数组，如图 4.88 所示。

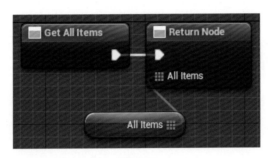

图 4.88

4.4.4　获取单个物品

提供一个函数，作用是根据参数传入的物品类型在背包中进行查找对应的物品，如果
找得到，就从 AllItems 数组中删除该物品并且返回物品，找不到就返回一个 None 类型。

创建新函数"GetOneItem"（见图 4.89），添加一个输入参数"DisiredItem（想
要的物品）"，类型为 EItemType（见图 4.90），表示想要从背包中获得的物品；再添
加一个函数输出"Item"，类型也为 EItemType（见图 4.90），表示最终从背包中获取
到的物品。

图 4.89　　　　　　　　　　　　　　　图 4.90

如图 4.91 所示，在 GetOneItem 函数中，首先对 AllItems 数组使用 Contains 节点，
传入想要的物品 DisiredItem，可以看到背包中是否存在这个物品。如果找得到这个物品，
那么使用 Remove 函数将这个物品移除，并且最终返回这个物品；如果找不到，那么返回
一个 None 值表示找不到。

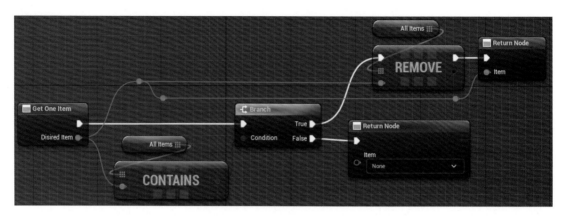

图 4.91

4.4.5 删除单个物品

外部使用者可能有在背包中找到并删除某个物品的需求，所以这里创建函数"RemoveOneItem"（见图 4.92），方便外部删除背包中的单个物品。函数有一个输入参数"ItemType"，类型为 EItemType，表示想要删除的背包物品，如图 4.93 所示。

图 4.92

图 4.93

在函数中，我们对数组 AllItems 使用 Remove 节点，删掉参数 ItemType 对应的元素就可以完成背包物品删除操作，如图 4.94 所示。

图 4.94

4.4.6 清除所有物品

在玩家使用背包中的所有物品来完成订单之后，会清空背包中的所有物品。所以在玩家背包这里，我们需要提供一个清空所有物品的函数。

新建函数"ClearItems"，函数不需要任何参数。在函数中，对 AllItems 使用 Clear 节点，就可以清除数组的所有元素，完成清空背包的功能，如图 4.95 所示。

图 4.95

↘ 4.5 物品操作台

接下来我们要做的功能是"物品操作台"。物品操作台是一个 Actor 蓝图类，它可以被摆放在场景中，并且拥有一个卡片的外观，显示着对应物品的图案。

在 Autocook 游戏中，机器人必须要移动到物品的一定范围内，才能执行该物品的获取或者处理操作。物品操作台会被摆放在对应物品的跟前，只有当机器人距离物品操作台一定距离内，才可以进行操作台对应物品的操作。举个例子，机器人操作苹果对应的物品操作台，就可以得到一个苹果；站在砧板的物品操作台前，将苹果交付给砧板进行操作，就可以得到切好的苹果。

为了模拟真实情况，我们规定物品的获取和处理都需要花费一定的时间，在经过规定的时间之后，才能算操作成功，从而获得物品或者处理物品。所以开始操作之后，物品操作台应该要开始一个计时，并且在计时结束后返回对应的操作结果。

我们会创建一个蓝图类"ItemOperatorStation（物品操作台）"来完成上面提到的这些逻辑。每个物品操作台会有一个成员变量"ThisItemType"，用来指明它对应的是场上的哪一种物品。

4.5.1 创建 ItemOperatorStation 类

首先，我们需要在路径"Content/TopDownBP/AutocookBasic Logic"下，创建一个新的蓝图类，由于它需要被摆放在场景中，所以让它继承于 Actor，并命名为"ItemOperatorStation"（见图 4.96），双击它打开蓝图类的编辑页面。

图 4.96

4.5.2 操作台的类型

在游戏 Autocook 的厨房场地中，每一个物品会都有一个对应的操作台。为了辨别这些操作台的类型，在蓝图类 ItemOperatorStation 中创建一个变量"ThisItemType"，类型为"EItemType"，用来表示操作台对应的物品类型，如图 4.97 所示。

这里有一个地方要特别注意，就是我们要在细节面板中把"Instance Editable"选项选上（见图 4.97），选上这个选项之后，对于这个类的每一个实例都可以给这个变量设置不同的默认值。也就意味着：当你把一个物品操作台拖动到场景中后，你可以在场

图 4.97

景中选中这个操作台，并对这个变量的默认值进行修改，这是非常重要的。

前文提到过除了砧板以外的操作台，操作完毕后都只会返回对应物品类型的物品（比如苹果、香蕉、青瓜对应的操作台只会返回苹果、香蕉、青瓜）。而砧板是特殊的一个类型，它会接受一个未被切碎的食材，并返回一个切好的版本，比如传入一个苹果，就可以得到一个切好的苹果。

为了方便，我们添加一个函数，用来判断本操作台是不是砧板类型。新建函数"IsChoppingBoard"（见图 4.98），由于这个函数不会更改任何成员变量，所以将函数设置为 Pure（见图 4.99），并添加一个 Boolean 类型的输出 IsChoppingBoard，如图 4.100 所示。

图 4.98

图 4.99

图 4.100

双击 IsChoppingBoard 打开函数的编辑界面。从 ThisItemType 的 Get 管脚上拖动出节点搜索框，然后再用"=="关键字搜索并选择"Equal(Enum)"节点，这个节点用来比较两个枚举之间是否相等，我们想判断当前操作台是否为砧板类型，所以在节点的另一个枚举值下拉框中选择 ChoppingBoard，如图 4.101 所示。

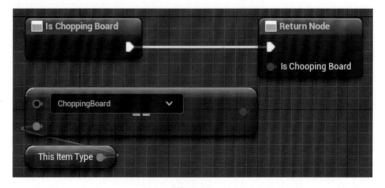

图 4.101

4.5.3 操作台外观

操作台需要一个外观，它应该看起来像是一块有颜色的地毯，铺在物品前方的地板上，地毯颜色对应着物品的颜色。当机器人站到"地毯"上时，就可以进行对应的物品操作。

还记得前面我们显示物品时用到的 Plane（平面）吗（见 2.5.3 节）？用它来显示一块卡片或者地毯再适合不过了。在 ItemOperatorStation 类上方的标签中先选择 Viewport（见图 4.102），此时，中间的 Viewport 就会显示蓝图类在场景中的预览模样。接下来，在左边的 Components 面板中单击"Add"按钮，搜索并选中"Plane"来添加一个平面，如图 4.103 所示。

图 4.102

图 4.103

我们需要让 Plane 直接成为 Actor 的根节点。在 Components 面板中，将刚创建的 Plane 拖动到 DefaultSceneRoot 上（见图 4.104），就会将 Plane 设置为新的根节点。

图 4.104

> 🔔 提示
>
> 想要让 Actor 能够被放置到场景中，那么 Actor 需要一个专门的 ActorComponent（Actor 组件）来记录它的位置、旋转和缩放信息，这个组件就是 SceneComponent。SceneComponent 及其子类可以组成一个"场景树"，每个 SceneComponent 下都能添加一个或者多个其他的 SceneComponent（及其子类）。作为最顶层的 SceneComponent 被称为 Root（根节点）。我们添加的 Plane 事实上它的类型是 StaticMeshComponent（静态网格组件，间接继承于 SceneComponent），静态网格可以简单地理解为场景中的一个模型。由于 StaticMeshComponent 间接继承于 SceneComponent，所以可以被添加到树状结构中，也可以成为树的根。

此时，在 Viewport 中，我们能看到一块白色的平面，这块平面就是 Plane 组件，如图 4.105 所示。

接下来，我们要让这块平面在游戏运行期间能够随着 ThisItem Type 的类型，变成不同的颜色。

我们会使用到动态材质来实现这个功能。在本书 2.5.5 节我们介绍过材质，它是一种定义物品外观的资源，通过设置材质参数，我们可以随意更改物品的颜色和图案等。在那时我们使用的材质是静态材质，也就是在游戏运行之前就定义好的材质，现在我们要来使用的是动态材质。

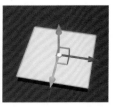

图 4.105

动态材质在游戏运行期间被创建出来，我们可以在游戏运行期间更改动态材质暴露出来的参数，从而在游戏运行过程中更改材质的效果。

在使用动态材质之前，要先创建一个静态材质，作为动态材质的基础。在 Item OperatorStation 的同目录下，右击 ContentDrawer 的空白处，选择"Materials"→"Material"（见图 4.106），创建一个新的材质，命名为"MatItemOperatorStation"。

图 4.106

下面来修改这个材质。双击材质 MatItemOperatorStation，打开材质编辑器。材质编辑器中默认就有一个节点。我们从节点的"BaseColor"参数往左边拖动出节点搜索框，搜索"const"，然后选择 Constant4Vector，如图 4.107 所示。这是一个 RBGA 类型的参数，我们用它来表示材质的颜色。在刚创建出来的这个参数节点上右击，然后选择"Convert to Parameter"（见图 4.108），就可以将它变成材质的一个暴露变量。接下来我们将这个变量修改成一个比较友好的名字。在 Constant4Vector 节点上按 F2 键，将参数名称修改为"PlaneColor"（见图 4.109），表示 Plane 的颜色。最后单击"Save"按钮进行保存。

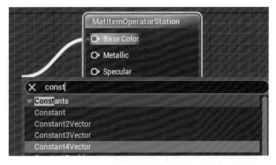

图 4.107

图 4.108

图 4.109

　　与之前制作物品卡片不同的是，这次我们不需要再用这个材质去创建一个材质实例
（见 2.5.7 节），而是要在代码中创建一个动态的材质实例。

　　回到 ItemOperatorStation 类的编辑界面。我们需要不同的 EItemType 对应不同的
颜色，这个对应关系可以用一个 Map 变量保存下来。新建一个变量"PlaneColorConfig"
（见图 4.110），类型是 Map，其中 Key 类型是 EItemType，Value 类型是 LinearColor（颜
色）。这次由于我们要在 ItemOperatorStation 类中创建相当多的变量，所以可以将
PlaneColorConfig 划分到一个类别中。单击 PlaneColorConfig 变量，在细节面板的
Category 中，输入一个新的类别叫作 Config，表示将变量划分到 Config 类别。

图 4.110

　　编译后，我们来编辑 PlaneColorConfig 的默认值。如图 4.111 所示，创建多个键值
对，分别对应场上会出现的物体类型。每一条键值对的 Value 都是颜色类型。在 UE5 中，
对于颜色类型，我们可以直接双击颜色编辑框（见图 4.112 中红色框的位置），打开一个
颜色编辑的面板，如图 4.113 所示。你可以手动选择一个颜色，也可以直接单击右边的取
色器 从电脑屏幕上取色。我自己则是打开每一种物品的纹理图片，然后使用取色器去获
取物品的主要颜色。这一步就交给读者自己来做吧！最后我们得到六个物品对应的颜色如
图 4.111 所示。

图 4.111

图 4.112

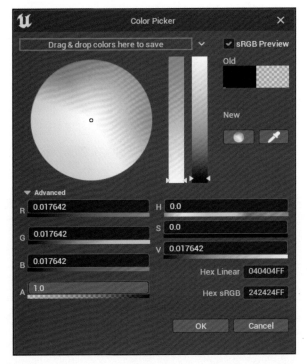

图 4.113

接下来新建一个函数"UpdatePlaneColor",用来自动设置操作台的颜色。这个函数要做的事情很简单：根据基于我们前面创建的材质来创建一个动态材质实例，然后根据操作台对应的物品类型从 PlaneColorConfig 中获得颜色，并设置动态材质的颜色参数，最后，把动态材质设置到 Plane 上。

首先是创建动态材质。拖动出一个 Plane 的 Get 节点，然后从 Plane 的数据管脚拖动出节点搜索框，找到并选中"Create Dynamic Material Instance（创建动态材质实例）"节点。节点的 Target 参数表示要创建动态材质的目标，使用 Plane 作为目标；Source Material 参数表示动态材质基于的基础静态材质，单击参数的下拉框，找到刚才创建的 MatItemOperatorStation 作为基础材质；OptionName 不用修改，如图 4.114 所示。

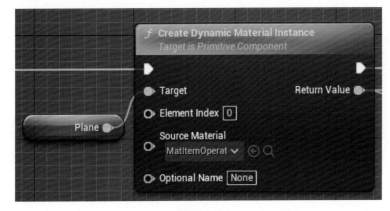

图 4.114

从 CreateDynamicMaterialInstance 节点返回的 ReturnValue 值就是创建好的动态材质实例。从 ReturnValue 管脚上拖动出节点搜索框，搜索并选中节点"SetVector ParameterValue"，这个节点的作用是为动态材质实例根据参数名设置对应的值。

刚才我们给 MatItemOperatorStation 材质暴露了"PlaneColor"变量，用来表示面板颜色。节点的 ParameterName 参数就表示要设置的材质参数名称，输入"PlaneColor"；Value 参数则表示是参数的值，也就是要设置的颜色。我们根据 ThisItemType 作为 Key，从刚才创建的 PlaneColorConfig 配置中使用 Find 节点取出颜色，就是本操作台对应的颜色了，把这个颜色作为节点的 Value 参数，就能将颜色传递给 PlaneColor 参数，如图 4.115 所示。

既然动态材质已经创建并且设置好了参数，接下来就是为 Plane 设置动态材质。在 Plane 的 Get 节点再搜索并拖动出一个 SetMaterial 节点，这个节点的作用是给 Plane 设置材质。节点的 ElementIndex 参数只需要保持默认值 0 就可以（见图 4.116）；至于 Material 参数，我们从刚才 CreateDynamicMaterialInstance 函数的 ReturnValue 管脚拖动过来连接上。这样，就可以将刚才创建的动态材质实例应用到 Plane 上了，如图 4.117 所示。

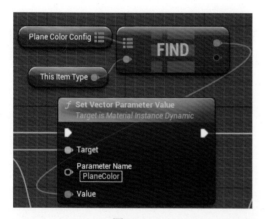

图 4.115

图 4.116

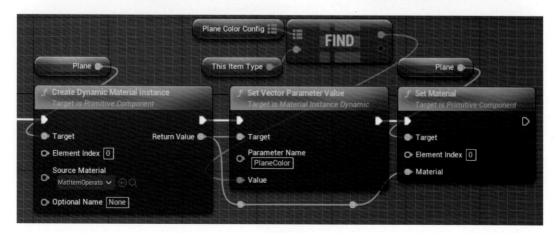

图 4.117

我们希望操作台在场景中被创建之后就能够"自动"根据类型来变换颜色，所以需要响应 BeginPlay 事件。在 EventGraph 中找到 Event BeginPlay，拉出 UpdatePlaneColor 函数节点，并连接执行管脚。如此一来，当 ItemOperatorStation 被创建到场景中的时候，UpdatePlaneColor 会被执行，颜色就会自动更新，如图 4.118 所示。

图 4.118

4.5.4　摆放操作台并验证操作台外观

接下来我们要将操作台摆放到场景中。从 ContentDrawer 中分别拖动出六个 ItemOperatorStation 到场景中，放置在对应物品的前方地面上（Z 坐标应该为 0），如图 4.119 所示。

选中场景中的 ItemOperatorStation，在细节面板中将 ThisItemType 改为对应的类型。比如说放置在苹果面前的操作台，就设置 ThisItemType 为 Apple，如图 4.120 所示。将其余五个操作台也设置为对应的类型。

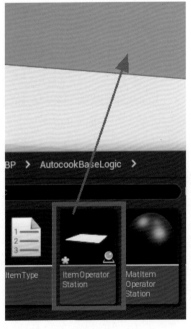

图 4.119

图 4.120

运行游戏，可以看到地面上的操作台都变成了对应物品的颜色，如图 4.121 所示。

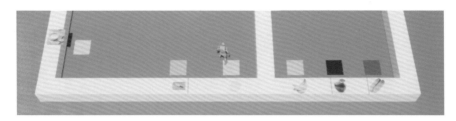

图 4.121

4.5.5　获取背包

当机器人使用一个操作台完成操作之后，我们会将处理完毕的物品放入背包。所以在物品操作台中，需要获取到场景中的玩家背包实例。为了方便，我们创建一个函数"GetPlayerBag"来做这件事（见图 4.122），函数有一个返回值名为"PlayerBag"，类型是 PlayerBag（见图 4.123），表示获取到的背包。为了避免每次都要从场景中搜寻一次背包实例，我们再新建一个成员变量"CachedPlayerBag"，类型为 PlayerBag，用来缓存已经找到的用户背包实例。

图 4.122

图 4.123

函数的逻辑很简单，如图 4.124 所示。首先使用"IsValid"函数判断 CachedPlayerBag 变量是否已经不为空，如果不为空，表示变量已经缓存了玩家背包实例，那么直接返回 CachedPlayerBag 变量即可。如果 CachedPlayerBag 是空值，那么我们会使用"Get Actor Of Class"节点来从场景中搜寻玩家背包实例。GetActorOfClass 节点可以根据 Actor 的类型来找到场景中对应的实例。在这里，我们单击 Actor Class 参数的下拉框，选择 PlayerBag 类即可。节点查找到 PlayerBag 实例后会作为返回值 ReturnValue。我们将 ReturnValue 设置给 CachedPlayerBag 变量进行缓存，以加速下一次背包实例获取，然后将实例作为 GetPlayerBag 的结果进行返回。

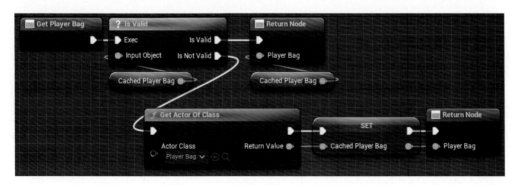

图 4.124

> **小知识**
>
> 　　大家可能有疑问：每次需要用到 PlayerBag 实例的时候，再调用 GetActorOfClass 节点从场景中查找它，这样不是更简单直接吗？为什么还大费周折地把实例缓存下来呢？这是由于 GetActorOfClass 节点每次从场景中获取指定类的实例的时候，都需要在场景中进行查找，最坏的情况下需要把场景中的每个物体都遍历一次。如果场景中物体很多，那么查找操作会持续较长时间，是一个耗性能的操作。如果在蓝图中不慎在 Tick 事件中使用到了 GetActorOfClass 节点，就会导致每帧都需要进行查找，这样子会极大地影响游戏的性能。所以最好的方法是在遍历以及找到 PlayerBag 实例之后就缓存到成员变量中，下次再调用 GetPlayerBag 的时候直接从缓存中调用实例，就可以避免查找实例这一耗时操作了。

4.5.6　操作台操作

　　操作台类 ItemOperatorStation 的作用不止是在地上躺着，做一块有颜色的地板，它的意义更在于封装一系列其他类会用到的函数。其中，最重要的函数就是让机器人可以开始一个"操作"。机器人可以移动到一个操作台跟前，选择这个操作台，提供必要的原材料并开始一个操作。经过一段时间之后，操作会自动完成，背包中就会出现这个操作带来的新物体。

1. 开始一个操作

　　首先，操作台需要提供一个启动操作的函数。每次启动操作的时候，都需要从外面传入一个原料，操作台会记录下这个原料，并且开始操作流程。

　　为了记录下操作的状态，我们需要先创建几个成员变量。

- "OperatingItem"，类型是 EItemType（见图 4.125），表示正在被操作的原料类型。在启动一个操作的时候，这个变量的值就会更新为函数传进来的原料类型参数的值。
- "IsOperating"，类型是 Boolean（见图 4.126）。它是一个状态值，表示操作台当前是否是被操作状态。启动一个操作之后，这个值就会变成 True，直到操作结束，才会被重新设置成 False。
- "OperationStartTime"，类型为 Float，表示操作开始的时间。启动一个操作时，这个变量会被更新为启动操作时的时间。
- "OperationEndTime"，类型为 Float（见图 4.127），表示操作结束的时间。
- "OperationProgress"，类型为 Float（见图 4.128），表示操作的进度。它的值介于 0 ~ 100 之间，表示操作进度的百分比。
- "OPERATION_DURATION"，类型为 Float（见图 4.129），表示每一个操作需要持续的时间，以秒为单位。编译后默认值输入 2，表示每一次操作都需要耗时两秒才能完成，如图 4.130 所示。

图 4.125　　　　　　　　　　　　　　图 4.126

图 4.127　　　　　　　　　　　　　　图 4.128

图 4.129　　　　　　　　　　　　　　图 4.130

成员变量都创建好之后，我们来编写主角——启动操作的函数。创建新的函数 "StartOperation（开始操作）"，如图 4.131 所示。函数只需要一个参数 "InItem"，类型为 EItemType，表示要操作的原材料。

f StartOperation

图 4.131

虽然函数的作用是启动一个操作，不过操作本身并没有实际的工作内容，我们只需要等待操作结束就可以得到结果。所以 StartOperation 函数只需要将操作台标记为操作中，然后将一些数据初始化即可。函数要做的事情具体有：

- 保存操作的原料类型，将参数 InItem 的值赋给成员变量 OperatingItem，如图 4.132 所示。
- 设置操作台的状态为操作中，将成员变量 IsOpertating 设置为 True，如图 4.133 所示。

图 4.132

图 4.133

- 保存启动操作时的当前时间到 OperatingStartTime 变量（使用 GetGame TimeSinceCreation 节点来获取当前时间），保存操作的开始时间，如图 4.134 所示。然后将操作的开始时间 OperatingStartTime 加上操作的操作时间 OPERATION_DURATION，得到的值就可以设置给操作的结束时间 OperationEndTime。

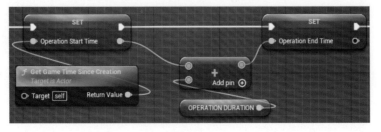

图 4.134

● 由于是启动了一个新的操作，所以需要重置操作的进度为0%，把 Operation Progress 的值设置为0，如图4.135所示。

图 4.135

2. 检测操作是否结束

一个操作被启动之后，需要经过规定的时间才能结束。开始一个操作之后，我们只需要"等待操作的完成"就可以了。于是在启动操作后，我们就需要在每帧中都检测当前时间是否已经超过了操作的结束时间，以此来判断当前操作是否已经完成。

我们需要创建新函数"CheckOperation"来做检查订单是否已经结束的逻辑，如图4.136所示。为了能够让函数每帧都被执行，创建函数之后，将与 Event Tick 节点的执行管脚相连，如图4.137所示。

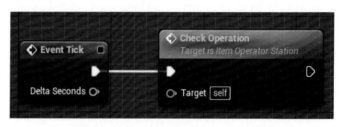

图 4.136　　　　　　　　　　　　图 4.137

在函数的一开始，使用 Branch 节点需要先判断 IsOperating 的值是否为 True，如图4.138所示。因为只有当 IsOperating 的值为 True，也就是操作台正在进行操作的时候，才需要检测操作是否结束，否则便不需要。接下来我们从 Branch 的 True 管脚继续执行下一步逻辑的检查逻辑。

图 4.138

下一步的检查逻辑是更新操作进度的百分比。根据如下公式可以拖动出蓝图：

操作进度百分比 =（当前时间 − 操作开始时间）÷ 订单持续时间 × 100

如图4.139所示，使用 GetGameTimeSinceCreation 节点得到 Actor 自创建以来的时间，用作当前时间，将其减去 OperatioinStartTime 就可以得到"操作启动以来经过的时间"。将操作以来经过的时间除以订单应该消耗（持续）的时间，就能得到两者的比率（范围是 0~1），再将比率乘以 100，就能得到进度百分比。最后，将这个百分比设置给 OperationProgress 成员变量，就完成了操作进度的更新。

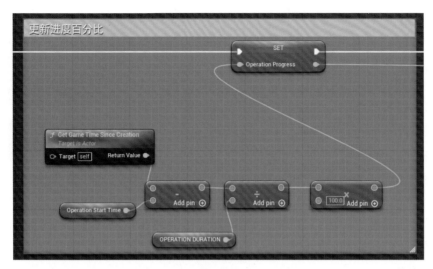

图 4.139

更新完操作进度百分比后，我们就可以使用百分比来判断操作是否完成。将 OperationProgress 的值与数字 100 进行大小比较，然后将结果作为 Branch 节点的参数，当 OperationProgress 大于 100 的时候，表示操作需要被完成。这个时候就需要做完成操作的逻辑。

我们再创建一个函数"OnOperationFinished"来处理完成操作的逻辑，如图 1.140 所示。先留着内容不处理，下一小节再来填充。把 OnOperationFinished 函数节点拖动到 Check Operation 的函数体中，连接上 Branch 节点的 True 管脚，表示当操作百分比大于 100 的时候，执行操作的结束处理，如图 4.141 所示。

图 4.140

图 4.141

3. 操作结束的处理

在前面，我们创建了函数 OnOperationFinished 用来处理操作结束之后要做的逻辑，但是还没给它填充具体的蓝图代码。接下来，我们就来完成这个函数。

结束订单之后总共要处理两件事情。

第一件事情是发放操作处理后的物品。不同类型的操作台会对原材料做不同的处理。对于非砧板类型的操作台来说（比如苹果、香蕉、盘子类型）操作的结果就是返回操作台对应的物品类型（苹果类型的操作台返回一个苹果，香蕉类型的操作台返回一个香蕉）；

而对于砧板操作台来说，传入苹果作为原材料，能够得到一个切好的苹果，香蕉则会变成切好的香蕉，青瓜会变成切好的青瓜。所以，对于砧板类型和非砧板类型的操作台，需要运行不同的逻辑。使用 IsChoppingBoard 变量作为 Branch 节点的参数，就能分别区分出砧板和非砧板两个逻辑，如图 4.142 所示。

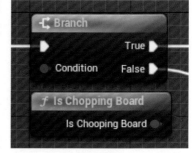

图 4.142

对于砧板操作台来说，原材料和操作处理后的结果应该有一个映射关系（比如苹果对应切好的苹果）。创建一个变量叫"OperationItemResultMap"，类型为 Map，用来记录这个映射关系，Map 的 Key 类型为 EItemType，Value 类型也是一个 EItemType，如图 4.143 所示。编译后，单击选中 OperationItemResultMap，在细节面板的默认值中输入三个键值对：(Apple, AppleCut), (Banana, BananaCut), (Cucumber, CucumberCut)，如图 4.144 所示。

图 4.143

图 4.144

在前面，我们已经将当前正在操作的物品记录到了 OperatingItem 中。接下来，砧板类型的操作台只需将 OperatingItem 作为 Key 从 OperationItemResultMap 中搜寻到对应的 Value，这个 Value 就是操作完成后得到的物品了，如图 4.145 所示。

图 4.145

决定好要发放的物品之后，接下来就是对物品的发放。我们这里再次将物品的发放逻辑放到一个新函数里进行封装。创建函数"DispatchNewItem（发放新物品）"（见图 4.146），添加参数"NewItem"，类型是 EItemType（见图 4.147），表示要发放的物品。双击进入 DispatchNewItem 函数的编辑界面。发放物品本质上就是向背包中添加对应的物品。所以我们只需要使用前面创建的 GetPlayerBag 函数来得到 PlayerBag 实例，然后调用它的 AddItem 函数来向背包中添加参数 NewItem 这个物品（见图 4.148），就可以完成物品的发放。

图 4.146

图 4.147

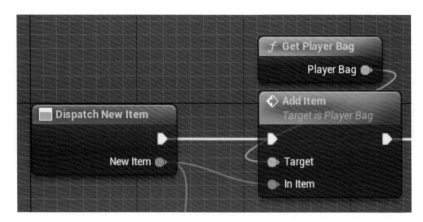

图 4.148

回到 OnOperationFinished 函数。一旦能够在 OperationItemResultMap 中找到对应的操作结果物品（使用 Branch 节点进行判断），就使用 DispatchNewItem 函数将这个物品进行发放了，如图 4.149 所示的上半部分。

而对于非砧板类型来说（对应图 4.149 左侧 Branch 的 False 逻辑），只需要直接将 ThisItemType 对应的物品进行返回即可。

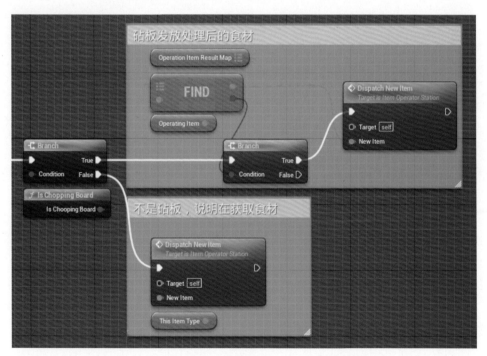

图 4.149

发放完处理完的物品后，第二件事情就是重置一些变量。首先，我们需要将 IsOperating 标志位重设为 False，表示操作台不在操作状态中（下次再进 CheckOperation 的时候就不会进行检查了），然后还需要将 OperatingItem 重置为 None 类型，表示当前没有操作任何物品，如图 4.150 所示。

图 4.150

最终，上面提到的要做的这两件事对应的蓝图，可以用一个 Sequence 节点连起来，如图 4.151 所示。

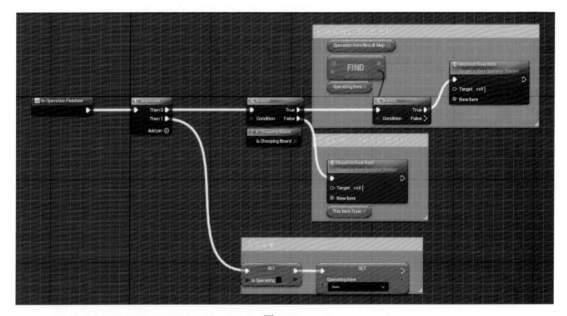

图 4.151

4.5.7　获取友好的操作状态

在以后，我们会将操作台的操作状态显示到屏幕上给玩家看，方便了解操作台当前的情况。直接显示百分比提供的信息可能还不够友好，所以我们现在先写一个函数，用来返回一条好看的操作状态文本。

新建函数"GetFriendlyTips"（见图 4.152），将这个函数设定为 Pure（见图 4.153），然后添加返回参数"Tips"，类型为 String，用来表示要返回的文本，如图 4.154 所示。

图 4.152

图 4.153

图 4.154

返回的文本分为两种。当操作台处于操作中状态时，返回第一种文本；当操作台处于非操作中状态时，返回第二种文本。我们可以用 Select String 节点，这个节点可以根据一个布尔值类型参数的真或假，选择参数中的一个字符串。拖动出 Select String 节点，并将 IsOperation 变量作为参数来对两种状态的文本进行选择，如图 4.155 所示。其中，当 IsOperating 为 False 时，字符串 B 会被选中，输入文本"操作台空闲中"，对应操作台闲暇的情况。

图 4.155

对于操作状态中的提示，需要显示它的操作内容以及进度。操作内容由操作台类型决定。由于操作台类型和对应的操作是有映射关系的，我们可以创建一个变量叫"OperatingMsgConfig"，表示关于从操作台类型到状态文本的映射。Operating MsgConfig 是一个 Map，它的 Key 类型是 EItemType，Value 类型是 String，如图 4.156 所示。编译后，选中 OperatingMsgConfig，在细节面板中输入默认值，如图 4.157 所示。

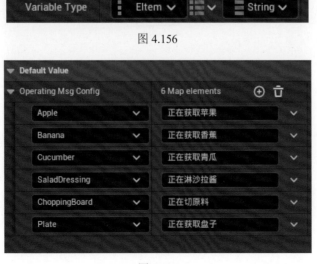

图 4.156

图 4.157

除了正在进行的操作内容外，我们还希望能够显示当前操作的进度百分比。使用 Format Text 节点来格式化文本，输入 Format 内容为：

`{msg}: {progress}%`

输入 Format 参数后回车确认，Format Text 节点就会暴露出两个参数。msg 参数就输入刚才找到的操作具体内容。progress 参数需要我们输入操作进度的百分比，这里使用 OperatingProgress 的值就好了。我们不需要 OperatingProgress 的小数部分，那样显示出来不好看，所以要对它的值进行取整。从 OperatingProgress 的数据管脚拖动出节点搜索框，搜索并选中 To Text(Float) 节点来进行 Float 类型变量的文本化和取整。单击 To Text(Float) 节点底部的箭头 来展开节点的所有选项。在 "Maximum Fractional Digits（最大的小数位数）" 参数中输入 0（见图 4.158），表示保留 0 个小数位，然后就可以将结果连接到 progress 参数上。

图 4.158

完整的 GetFriendlyTips 函数，如图 4.159 所示。

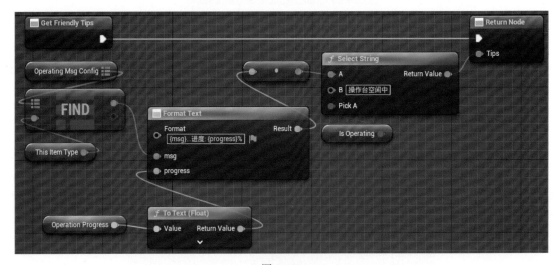

图 4.159

第 5 章　游戏 UI 的制作

在前面几章中，我们已经把 Autocook 游戏的基础运行规则搭建好了，随着时间的流逝，游戏中会自动产生订单、检测和销毁过期订单等。但是到此为止，游戏中各种信息的变化（包括场上的订单状态、玩家当前的分数以及背包内的物品等）对我们来说还都是不可见的，如果想要知晓它们的状态，我们只能通过 Print String 节点来打印相关的信息。

如果要把这个游戏交付给其他人来玩，当然不能提交现在这个版本，仅仅提供屏幕上的打印信息，对于玩家来说是非常不友好的。为了能够将这些信息用一个比较友好的形式显示出来，我们还需要给游戏创建 UI。

所谓的 UI，全称是 User Interface，中文为"用户接口"。用户接口听起来非常拗口，在游戏中，我们更习惯叫它游戏用户界面。游戏用户界面会组合各种文字和图片来表现游戏中的信息，有时还会包含按钮和下拉框等可交互组件，使得玩家可以和游戏内容进行互动。举个例子，如图 5.1 所示，在我们参照的示例游戏 Overcook2 中，它的用户界面就主要划分为三部分：

- 左上角的各个订单以及订单的详情；
- 左下角的玩家总分数；
- 右下角的关卡剩余时间。

图 5.1

目前，在比较多的游戏中的用户界面都是 2D 的，就像图 5.1 中的用户界面，效果看起来就像是直接将图片和文字贴在了屏幕上，没有任何透视感。当然，现在也有很多游戏会为了让玩家更加有沉浸感，会把用户界面制作成 3D 的，让整个界面融入游戏世界中。比如像经典游戏祖玛的主界面（见图 5.2），右边的菜单看起来就像是立体的，这种就属于 3D 的 UI。

图 5.2

在这一章里，我们会学习 UE5 中 UI 开发的基础知识，了解一些常用的控件以及它们的使用方法，然后运用这些 UI 开发的知识来创建 Autocook 的游戏界面。

↘ 5.1 与 UMG 的初次接触

在 UE5 中，我们通常可以使用两种方法来构建 UI。第一种是 Slate 技术。使用 Slate 时需要编写 C++ 代码，而且写法比较复杂，入门较难。Slate 一般适用于比较底层的 UI 构建，UE5 编辑器本身就是通过 Slate 编写的，所以如果你想要编写 UE5 编辑器，就需要用到 Slate。另一种更常用的 UI 技术则是 UMG，一般我们会把它用在游戏开发中。UMG 的全称是 Unreal Motion Graphics UI Designer（虚幻示意图形界面设计器），它提供了大量便捷的 UI 控件，我们可以用这些控件库来搭建丰富的 UI 界面。

在本节中，我们会创建属于自己的第一个 UMG，打开并了解 UMG 的编辑界面，然后给这个 UI 界面设置一些基础的测试控件，最后将它显示到游戏中。

5.1.1 创建第一个 UMG UI

来到路径"Content/TopDownBP/Test"下（如果没有该路径，请自行创建），在 ContentDrawer 的空白处右击，在弹出的菜单中选择"User Interface（用户接口）"→"Widget Blueprint（控件蓝图）"（见图 5.3）。此时会跳出一个面板来，在面板中选择最上方的"User Widget"作为基类（见图 5.4），将创建出来的文件命名为"UMG_HelloUE5"，如图 5.5 所示。

图 5.3

图 5.4

图 5.5

5.1.2　UMG 界面介绍

双击 UMG_HelloUE5 文件，就可以打开 UMG 的编辑窗口，如图 5.6 所示。

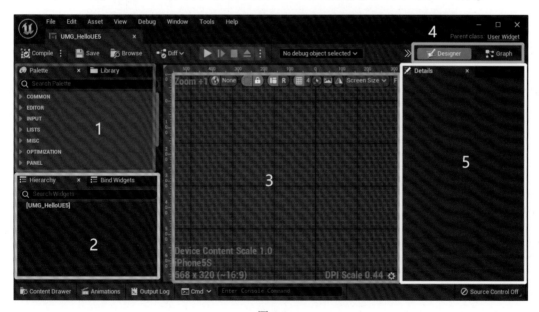

图 5.6

通过图 5.6 可以看到，UMG 的编辑窗口可以分为五个部分：

1 红色框部分——控件库。控件库中包括了 UE5 提供的或者你自己编写的各式控件。最常见的控件如 Text（文本框）、Image（图片）、Button（按钮）等。可以通过上方的搜索框搜索出需要的控件。

2 黄色框——控件树继承面板。在 UMG 中，我们可以向某些种类的控件上添加子控件，从而形成一个控件树。控件树的组织表现会显示在这个面板中，你可以在这个面板中方便地查找和选中 UI 中的任何一个控件。

3 蓝色框——预览面板。有点像蓝图编辑器中的 Viewport，用来实时预览你设计的 UI 界面。你可以在这里选择不同的分辨率对 UI 进行预览，以适配在不同分辨率下的显示效果。

4 绿色框——设计 / 蓝图界面切换按钮。UMG 编辑器分为设计和蓝图两种编辑界面。单击 Designer 进入 UI 的设计页面（也就是图 5.6 所示的页面），单击 Graph 按钮则可以进入蓝图编辑界面，编写和 UI 相关的蓝图逻辑，如图 5.7 所示。蓝图编辑页与之前介绍的蓝图类编辑界面没有太大区别，这里就不再赘述了。

5 白色框——细节面板。与其他界面的细节面板相同，细节面板可以显示和更新被选中物体的各种属性。在控件树面板中选中一个控件，就可以在细节面板中编辑它的属性。

图 5.7

5.1.3　设计第一个 UI

接下来，我们来设计第一个用户界面，目的是在屏幕的左上角显示一个文本"HelloUE5"。

首先，在控件库中搜索 Canvas（画布），找到之后将它拖动到控件树的"UMG_HelloUE5"条目上（UI 文件的名字），如图 5.8 所示。Canvas Panel 是 UMG 中一个很常用的控件。这个控件允许添加任意多的子控件，并允许子控件被摆放到任意位置，所以我们经常用它来作为 UI 的根节点。添加了 Canvas Panel 后，你会在 UMG 的预览界面中看到一个虚线框，这个虚线框就代表预览的设备屏幕，虚线就代表屏幕的边缘。

为了显示文本，我们还需要使用到 UMG 中的文本控件。在控件库中搜索 Text，找到

Text 控件，并将它拖动到刚才创建的 Canvas Panel 上，如图 5.9 所示。

创建 Text 控件后，我们要给 Text 控件输入要显示的文本。在控件树中选中 Text，右边的细节面板就会显示 Text 的属性。在属性列表中找到"Content（内容）"，将其改成"Hello UE5"（见图 5.10），然后按回车键确认，就可以设定文本内容。现在，我们就可以在预览面板中看到，表示预览屏幕的虚线框的左上角出现了一个显示"Hello UE5"的文本框，如图 5.11 所示。

图 5.8

图 5.9

图 5.10

图 5.11

5.1.4　将 UI 显示到游戏中

既然 UI 已经制作完成，接下来我们要让这个 UI 显示在游戏中。

想要让 UI 显示到游戏中，就需要在游戏开始时调用 UE5 显示 UI 面板的函数。这里我们选择使用关卡蓝图来实现。关卡蓝图继承于 Actor，会随着关卡的成功加载而被创建，所以只要我们响应关卡蓝图的 BeginPlay 事件，就可以在游戏启动的时候将 UI 显示出来。

那么如何打开关卡蓝图呢？回到场景编辑器，单击上方的蓝图按钮，然后选择"Open Level Blueprint（打开关卡蓝图）"就可以打开关卡蓝图，如图 5.12 所示。

图 5.12

打开关卡蓝图的编辑页后，我们需要响应它的 BeginPlay 事件。如果找不到 BeginPlay 事件，那么将光标移动到左边的 FUNCTIONS 标签上，会出现一个"Override（覆盖）"按钮，单击这个按钮，选择 BeginPlay（见图 5.13），GRAPHS 面板中就会出现我们熟悉的 BeginPlay 事件了，如图 5.14 所示。

| 图 5.13 | 图 5.14 |

双击 GRAPHS 中的 BeginPlay 事件，跳转到它的响应节点。从 BeginPlay 节点拖动出节点搜索框，搜索"create widget"，并选择"Create Widget"，如图 5.15 所示。Create Widget 的作用是根据 UMG 资源创建一个 UMG 实例。

为了创建一个 UMG 实例，首先要指定 UMG 的类。单击 Class 参数，在下拉框中选择我们刚才创建的 UMG_HelloUE5 类。然后，从下方的 Owning Player 参数拖动出一个节点搜索框，搜索并选择"Get Player Controller"，这个节点的作用是返回游戏的 PlayerController，如图 5.16 所示。

| 图 5.15 | 图 5.16 |

Create UMG 节点的 Return Value 数据管脚的值就是创建完毕的 UMG 实例，接下来我们就要把这实例显示到屏幕上。在 Create Widget 节点的 Return Value 管脚上再拖动出一个节点搜索框，搜索并选择"Add to Viewport"。这个节点的作用是将 UMG 显示到屏幕上。节点拖动出来后，Return Value 管脚会自动连接到 Target 管脚（见图 5.17），如此一来 AddToViewport 节点就能将这个实例显示到屏幕中。

回到场景编辑器，单击播放按钮来运行游戏。运行游戏后，关卡蓝图的 BeginPlay 会被触发，UMG_HelloUE5 实例就会被显示到游戏中。查看游戏的左上角，可以看到显示出了文本"HelloUE5"，如图 5.18 所示。

图 5.17

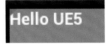

图 5.18

5.2　三大基本控件及相关蓝图操作

在上一节中，我们已经成功地创建了一个 UI，并且将它显示到了游戏中。接下来的这一节我们会正式开始 UMG 开发基础的学习。本节将会分为两部分讲解：第一部分讲解 UMG 中最基础的三个组件，第二部分讲解如何在蓝图中设置这些控件的属性。

5.2.1　三大基本控件

在讲述如何编辑 UI 界面之前，我们得先了解一下 UMG 中最常用的三个 UI 控件：文本、图片和按钮。

- 文本控件的作用是显示一个文本，它提供了丰富的文本样式和排版功能，可以让你的文本外观千变万化。
- 图片控件的作用是显示一个纹理，它提供了丰富的选项来自定义显示纹理的外观。
- 按钮控件的作用是提供一个可交互的按钮。玩家单击按钮之后会触发按钮单击事件，游戏可以响应这个事件来做各种各样的事情。

接下来，我们就详细讲一下这三个基础控件。

1. 文本控件

在 5.1 节中我们已经第一次接触文本控件，并且使用它在游戏屏幕上显示出了文本"HelloUE5"。文本控件有非常多的选项可以让我们更改文字的外观，让它呈现出各种模样。现在，让我们来看看它都有哪些可以设置的属性，以及这些属性都会以什么样的形式影响文字的外观。

我们还是以 5.1 节中在 UMG_HelloWorld 里创建的 Text 控件为例。在控件树中选中该控件，然后在细节面板中查看它的属性。

（1）文本内容

在所有的属性中，最重要的当然是文本框的文字内容，它对应着属性 Text，如图 5.19 所示。文本的内容支持换行，只要在按住 Shift 键的同时按回车键，就可以在 Text 中换行。

（2）字体颜色和透明度

通过修改 Color and Opacity 的值（见图 5.20），可以修改文字的颜色和透明度。你可以单击左边的箭头来展开颜色的 RGBA 值（它们的取值范围都是 0 ~ 1），也可以通过旁边的色块来修改，双击色块后就会出现颜色选取窗口。

图 5.19

图 5.20

（3）文本的字体族

文本控件 Font Family 表示字体族属性，如图 5.21 所示。单击下拉框，可以选择 UE5 中已经导入的字体族。由于我们没有导入过任何字体，所以目前下拉框内没有任何字体。

图 5.21

接下来，我们来尝试将 Windows 系统中的一个字体导入 UE5，并在文本控件中使用它（这里以 Windows11 系统为例）。打开 Windows 的文件管理器，进入路径 "C:\Windows\Fonts"（见图 5.22），你可以看到这里显示了 Windows 所有已经安装了的字体。往下滑动，在列表中找到一种字体，比如 Consolas（见图 5.23），双击它会看到字体族包含的所有字体，找到其中一种字体（如果该字体族只包含一种字体，双击后会直接打开这个字体的预览界面）。将字体文件拖动到 UE5 编辑器的 ContentDrawer 中（见图 5.24），此时 UE5 会弹出一个窗口，询问你"会使用这个字体文件作为新的字体资源的默认字体，这样可以吗？"（见图 5.25），这里我们选择"OK"即可。然后 UE5 就会使用这个字体文件生成一个新的"字体资源"，如图 5.26 所示。

导入并生成字体资源之后，记得双击打开这个字体资源，单击左上角的"Save"按钮保存这个资源，否则下次打开 UE5 编辑器的时候这个资源就会没有。

再次回到 UMG_HelloUE5 的编辑界面，单击文本控件属性列表中的 Font Family 下拉框，可以看到下拉框中多了刚才导入的字体。选中该字体资源，即可看到文本的字体发生了变化，如图 5.27 所示。

> **提示**
>
> 　　对于 Consolas 这种只包含英文的字体，如果你选中它作为字体族，但是文本中又出现了中文，就会出现乱码。所以如果想要为中文文本设置别的字体，就要保证那个字体族中包含中文字体，比如"宋体"。

图 5.22　　　　　　　　　　　　　　　　　图 5.23

图 5.24

图 5.25

图 5.26　　　　　　　　　　　　图 5.27

（4）文本字体大小

　　文本控件的 Size 属性表示文本的字体大小，如图 5.28 所示。数值越大，字体就越大。尝试将 Size 属性改成 48，会看到字体的大小比 Size 是 24 时变大了一倍，如图 5.29 所示。

图 5.28　　　　　　　　　　　　图 5.29

（5）文本字体风格

文本控件的 Typeface 属性控制着文本的字体风格。单击旁边的下拉框，可以看到字体风格中包括了 Bold（粗体）、Bold Italic（粗斜体）、Italic（斜体）、Light（细体）、Regular（常规）五种字体风格（见图 5.30），与我们平时写作用的 Word 软件里的字体风格功能相似。

图 5.30

（6）文本描边设置

有时候为了能让文本在游戏中更加清晰地显示出来，我们需要给字体添增描边。在 UMG 中，可以通过文本的 Outline Settings 给字体设置描边（见图 5.31）。其中最主要的选项就包括了 Outline Size（描边的宽度）和 Outline Color（描边的颜色）。描边也支持使用材质，你可以制作一个材质来描述描边的外观，更改 Outline Material 选项就可以更改描边的材质。

实践一下：将描边大小改为 4，描边颜色设置为红色之后，就能得到如图 5.32 所示的文字描边效果。

图 5.31

图 5.32

（7）文本阴影

我们还可以给文字添加阴影，如图 5.33 所示。通过设置 Shadow Color 属性，可以更改阴影的颜色。修改 Shadow Offset 则可以修改阴影的偏移值。比如在图 5.33 中，我们将阴影偏移设置成了 (12, 6)，意味着阴影会出现在文字往右 12 像素，往下 6 像素的位置，阴影的效果如图 5.34 所示。

图 5.33

图 5.34

2. 图片控件

图片控件 Image 也是一个经常用到的控件，通过它可以显示一张图片，并且能改变图片的外观。

我们可以从左上角的控件库中搜索并找到 Image 控件。选中 Image 控件（见图 5.35），并然后将它拖动到预览界面中的任意处，就可以将图片控件添加到我们一开始创建的 Canvas Panel 上作为子控件。

接下来我们来调整图片控件的大小和出现的位置。选中图片控件，会发现图片控件的边缘变成了绿色，并出现多个控制点，如图 5.36 所示。把光标移动到控制点上后，按住鼠标不放并拖动控制点，可以改变控件的大小。如果你把光标放到控件的内部并按住鼠标拖动，可以改变控件的位置。

图 5.35

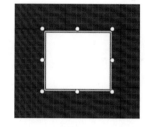

图 5.36

我们可以将图片拖动到 Hello UE5 文本框的下方，并且设置一个合适的大小（我们接下来要设置水果的图片）。

对于一个图片控件来说，最重要的自然就是它要显示哪一张图片了。打开细节面板的 "Apperance（外观）"→"Brush（笔刷）"，就可以找到 Image 属性，如图 5.37 所示。举个例子，比如我们想让这个图片控件显示香蕉的图片，那么可以单击 Image 属性的下拉框，搜索并选择 TexBanana，选中香蕉纹理后，可以看到图片控件现在显示的图片就变成了香蕉，如图 5.38 所示。

图 5.37

图 5.38

不过，当图片控件不设置要显示的图片时，也可以发挥特殊的作用，比如将图片控件作为一个半透明的背景。

我们先把香蕉图片清空，单击 Image 属性的下拉框，选择 Clear（见图 5.39），可以将选中的 TexBanana 纹理清空，清空之后图片会变回初始纯白色的样子。

为了让图片成为一个半透明的背景，我们可以改变图片控件的 Color and Opacity 属性来更改它的颜色和透明度。举个例子，将透明度（Alpha 通道）改成 0.5 之后（见图 5.40），就可以看到图片控件变成了半透明的样子。

图 5.39　　　　　　　　　　　　　　　　　　　　　　图 5.40

这种技术常用于制作游戏面板的背景图。假如我们想制作一个游戏的设置页面，如果直接将文字和按钮显示到游戏中，你会发现控件和游戏的内容有可能会混在一起，很难看清楚。这个时候，我们就会希望有一个背景图来遮挡游戏的内容，让设置面板的文字和图片能够显示得更清晰。如果我们不想要完全遮挡游戏内容，还想留一点透明度，这个时候就可以使用一个很大的图片控件来覆盖游戏内容。此时，图片控件不需要设置任何图片，只需要将图片的颜色改为纯黑色，将透明度设置为一个 0 ~ 1 之间的值（1 为不透明，0 为全透明）。

做个实验。首先我们调整图片控件的颜色和透明度，设置 RGBA 值为 (0, 0, 0, 0.4)，然后拖动它到文本控件的下方，并调整图片大小，覆盖整个文本控件。为了让图片控件能够作为其他控件的背景，我们还需要修改控件之间的层级。在左下角的控件树继承面板中，将图片控件准确地拖动到画布 Canvas Panel 和 HelloUE5 文本控件中间的缝隙，会出现如图 5.41 所示的浅蓝色提示条（如果出现别的样式的提示条是不对的），松手之后图片控件就会被移动到文本框的上面，表示它的层级比文本框要低。此时，图片控件就会作为背景显示在文本控件的下方，效果如图 5.42 所示。

图 5.41　　　　　　　　　　　　　　　　　　　　　　图 5.42

3. 按钮控件

按钮控件是三大基础控件中的最后一个。按钮最基础的作用是让人"按下去"，按下按钮后，按钮在蓝图会触发蓝图事件，我们可以响应这个事件来处理按下的逻辑。

在控件库中搜索"Button"，就可以找到按钮控件。将它拖动到预览界面，或者组件树面板的 Canvas Panel 控件上，就能创建一个按钮，如图 5.43 所示。此时，我们可以在预览界面中看到一个灰色的按钮。与图片控件相似，选中按钮，拖动绿色边缘的控制点可以改变按钮的大小，拖动整个按钮就可以移动它的位置，如图 5.44 所示。

图 5.43

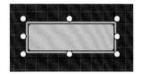

图 5.44

在游戏中的按钮一般是两种形式，一种是文字按钮，一种是图片按钮。我们分别来看如何使用这两种按钮。

首先是文字按钮。有意思的是，在 UMG 中，按钮本身没有显示文本的功能，但是取而代之的，按钮可以添加任意一个子控件。这就意味着如果你想让一个按钮控件显示文字，那么可以给它添加一个文本控件作为子控件。

实践一下。在控件库中找到 Text 控件，然后拖动到控件树中的 Button 上，如图 5.45 所示。文本控件的默认颜色是白色，显示在灰色的按钮上可能会看不清楚，所以我们要改变控件的字体，并调整它的颜色，将它改成黑色的（见 5.2.1 节 字体颜色和透明度），就能得到一个好看的文本按钮了，如图 5.46 所示。

图 5.45

我是按钮

图 5.46

我们再来看看如何创建一个图片按钮。首先，让我们再拖动一个按钮到 Canvas Panel 上，然后调整按钮的大小和位置，得到一个正方形的按钮，如图 5.47 所示。单击按钮，在细节面板中展开"Appearance（外观）"→"Style（风格）"，其中，通过设置

Style 下的前四个选项就可以给按钮控件设置显示的图片，如图 5.48 所示。

图 5.47

图 5.48

对于一个按钮来说，它总共有四种状态，分别是：

Normal（普通状态）当光标没有放在按钮上，也没有按下按钮，按钮也不是禁用模式的时候，就是普通模式；

Hovered（悬浮状态）当光标悬浮在按钮上的时候，按钮就是悬浮状态；

Pressed（按下状态）当光标放在按钮上并且按下鼠标左键的时候，按钮就会进入按下状态；

Disable（禁用状态）按钮可以被设置为禁用状态，在禁用状态下，按钮不可以被单击。

Style 中的前四个选项就分别决定了上面这四种状态要显示的外观设置。

举个例子，如果我们想让按钮在普通状态的时候显示一个苹果图片，那么可以展开 Normal 选项，单击 Image 设置中的下拉框（见图 5.49），搜索并选择纹理"TexApple"，就可以看到预览面板中的按钮显示出了苹果

图 5.49

的图片。如果你发现按钮显示出来的苹果图片比 TexApple 这张纹理实际上要暗，那可能是因为设置了 Tint（位于 Image 下方）。Tint 是叠加到图片上的颜色，如果 Tint 的颜色为白色，则按钮会显示出纹理本身的颜色，其他 Tint 的颜色设置都会改变 Tex 的颜色显示。单击 Tint，将 Tint 颜色改为纯白色（RGBA 的值都为 1，见图 5.50），就可以看到按钮变亮了，如图 5.51 所示。

图 5.50

图 5.51

> **提示**
>
> 　　为什么要有 Tint 颜色？使用 Tint 来制作简单的按钮是非常方便的。如果你重新拖动出一个按钮，你会发现在 Style 中的 Normal 和 Hovered 中默认都设置了一个 Tint 颜色，并且默认情况下 Normal 的 Tint 颜色会比 Hovered 更暗。这样，按钮就有一个默认的效果：平时处于一个比较暗的状态，当光标悬浮在按钮上时，按钮就会自动亮起。这样，你可以保留 Normal 和 Hovered 的默认 Tint 设置，然后给这两个状态都设置同一张纹理，就能实现默认状态下显示一个暗一点的苹果，当光标经过的时候按钮亮起，苹果变亮的效果。
>
> 　　所以，为了方便，你可以给所有状态都设置同一张纹理，但是保留它们的 Tint 设置，这样也能产生不错的按钮效果。

　　同理，我们也可以分别设置 Hovered、Pressed 和 Disable 的图片，你可以尝试分别设置香蕉、青瓜等图片。运行游戏，你就可以看到按钮在普通状态时显示苹果，光标经过的时候显示香蕉，单击的时候显示青瓜了。

5.2.2　在蓝图中操作控件

　　在前面，我们学习了如何在设计视图中摆放控件，并在细节面板中设置它们的属性。下面，我们来看看如何在蓝图界面获取到这些控件，并在蓝图逻辑中设置控件的属性。

1. 将控件变成蓝图类变量

　　想要在蓝图中访问设计界面用到的控件，我们需要先将这些控件变成蓝图类的成员变量。在已经创建的控件树中选中一个控件，在细节面板的最上方可以看到"Is Variable"选项。选中它后就可以把这个控件变成蓝图类的成员变量。

　　在我们把控件拖动到控件树中时，被创建的控件会被赋予一个不太友好的名称。所以在把控件改成蓝图的成员变量之前，最好先把控件的名字改成一个有意义的叫法。举个例子，比如把在前面创建的文本控件、图片控件和按钮控件分别改名字为"TextTest""ImageTest"和"ButtonTest"（见图 5.52），命名的规则是控件的类型 + 它的作用（你也可以自己制定一套规则）。

　　单击 Graph 按钮 切换到蓝图编辑视图，可以看到在变量面板中已经出现了对应的三个变量，如图 5.53 所示。

图 5.52

图 5.53

2. 在蓝图中设置控件的属性

一旦控件已经成为蓝图类的成员变量，就意味着我们可以在蓝图中通过调用对应的函数来修改控件的属性，进而修改控件的显示效果。

为了方便，后面我们会在 UMG 蓝图的构造事件（UMG 的构造函数调用时触发的事件）来做这些测试。如此一来，当 UI 被创建之后，这些逻辑就会被运行，我们就能直接在游戏中看到控件被修改后的效果。

（1）动态设置文本控件的属性

在蓝图中可以修改文本控件的文字内容。拖动出文本控件 TextTest 的 Get 节点，从它身上再拖动出节点搜索框，找到并选择 SetText 节点。这个节点的作用是设置文本控件要显示的文字。我们在 InText 参数中输入文字"Text From Blueprint."（见图 5.54），编译和保存蓝图后，再次运行游戏，可以看到文本控件显示了参数中的文字。

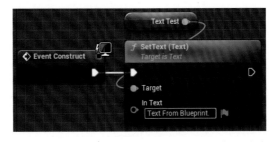

图 5.54

对于文本控件，可以使用"Set Color and Opacity"节点来修改它的颜色和透明度。节点的 InColorAndOpacity 参数为要设置的颜色和透明度，我们可以从这个参数的管脚上向外拖动出一个节点搜索框，搜索和选中"Make SlateColor"节点（见图 5.55）。这个节点表示一个颜色常量，单击 SpecifiedColor 参数右侧的颜色块，就可以选择需要的颜色。

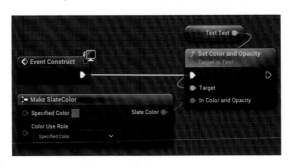

图 5.55

🔔 小知识

当你遇到一个陌生的参数类型，不知道该如何设置的时候（这些类型大多数都是一些结构体），从参数的管脚拖出节点搜索框，然后搜索关键字"make"，大多数情况下就可以找到生成这个参数的节点。

我们还可以使用 SetFont 节点来设置与字体相关的属性。如图 5.56 所示，我们使用了一个 SetFont 节点，然后用 MakeSlateFontInfo 节点创造出 SlateFontInfo 结构体作为参数，在这个结构体中，单击 Font Family 参数的下拉框，选择前面导入的 Consola 字体资源，就可以将字体族设置为 Consolas。可以看到 MakeSlateFontInfo 节点还有一个参数叫 OutlineSettings，是用来设置字体描边的。同样的，从这个参数拖动出来并搜索"Make"就可以构造参数的类型对应的结构体 FontOutlineSettings，我们可以在这个结构体中设定文本控件的描边厚度以及描边颜色等属性。

图 5.56

（2）动态设置图片控件的属性

在蓝图中，也可以使用蓝图节点对图片控件的属性进行操作。其中，最常用的就是给图片控件动态设置纹理资源。

我们用 ImageTest 来举个例子（如果这个图片控件之前被我们用来当作背景图了，它的颜色和透明度需要恢复到 R、G、B、A 都为 1 的值，或者你可以另外创建一个图片控件来做这个实验）。先拖动出一个 ImageTest 的 Get 节点，再从它身上拖动出 SetBrushFromTexture 节点，这个节点的作用是设置图片控件的 Brush（笔刷）属性。在节点的 Texture（纹理）参数下拉框中，搜索并选择苹果的纹理"TexApple"，如图 5.57 所示。回到游戏中，我们可以看到图片控件已经成功地显示了苹果的图片。

图 5.57

（3）动态设置按钮控件的属性

与图片控件类似，我们也可以在蓝图中动态设置按钮控件的属性。使用 SetStyle 节点可以设置按钮控件的 Style（属性）。使用 MakeButtonStyle 节点可以创建 InStyle 参数对应的结构体，可以看到这个结构体的参数与按钮的细节面板中的参数是一一对应的，我们可以再使用 MakeBrushFromTexture 节点来设置按钮四个状态对应的笔刷，并在节点的 Texture 中选择响应的图片，如图 5.58 所示。

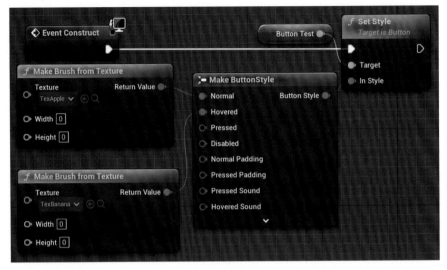

图 5.58

3. 控件的蓝图事件

控件成为蓝图类的成员变量之后，我们就可以在蓝图类中响应控件的一些事件。其中，最常用的事件莫过于按钮控件的事件了。我们可以通过响应按钮控件的事件，编写单击按钮后的相关逻辑。

在 UMG 的蓝图编辑视图中，选中 ButtonTest 变量。在底下的细节面板中可以看到五个事件（见图 5.59），分别是：

图 5.59

- OnClicked 按钮的单击事件，按钮被单击后会触发该事件；
- OnPressed 按钮的按下事件，按钮被按下后会触发该事件；
- OnRelease 按钮的松开事件，当按钮处于按下状态，被松开时会触发该事件；
- OnHovered 按钮的悬浮事件，光标移动到按钮上后，事件被触发；
- OnUnhovered 与 OnHovered 事件对应，当光标从按钮上离开之后，事件被触发。

在五个事件中，最常用的也就是 OnClicked 事件，我们用它来响应单击逻辑。

接下来我们做个实践。单击 OnClicked 事件旁边的加号按钮，EventGraph 中会出现一个 OnClicked 事件的触发节点（见图 5.59），在这个节点后面衔接一个 PrintString 节点，参数 InString 填写"按钮被单击"（见图 5.60），然后编译保存。

图 5.60

运行游戏，单击 ButtonTest 按钮，就可以看到屏幕上打印了"按钮被单击"文字，如图 5.61 所示。

除了按钮控件的事件以外，其他的控件也会有自己的一些

图 5.61

事件。举几个例子，对于 EditText（可编辑文本控件）来说的 OnTextChanged 事件，在文字内容被玩家改变的时候就会触发；又比如 CheckBox 的 OnCheckStateChanged 事件，在被选中和取消选中的时候会触发；Slider（滑动条）的 OnValueChanged 事件，在玩家改变拖动条结束之后，会触发并返回一个最新的值。在后续的 UMG 开发中，大家就会慢慢接触到这些控件的事件。

↘ 5.3　UMG 排版技术与相关控件

上一节中我们介绍了三大基本控件，以及如何在蓝图中使用它们。同时，我们还第一次使用了一个和 UI 排版相关的控件——CanvasPanel。CanvasPanel 允许我们给它添加多个子控件，并自由设置这些子控件的大小和位置，它是最常用也是最简单的排版控件之一。

然而，在实际应用中，我们可能需要制作各式各样排版精美，元素丰富的 UI，如果只是使用 CanvasPanel，最大的不足就是每一个子控件都需要我们手动设置大小和位置，因此设置它们不仅会消耗极大的工作量，还需要我们对位置摆放有着极高的要求，毕竟有时候一个像素之差就可能影响 UI 面板的显示效果。

为了避免让我们手动逐个调整控件，UMG 在设计上使得控件都拥有一些能够辅助排版的特性，并且提供了诸多能够辅助排版的控件，方便自动排版。

在本节中，我们就要更深入地了解如何使用 UMG 中与排版相关的技术，方便快速地将 UI 制作成我们想要的样子。

5.3.1　目标设定——我们要制作的面板

在开始学习之前，先让我们来确定一个要完成的最终效果作为目标（有目标的学习才是高效的）。

不知道你是否注意过，如今很多手游中都会有各种各样的活动页面。这些活动页面有可能是对某个活动的介绍海报，也可能是一个领奖界面，还有可能是游戏比赛相关的界面。其中，相当多的网游会在进入游戏并登录之前会弹出一个海报页面，用来介绍当前版本游戏的主要内容以及正在进行中的活动。

登录宣传页是一个相对比较简单的界面，用来练手刚刚好。所以，现在我们尝试来给 Autocook 制作一个宣传页面。

草稿图如图 5.62 所示。

Autocook

道具物品：

□ □ □ □

游戏特点：
* *******
* *******
* *******

图 5.62

宣传页面主要分为三部分：

第一部分，在最顶端居中的位置显示游戏的名字 Autocook；

第二部分，游戏中会使用到的丰富的道具物品，我们会将这些道具物品图片横向分布展示出来；

第三部分，使用一个文字列表罗列游戏的特点，分成多个特点介绍游戏。

我们可以使用前面创建的 UMG_HelloUE5 这个 UI 资源进行开发，也可以重新创建一个新的 UI（你可以将新的 UI 命名为"UMG_TestGamePost"，或者任意一个你喜欢的名字）。

如果你使用的是之前创建的 UMG_HelloUE5，那么需要先在控件树中把之前创建的 Test_HelloUE5 中除了顶层的 CanvasPanel 之外的所有控件删除掉。

如果你是跟着前文（见5.2节）在蓝图中操作过这些控件，比如给 TextTest 设置了文字、给 ImageTest 设置了图片，或是给 ButtonTest 设置了 OnClicked 事件，在删除这些控件之后，再次单击蓝图编译，就会发生编译报错，编译按钮会变成红色的 Compile 。除此之外，会有两种报错表现：

● 控件相关的事件（比如按钮的 OnClicked 事件）会显示一个 WARNING（警告），表示该事件非法（见图 5.63）；

● 对控件的引用会报 ERROR（错误），因为再也无法引用到这些控件，如图 5.64 所示。ERROR 会直接导致蓝图编译失败。

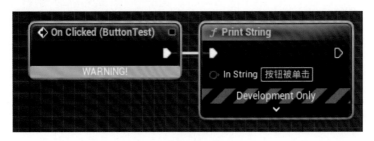

图 5.63

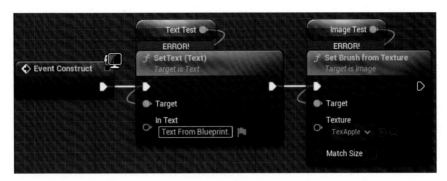

图 5.64

发生以上提到的警告和报错是因为蓝图中使用到的控件不复存在了，所以我们需要将这些和旧控件相关的逻辑也一并删除。删除掉之后再单击一次编译，就能够编译成功。

而如果你重新创建了新的 UI 资源"UMG_TestGamePost"，还要记得将游戏中要显示的 UI 更改成它。在场景编辑界面打开关卡蓝图（见 5.1.3 节），将要显示的 UI 类更改为 UMG_TestGamePost，如图 5.65 所示。

图 5.65

5.3.2　锚点、对齐点与居中的标题栏

首先制作的是标题栏，它会在屏幕的顶部居中显示游戏的名字 Autocook。它看起来很简单，好像只需要创建一个文本控件，然后把它拖动到屏幕顶部居中的位置就可以了，你可以先自己试试看。

创建一个文本控件，拖动到 CanvasPanel 上，然后重命名为"TextTitle"（随手为控件起一个有意义的名字是好习惯）。单击文本控件选中它，在细节面板中将内容改为"Autocook"，为了它能够更加清晰地显示，我们将它的字号改为 64，然后把颜色改为鲜艳的红色，如图 5.66 所示。我们还可以给它设置描边，将描边的厚度改成 4，描边颜色改为白色，如图 5.67 所示。

图 5.66

图 5.67

选中 TextTitle，在预览界面中可以看到一个绿色的小框，这个小框就表示该文本控件所占用的大小，如图 5.68 所示。你会发现表示绿色框比文本控件真实的显示区域要小很多，这是因为在刚才我们将文字的大小从 24 调大到了 64。为了让控件所占用大小和真实的显示区域相匹配，我们拖动绿色框的边缘，把它变成合适的大小，覆盖整个文本框的显示区域，如图 5.69 所示。

图 5.68

图 5.69

为了让文本控件能够出现在屏幕顶部居中的位置，我们拖动它，把它移动到虚线框（表示预览的游戏屏幕）顶部的中间，如图 5.70 所示。

图 5.70

运行游戏，我们期待能够在 Viewport 的顶部中间看到这个文字。但是现实情况是当你运行游戏后可能会发现，文字并没有居中，如图 5.71 所示。

图 5.71

这是因为在预览界面中我们使用的游戏屏幕分辨率与 Viewport 的分辨率不完全一样。并且最重要的是，刚才我们拖动文本控件位置的时候，实际上修改的是控件"相对于父控件左上角"的位置，在这里由于使用了 CanvasPanel 作为根节点，所以可以理解为我们修改的是控件相对于屏幕左上角的位置。在游戏实际运行的时候，如果 Viewport 的横向分辨率大于预览界面屏幕，那么你会发现文本框的位置在中间偏左，反之会出现在中间偏右。

5.3.3　实现文本框的永远居中

既然居左上角对齐（意思是位置是相对于父控件左上角的）行不通，我们就得研究下是否有其他对齐方案，实现在任何分辨率下都能够让文本控件居中显示的效果。

在此之前，先让我们来了解一下 UMG 中的坐标系吧。与我们在读书时常用的平面坐标系有些不同，在 UMG 中，X 轴的正方向是水平向右，而 Y 轴的正方向是垂直向下，如图 5.72 所示。也就意味着：一个点越往右，它的 X 值越趋于正无穷；点越往下，Y 值越趋于正无穷。

控件默认的对齐方案都是居左上角对齐，我们来看看默认情况下 TextTitle 的坐标。选中 TextTitle，在细节面板的 Slot 设置中，可以看到目前它的坐标是 (774, 0)，如图 5.73 所示（由于是手动拖动的，你的坐标可能会和我这里的有点不同），这意味着该文本控件距离 CanvasPanel（或者说距离游戏屏幕）的左边缘 774 个像素，距离顶部 0 个像素。

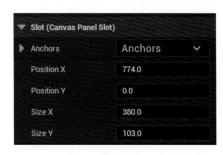

图 5.72　　　　　　　　　　　　　　　　　　图 5.73

当我们说居父控件的左上角对齐的时候，其实说的就是子控件"锚定"了父控件的左上角，所以此时它的锚定点，也可以说"锚点"就在左上角。

在详细了解锚点之前，我们先了解一下"对齐点"这个概念。举个例子可能会更好理解一点。前面我们讲到了居左上角对齐，现在我们来思考一下：说是居父控件的左上角对齐，可是这个文本控件覆盖的范围那么大，究竟是文本控件的哪一个部位在居左上角对齐呢——是文本控件的左上角，还是中间，还是右上角？

决定子控件究竟以哪个部分来对齐父控件的属性，就是"对齐点"。单击小箭头，展开 Slot 中"Alignment"一项的配置，可以看到对齐点的配置。在默认对齐左上角的情况下，当前的对齐点是 (0, 0)。根据 UMG 的坐标系，(0, 0) 对应的就是控件的左上角。

对齐点的数值是一个相对数值。什么意思呢？也就是说它的数值实际上是相对于控件大小（Size）的倍数。这就意味着当对齐点是 (0.5, 0.5) 的时候，表示对齐点的位置在该控件的正中央，当它是 (1, 1) 的时候，表示对齐点在该控件的右下角。当然，UMG 中没有限制对齐点的横纵坐标取值范围一定要在 0 ～ 1 之间，你也可以设置在这个范围以外的值。比如当你把对齐点的横坐标设置到了 −1 的位置，那么就意味着对齐点的实际位置在该控件的左边缘再往左一个控件水平大小的位置。

如图 5.74 所示，控件的四个角对应的对齐点分别是：(0, 0)(1, 0)(0, 1)(1, 1)。

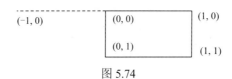

图 5.74

说回锚点。在 UMG 中，锚点其实"不是一个点"，锚点是由两个坐标点组成的，所以在这里锚点的英文是"Anchors（复数形式）"。单击 Anchors 旁边的小箭头来展开选项，可以看到它实际上包括了两个子点 Minimum（最小值）和 Maximum（最大值），如图 5.75 所示。与对齐点类似，两个锚点一般而言取值都会介于 0 ~ 1 之间，(0, 0) 表示左上角，(1, 1) 表示右上角。

在某些情况下最小和最大两个值是相等的，有些情况下是不相等的。在两个值相等的情况下，我们可以简单地将锚点理解为就是一个普通的"锚定位置"。比如说，当我们锚定左上角，右上角等任意"一个锚定位置"的时候，最大值和最小值的数值会相同，并且都指向那个点。

在默认设定下，锚点在父控件的左上角，对齐点也在控件的左上角，此时对齐点的值是 (0, 0)。如图 5.76 所示，红色框内的点为控件的锚点，在 CanvasPanel 的左上角 [最小值和最大值都是 (0, 0)]，白色框则对应着控件的对齐点。此时如果设置 PositionX 和 PositionY 的值，就是在更改锚点和对齐点之间的相对位置，也就是距离 CanvasPanel 左上方的位置。

图 5.75

图 5.76

所以，如果我们想要将文本控件固定在屏幕上方居中的位置，实际上就是将锚点和对齐点都设置为顶端居中的位置就可以。具体来说包括几步：

第一步，设置锚点的最小和最大值都是 (0.5, 0)，表示锚定 CanvasPanel 上边缘的水平居中位置，如图 5.77 所示。

第二步，设置对齐点 Alignment 的值为 (0.5, 0)，表示使用文本控件上边缘的水平居中位置来与父控件锚点对齐，如图 5.78 所示。

第三步，此时，由于锚点一定在屏幕的上方居中位置（不管分辨率如何变化），我们只需要让对齐点和锚点重合即可。重合也就意味着二者之间的相对位置为 (0, 0)，分别设置 PosotionX 和 PositionY 的值为 0，如图 5.79 所示。

图 5.77

图 5.78

图 5.79

除了手动输入锚点和对齐点的数值以外，UMG 还提供了一种方便的方法来快速设置它们。单击 Anchors 右边的下拉框，就会出现锚点和对齐的选择面板，如图 5.80 所示。如果直接单击其中的某一项，可以选择设置锚点的值，如果在按住 Shift 键的同时单击某一项，则可以同时设置锚点和对齐点。

什么意思呢？你可以试试不按住 Shift 键的情况下，单击第一行的第三个选项，也就是选择锚定父控件的右上角，此时查看锚点的数值，会发现都变成了 (1, 0)，但是再查看 Alignment，它的数值还是跟原来一样是 (0.5, 0)，这就变成了我们要使用文本控件的顶端中间位置去对齐 CanvasPanel 的右上角。你可以试试此时将 PositionX 的值改为 0，会发现文本控件确实被移动到了右上角（见图 5.81），但是水平方向上有一段是在预览屏幕的外面。

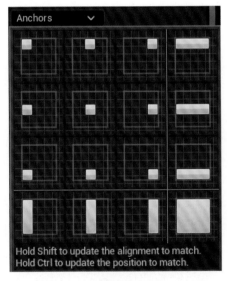

图 5.80

图 5.81

实际上，如果我们想要文本框锚定在右上角，此时就还需要手动将 Alignment 改成与锚点一样的 (1, 0)，再将 PositionX 调整为 0，效果如图 5.82 所示。但是每次都这样做未免也太麻烦了，所以 UMG 提供了一种快捷的方法——只要你在按住 Shift 键的同时选择下拉框中的某一项，它就会自动帮你选择锚点和对齐点。所以刚才我们只需要按住 Shift 键，然后选择第一行的第三个选项，然后设置文本控件的坐标就可以了。

编译保存后回到游戏，你会发现无论怎么更改游戏窗口的大小（分辨率），Autocook 文本框会始终水平居中，如图 5.83 所示。

图 5.82

图 5.83

5.3.4 实现全屏覆盖的背景图

在 5.2 节讲图片控件的时候，提到过为了能够使文字和按钮控件显示得更加清楚，我们可以使用图片控件来制作一张半透明背景图。

活动页的文字和图片繁多，所以为了能够清楚地显示它们，我们要给活动页添加一张纯黑色的半透明背景图。

创建一个图片控件，将它命名为 ImageBackground，然后把它拖动到 CanvasPanel 下。别忘了改变它的顺序，将它拖动到 TextTitle 文本框的上面，如图 5.84 所示。这样一来，背景图就会先于 TextTitle 被绘制，保证文字不会被半透明的背景图覆盖。

接下来，改变图片的颜色和透明度。设置图片控件的 Color and Opacity 选项，将颜色改为纯黑，透明度改为 0.3（见图 5.85）。

图 5.84

图 5.85

现在我们想要的效果是不管游戏内容屏幕大小怎么变化，背景图始终能够覆盖整个屏幕。

先说一种笨方法，就是手动拖动 ImageBackground 的大小，让它能够覆盖整个游戏预览屏幕。有读者可能会问了，控件刚被创建出来的时候是对齐父控件左上角的，那 Viewport 开始游戏的时候如果分辨率和预览屏幕不一致，不就会出现图片错位的情况吗，而且如果 Viewport 分辨率非常大，图片还有可能无法完全覆盖整个 Viewport。所以这就是笨方法的关键了，笨方法的关键就是要保证这张图片尽可能地居中，而且分辨率要足够大。比如我们预估 Viewport 的分辨率能够达到 1000×800，那么为了保险起见，我们可将图片控件的大小直接设置为 2000×1600（这里只是举个例子）。当然，也有不能完全覆盖 Viewport 的时候。假设某个读者家里的电脑是 4K（甚至 8K）的屏幕，它的 Viewport 分辨率可能非常高，那么背景图还是无法覆盖整个屏幕。

再来讲一种巧方法。前面我们讲了锚点的两个值相同的使用情景（锚定父控件的一个点位），我们再看看当锚点的最小值和最大值不同时有什么作用。锚点的最小值和最大值其实会组成一个矩形（见图 5.86），其中，最小值表示矩形的左上角，最大值表示矩形的右下角，如图 5.87 所示。当两个值不同时，我们锚定的就是最小和最大值组成的这个矩形。

图 5.86

图 5.87

用上面提到的全屏背景图来举例。想要覆盖整个屏幕，其实就是覆盖整个父控件 CanvasPanel。在 UMG 中，这可以通过分别锚定父控件的左上角和右下角来实现。

单击 Anchors 的下拉框，按住 Shift 键，选择最右下角的这个选项，如图 5.88 所示。可以看到这个选项与别的选型不同，它的白色区域（表示子控件）占满了整个选项（表示父控件）。此时，最小和最大两个锚点会变成 (0, 0) 和 (1, 1)（见图 5.89），分别代表父控件的左上角和右下角。

当锚定了左上角和右下角之后，PositionX 和 PositionY 选项就会消失，因为你需要同时锚定四条边，取而代之的选项是 Offset Left、Offset Top、Offset Right、Offset Bottom，分别代表子控件与父控件最左、最上、最右、最下方四个边缘的偏移量（也就是距离）。

如果我们想要让图片一直覆盖整个屏幕，其实就相当于"图片与屏幕的四周距离都是 0"。所以，将四个 Offset 的值都改成 0 即可，如图 5.89 所示。

图 5.88

图 5.89

编译保存 UI 蓝图，在 Viewport 中运行游戏，可以发现整个游戏屏幕已经覆盖上一层黑色半透明的背景。可以拖动 Viewport 的边缘来改变它的分辨率，不管分辨率如何变化，这张背景图会一直全屏覆盖，看起来就像是整个游戏的亮度被降低了一样。

再来练习一下如何才能让背景图永远占据游戏屏幕的左半边？

想要让背景图占据左半边屏幕，区别于占据整个屏幕就只有一个——要锚定的边缘从屏幕最右边的线，变成了屏幕的中间那条线。所以，我们还是先单击 Anchors 的下拉框，按住 Shift 键选择最右下角的选项来锚定屏幕的四周。接下来，将锚点中的 Maximum 从 (1, 1) 改成 (0.5, 1)（见图 5.90），这时候锚定的右边线就变成了屏幕的中间（见图 5.91 中的虚线）。这时，我们只需要重新将四个 Offset 参数都设置成 0 即可（见图 5.92），最终效果如图 5.93 所示。

图 5.90

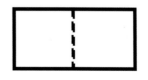

图 5.91

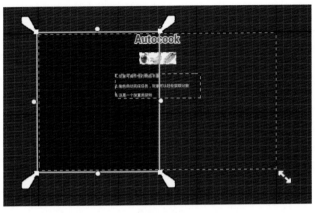

图 5.92   图 5.93

5.3.5 其他的锚点对齐点方案

UE5 的 UMG 中一共预设了 16 种最常用的锚点对齐点方案，你可以每一个都尝试一下，看看它们之间都有什么不同，能够实现怎样的效果。如图 5.94 所示，这 16 个方案从左到右，从上到下是：

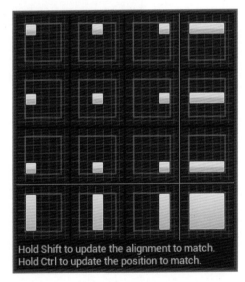

图 5.94

1）居左上角对齐，锚点和对齐点都是 (0, 0)，是控件刚被创建出来时的默认方案。

2）居顶端中间对齐，锚点和对齐点都是 (0.5, 0)。

3）居右上角对齐，锚点和对齐点都是 (1, 0)。

4）对齐左侧、右侧和顶端三个边缘，锚点的最小和最大值分别是 (0, 0) 和 (1, 0)，你可以用它来使控件占满整个顶端。选中这个方案后，有参数 OffsetLeft、OffsetRight、PositionY 和 SizeY，分别代表与左侧、右侧的偏移量，纵坐标以及垂直方向上的大小。

5）居左侧边缘的中间对齐，锚点和对齐点都是 (0, 0.5)。

6）居中对齐，锚点和对齐点都是 (0.5, 0.5)，可以用来将控件放置在父控件的中间，是经常用的一个方案。

7）居右侧边缘的中间对齐，锚点和对齐点都是 (1, 0.5)。

8）对齐左侧、右侧和中间对齐。锚点最小和最大值分别是 (0, 0.5) 和 (1, 0.5)，有参数 OffsetLeft、OffsetRight、PositionY 和 SizeY，分别代表与左侧、右侧的偏移量，纵坐标以及垂直方向上的大小。常用来将控件保持在父控件垂直方向上中间的同时，对齐父控件的左右边缘。

9）居左下角对齐，锚点和对齐点都是 (0, 1)。

10）居底部中间对齐，锚点和对齐点都是 (0.5, 1)。

11）居右下角对齐，锚点和对齐点都是 (1, 1)。

12）居底部与左右两侧对齐，锚点最小和最大值分别是 (0, 1) 和 (1, 1)。

13）居左侧与上下边缘对齐，锚点最小和最大值分别是 (0, 1) 和 (0, 1)。

14）居水平中间与上下边缘对齐，锚点最小和最大值分别是 (0.5, 1) 和 (0.5, 1)。

15）居右侧与上下边缘对齐，锚点最小和最大值分别是 (0, 1) 和 (1, 1)。

16）居上下左右四个边缘对齐，锚点最小和最大值分别是 (0, 0) 和 (1, 1)，常用来将子控件覆盖整个父控件。

不同的模式可能会让 Slot 中有不同的参数，但是万变不离其宗，我们要关注的只有六个参数：

- PositionX 对于锚点的水平相对位置；
- PositionY 对于锚点的垂直相对位置；
- OffsetLeft 相对于锚点矩形最左侧的偏移量；
- OffsetRight 相对于锚点矩形最右侧的偏移量；
- OffsetTop 相对于锚点矩形顶端的偏移量；
- OffsetBottom 相对于锚点矩形底部的偏移量。

自己动手多试试，就可以找到自己需要的锚点对齐点方案了。

5.3.6　横向布局

在游戏 Autocook 中，机器人会使用场景中多样的物品道具来完成各种各样的订单。道具的多样性是游戏的特色之一。在海报中，我们要把道具物品中最重要的三种食材图片展现出来。

首先是创建显示三个食材的图片控件。创建三个图片控件，直接放置到 CanvasPanel 上，然后分别设置合适的大小，比如 100×100（见图 5.95），并且选择 TexApple、TexBanana、TexCucumber 三张图片设置到控件的 Image 属性。用鼠标拖动三个图片控件，大概摆放一下位置后，效果如图 5.96 所示。

图 5.95

图 5.96

现在我们有两种方式可以实现这三个图片的横向排列。第一种是给每个图片设置正确的锚点、对齐点和相对位置，另一种则是使用我们现在要介绍的 HorizontalBox（横向盒）控件来实现。

先介绍一下第一种。由于我们想要让三个控件的位置大概都处于屏幕的水平中间，并且在 TextTitle 的下方显示，所以我们可以分别选择三个图片控件，将它们的锚点和对齐点方案改为下拉框中第一行的第二个，如图 5.97 所示。首先我们要让三个控件在垂直方向上平齐，同时选中三个控件，将它们的 PositionY 数值都改成 160。接下来，选中中间的显示香蕉的图片控件，将它的 PositionX 改成 0（见图 5.98），使它处于屏幕的水平方向的中间。然后分别选中苹果和青瓜的控件，将它们的 PositionX 分别改成 −200 和 200，使苹果图片控件位于水平方向中间往左 200 像素的位置，青瓜图片控件位于水平方向中间往左 200 像素的位置。摆放效果如图 5.99 所示。

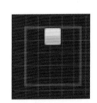

图 5.97

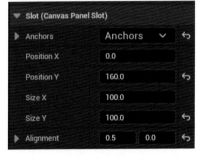

图 5.98

图 5.99

第二种方法是使用布局辅助控件 HorizontalBox（水平盒）。HorizontalBox 可以按顺序将子控件从左到右进行布局。我们的思路是创建一个 HorizontalBox，然后将它固定在 TextTitle 下方的位置，再向里面填充三个图片元素。

先来创建一个 HorizontalBox。

从控件库中搜索并找到 HorizontalBox，将其拖动到 CanvasPanel 中。为了让图片显示在靠屏幕顶端的水平居中位置，我们要让 HorizontalBox 在屏幕里居中显示。选中 HorizontalBox，单击 Anchors 下拉框，按住 Shift 键，将锚点和对齐点方案改成第一行的第二个方案，如图 5.100 所示。将 PositionX 改为 0，使得它水平居中，再将 PositionY 设置为 150，表示距离屏幕顶端 150 像素。

我们希望每个图片的大小都是 100×100 像素，所以三个图片如果进行横向排列，那么总共会占据大小 300×100 像素，所以我们需要修改 HorizontalBox 的大小为这个值。

选中 HorizontalBox，在细节面板中将 SizeX 和 SizeY 分别改为 300 和 100，如图 5.101 所示。

　　为了能够进行自动水平布局，我们要让三个图片成为 HorizontalBox 的子控件。在控件层级树中按住 Ctrl 键进行多选，同时选中三个图片控件，然后将它们拖动到 HorizontalBox 上，使之成为 HorizontalBox 的子控件，如图 5.102 所示。

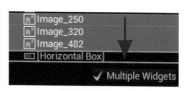

图 5.100　　　　　　　　　　图 5.101　　　　　　　　　　　图 5.102

　　我们会发现三个图片都发生了不同程度的奇怪变形，像是被压扁了，如图 5.103 所示。这是因为作为 HorizontalBox 的子控件，这些图片控件的大小已经不能由自己直接控制了。成为 HorizontalBox 的子控件，Size 变成了如图 5.104 所示一样，只有两个选项：Auto 和 Fill。不管是其中哪个选项，最终子控件的高度都会被限制得跟 HorizontalBox 的高度一致，但是两个选项的宽度会不同。

图 5.103

　　其中，当使用 Auto 模式时，HorizontalBox 会使用子控件的"默认宽度"。控件的默认宽度根据不同的控件，会有不同的值。对于图片控件来说，控件的默认宽度会等于纹理的宽度，所以三个图片都是 Auto 时，由于三个纹理的宽度都很大，所以最终变得很扁（高度被限制成 100，但是宽度比较大，所以扁）。

　　而当有子控件使用 Fill 模式时（见图 5.105），HorizontalBox 会将剩下的"可分配的"宽度进行按比例平分（默认模式下每个子控件的 Fill 占比为 1），划分给这些 Fill 模式的子控件。什么意思呢？也就是说，当这三个图片控件都使用 Fill 模式时，此时由于没有其他 Auto 模式下的控件，所以该 HorizontalBox 可以分配自己所有的宽度，由于有三个子控件，每个的比例系数都是 1，并且可分配宽度等于 HorizontalBox 原本的宽度 300，所以最终每个子控件分配到的宽度为 300/3=100。

　　来实践一下。我们还是按住 Ctrl 键同时选中这三个图片控件，在细节面板的 Slot 项中找到 Size，选中 Fill 模式，从默认的 Auto 切换为 Fill。选择 Fill 模式之后，在 Fill 按钮旁会出现一个数字，表示它们的占比。如果你这个时候分别单击三个图片控件，会发现它们的占比都是 1.0。这代表整个水平布局的宽度 300 会被 1:1:1 的分成三个 100 的部分。此时每个图片控件现在的尺寸都是 100*100，看起来比较美观了，如图 5.106 所示。

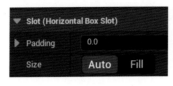

图 5.104 图 5.105 图 5.106

在 HorizontalBox 中，通过修改 Fill 模式下子控件的占比，可以修改子控件的宽度。如果你想把上面的某个图片控件的宽度调得小一点，你可以选中那个图片，把 Fill 旁边的占比改小。举个例子，比如当你把苹果的比例改成 0.5，苹果：香蕉：青瓜的比例就会变成 0.5:1:1，也就是 1:2:2（见图 5.107），此时 HorizontalBox 的 300 像素宽度会被平分成五分，苹果图片控件占一份，香蕉和青瓜控件各占两份，此时的苹果图片控件宽度就会是香蕉和青瓜图片控件的二分之一。

最后，再讲一下怎么切换 HorizontalBox 中子控件的排列顺序。一种比较方便的办法是在预览界面中选中你要移动的那个子控件，子控件的两端会分别出现箭头。单击左箭头就会将子控件往左移动一个位置，单击右箭头，就会往右移动一个位置，如图 5.108 所示。

图 5.107 图 5.108

5.3.7　设置子控件的大小

通过修改 Fill 模式下的占比可以修改 HorizontalBox 下子控件的宽度，但是当你想要精确地设定某一个子控件的宽度时，如果用 Fill 模式占比，那还得做一次数学换算，非常麻烦而且不直观。

为了能够直观地设置子控件的宽度，我们可以使用 SizeBox 控件。使用了 SizeBox 控件，就可以让子控件和在 CanvasPanel 中一样，直接设置子控件的大小占多少像素，并且覆盖 HorizontalBox 对它的大小控制。

来实践一下。从控件库中搜寻并找到 SizeBox，将它拖动到 HorizontalBox 中成为它的子控件（见图 5.109），成为子控件后，它的 Size 模式是默认的 Auto。这是很重要的，因为 Auto 意味着只要作为 SizeBox 的子控件覆盖它的默认尺寸，就可以自由控制最终的大小。选中这个 SizeBox，可以看到默认情况下由于没有任何尺寸覆盖的设置，SizeBox 的宽度是 0，如图 5.110 所示。选中 SizeBox，在细节面板中可以看到有一个选项叫 ChildLayout（见图 5.111），其中比较常用的就有：

- Width Override（宽度覆盖），通过设置它的值，可以覆盖 SizeBox 的宽度；
- Height Override（高度覆盖），通过设置它的值，可以覆盖 SizeBox 的高度。

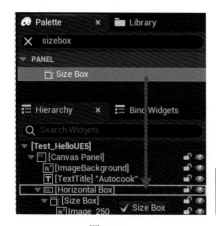

图 5.109　　　　　　　　　　图 5.110　　　　　　　　　　图 5.111

选择 Width Override 选项，然后输入数字 200。可以看到其余 SizeBox 的宽度真的变成了 200，并且此时 HorizontalBox 的可支配宽度变成了 300-200=100，其他三个图片控件平分这 100 像素，每个图片控件各占大约 33 个像素，图片被挤压变形，如图 5.112 所示。

想要让 HorizontalBox 的子控件能够控制尺寸，只需要让它成为 SizeBox 的子控件。我们可以将其中某一个图片控件（比如说显示青瓜的图片控件）从 HorizontalBox 中拖到 SizeBox 中，成为它的子控件，如图 5.113 所示。单击该图片控件，在细节面板中设置它的 Horizontal Alignment（水平对齐）和 Vertical Alignment（垂直对齐）为最后一个，表示子控件横向和纵向上都填满父控件。然后就能看到图片控件成功地被设置成我们想要的尺寸。后续我们就可以直接通过调整 SizeBox 的尺寸来控制图片控件的大小。

> 💡 **提示**
>
> 在图 5.114 中，Horizontal Alignment 中的四个选项分别是：局左对齐，水平居中对齐，居右对齐、水平填满。Vertical Alignment 的四个选项是：居顶对齐，垂直居中对齐、居底对齐，垂直填满。

图 5.112　　　　　　　　　　图 5.113　　　　　　　　　　图 5.114

除了从控件库中找到 SizeBox 并拖动到控件树中这种常规办法，还有一种更加便捷的方法来添加 SizeBox。右击显示苹果的图片控件，在弹出的右键菜单中，可以找到"Wrap With"选项，子菜单中有很多控件（见图 5.115），选中了其中某一个控件，就会直接使用这个控件来作为当前右键选中的控件的父控件。在其中可以找到"Size Box"，选中它，这时候再看左下角的控件树，会发现图片控件被 SizeBox 控件包裹住了（见图 5.116），这之后我们就可以通过调整 SizeBox 的覆盖尺寸来修改图片控件在 HorizontalBox 中的尺寸了。

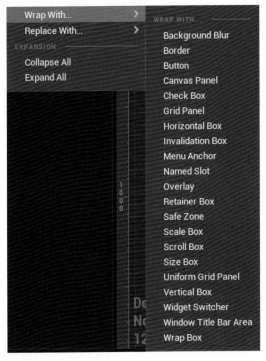

图 5.115

图 5.116

5.3.8 使用竖向布局排版游戏特性列表

面板的最后一部分是游戏特性列表。虽然我们可以通过文本控件的换行功能来实现多个特性的显示，但是我们这里打算尝试一下创建多个文本控件，每个文本控件分别显示一个特性，然后通过辅助空间进行排版。

我们计划总共显示三个游戏特性，所以需要创建三个文本控件。将这三个文本控件都拖动到 CanvasPanel 上，分别输入三个游戏特性的描述文字，然后直接拖动这三个控件，做大概的排版，让它们看起来比较对齐，如图 5.117 所示。

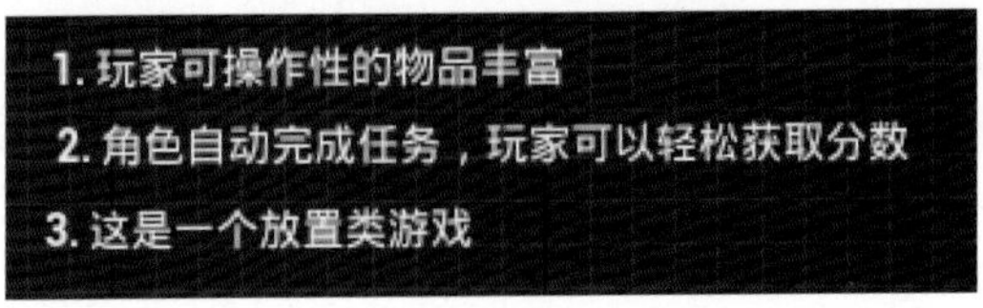

1. 玩家可操作性的物品丰富
2. 角色自动完成任务，玩家可以轻松获取分数
3. 这是一个放置类游戏

图 5.117

为了让这三个文字框能够垂直布局，我们可以使用 VerticalBox（垂直盒子）组件来实现。VerticalBox 与 HorizontalBox 类似，只不过排版的方向不一样，它会按照顺序垂

直地排版所有子控件。

　　接下来，我们从控件库中找到 VerticalBox 并拖动到 CanvasPanel 上，如图 5.118 所示。选中 VerticalBox，出现绿色的边缘，拖动边缘上的白点，把它的范围拉大，大概能容纳下三个文本控件就行，如图 5.119 所示。

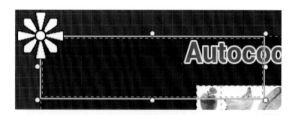

图 5.118　　　　　　　　　　　　　　　　　　图 5.119

　　调整 VerticalBox 的位置。为了让文本能够出现在食材图片 HorizontalBox 的下方，我们也将 VerticalBox 的锚点对齐点方案设置成与父控件顶端和水平中间对齐，也就是 Anchors 下拉列表中的第一行的第二种方案（见图 5.120，按住 Shift 键选中它），然后设置它的 PositionX 为 0，PositionY 为 320，SizeX 为 700，SizeY 为 200，如图 5.121 所示。

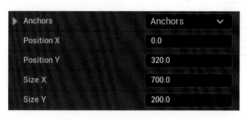

图 5.120　　　　　　　　　　　　　　　　　　图 5.121

　　在控件树中按住 Ctrl 键多选，选中三个 Text 文本框，将它们拖入 VerticalBox 成为它的子控件，如图 5.122 所示。此时观察预览窗口，可以看到三个文本组件被自动垂直布局，如图 5.123 所示。被拖入 VerticalBox 成为子控件后，子控件的 Size 选项都是默认的 Auto，也就意味着会使用文本控件的默认高度作为子控件高度。文本控件的默认高度会随着字体的大小而变化，在 Auto 模式下，你可以尝试调整字体 Font 设置下的字体大小 Size，文本控件的高度会随着字体的大小而发生变化，如图 5.124 所示。

图 5.122　　　　　　　　　　　　　　　　　　图 5.123

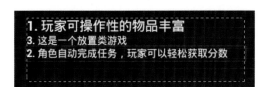

图 5.124

如果觉得三个文本框之间太过紧凑，可以选中三个文本框，将 Size 模式改成 Fill，并保持它们的占比为默认的 1（见图 5.125），这样一来，在垂直方向上，整个 VerticalBox 的高度就会被平均分为三段，如图 5.126 所示。

图 5.125   图 5.126

打开游戏后可以看到游戏屏幕中央显示的效果，如图 5.127 所示。

图 5.127

↘ 5.4　实战：制作 Autocook 游戏状态 UI

通过本章前面三节的学习，我们已经了解了 UE5 中 UMG 的基础概念、界面和 UI 制作技术中最常用的三大控件，以及一些能够辅助排版的布局控件。

从这一节开始，我们会运用前面学到的相关知识来制作 Autocook 的 UI 界面。

相比参照的 Overcooked 系列游戏，我们的 Autocook 精简了功能，所以也就精简了 UI 界面。整个游戏 UI 主要分为两部分。

第一部分称为"游戏状态 UI"，悬挂在屏幕顶端的水平居中位置，负责显示包括玩家当前分数、玩家背包内容、操作台状态在内的信息。

第二部分称为"订单 UI"，在屏幕的左侧，负责显示当前所有存在的订单，显示订单的食材、分数和剩余的时间。订单增加和消失的时候，订单列表会自动刷新。每个订单的小格子中，订单的剩余时间也会每秒进行刷新。

最终的 UI 拼装结果如图 5.128 所示。

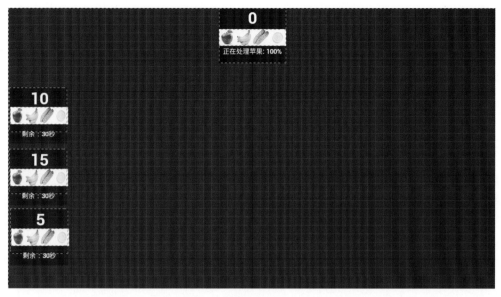

图 5.128

在本节中，我们先来介绍如何制作第一部分的"游戏状态 UI"。

5.4.1 创建和显示正式的 UI

在前面三个小节的学习中，我们创建了学习用的临时 UI"UMG_HelloUE5"并将它显示到了游戏中。现在，我们要重新创建一个游戏的正式 UI，并替换 UMG_HelloUE5，在游戏运行的时候显示它。

打开 ContentDrawer，在"Content/TopDownBP"路径下创建目录"AutocookUI"。进入 Autocook 目录，右击，在弹出的菜单中选择"User Interface"→"Widget Blueprint"，创建一个新的 UI 面板，将其命名为"UMG_Main"，如图 5.129 所示。

之前我们已经在关卡蓝图中编写了显示 UMG_HelloUE5 的逻辑，现在我们要修改被显示的 UI 类，让游戏显示新建的 UMG_Main 界面。回到场景编辑器，单击左上角的蓝图按钮，在弹出的菜单中选择"Open Level Blueprint"打开关卡蓝图。

单击 Create Widget 函数的 Class 参数下拉框，选择 UMG_Main（见图 5.130），然后编译保存。这样一来，启动游戏后显示的就是 UMG_Main 了（目前什么内容都没有）。

图 5.129

图 5.130

5.4.2　顶部状态栏的 UI 拼接

打开刚才创建的"UMG_Main"，接下来我们来制作顶部的状态栏。

1.　创建根节点

在控件库中搜索并找到 CanvasPanel，将它拖动到 UMG_Main 的节点树上，作为 UI 的根节点，如图 5.131 所示。

为了让控件树有更好的组织结构，我们希望每一个部分的控件都是一个相对独立的子控件树。所以我们还需要另外创建一个 CanvasPanel 来作为游戏状态 UI 的根节点。后面游戏状态 UI 所有的控件都会是这个 CanvasPanel 的直接或间接的子节点。还是从控件库中搜索并找到 CanvasPanel，将其拖动到刚才创建的根节点 CanvasPanel 上（见图 5.132），作为顶部状态栏的父节点。为了有良好的控件辨识度，方便后面的节点查找，将它命名为"StatusBar"。

接下来我们来调整它的位置和大小。我们希望整个游戏状态 UI 能显示在屏幕顶部的水平中间，所以需要它的锚点对齐点方案为 Anchors 下拉框中第一行的第二种（见图 5.133），之后将 PositionX 设置为 0，使它水平居中。再预估游戏状态 UI 需要显示的范围大小，给 StatusBar 设置宽度 SizeX 为 400，高度 SizeY 为 250，如图 5.134 所示。

图 5.131

图 5.132

图 5.133

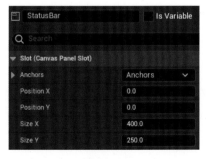
图 5.134

2.　设置半透明背景图

游戏状态 UI 上会显示各种文本和图片，在游戏运行过程中，它们的显示效果很有可能会被游戏场景中的内容所影响。为了让状态栏能够更清晰地显示，我们需要一个图片控件作为背景图。在控件库中找到 Image 控件，将它拖动到 StatusBar 上作为子控件，然后将它重命名为"ImageBackground（背景图片）"。

为了让图片控件能够覆盖整个父控件 StatusBar，选中 ImageBackground 控件，在细节面板中单击 Anchors 下拉框，将锚点对齐点方案改为第四行的最后一个（见图 5.135），表示对齐 StatusBar 的四个边缘。设置 Anchors 方案之后，还需要将四个 Offset 参数的值都设置为 0（见图 5.136），表示让图片充满整个 StatusBar。效果如图 5.137 所示。

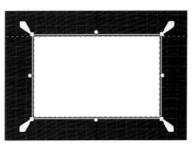

图 5.135　　　　　　　　图 5.136　　　　　　　　　　　　图 5.137

我们不希望背景图会完全遮挡游戏内容，而是希望它是半透明的，我们可以穿透这张背景图看到游戏的内容，所以需要调整图片控件的颜色和透明度。选中 Image Background 控件，在细节面板中将 Color and Opacity（颜色和透明度）属性修改成 R、G、B、A 分别为 0、0、0、0.3 的透明度（见图 5.138），效果看起来就是一个黑色的半透明遮罩，如图 5.139 所示。

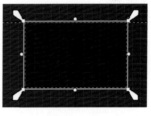

图 5.138　　　　　　　　　　　　　　　　图 5.139

3. 分数文本框

游戏状态 UI 的第一个重要元素是一个文本控件，用来显示玩家当前的分数。分数在游戏中是一个玩家重点关注的信息，所以字体要大，文字要清晰。

在控件库中搜索并找到 Text，拖动到控件层树的状态栏根节点 StatusBar 上，重命名为"TextPlayerScore"，如图 5.140 所示。此时由于它的层级比背景图要高，所以并不会被背景图所掩盖。

由于我们需要分数文本随着游戏中的进行而更新，所以后续会在蓝图中更新它。为了能够在蓝图中访问到这个控件，选中 TextPlayerScore，并在细节面板中选择 Is Vairable 选项，如图 5.141 所示。

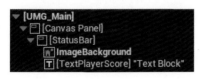

图 5.140　　　　　　　　　　　　　图 5.141

我们想要让玩家分数显示在状态栏的中间，并且由于在我们的游戏中，分数有可能会随着游戏进程变成三位数甚至更多位数，为了让文本控件的宽度足够显示这么多位数字，我们让 TextPlayerScore 的宽度直接占满整个 StatusBar。选中 TextPlayerScore，按住 Shift 键，选择 Anchors 下拉列表中第一行的第四个选项，如图 5.142 所示。这个方案可以用来同时对齐父控件的左侧、右侧和顶端，我们可以让分数文本控件的左侧、右侧和顶端都贴住 StatusBar。将 Offset Left 和 Offset Right 都改为 0，表示与父控件的左侧和右侧的偏移量都为 0，再将 PositionY 改为 0，表示和父控件的顶端距离为 0，最后给文本控件设置一个合理的高度，将 SizeY 参数设置为 100，如图 5.143 所示。

为了在预览界面中看清楚 TextPlayerScore 的预览效果，先将它默认的文字内容的 Text 属性设置为 000，在此基础上再来调节它的显示效果。此时可以在预览界面中看到显示效果并不理想（见图 5.144），文字显示得不够明显。

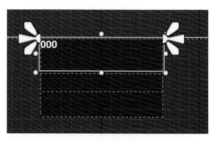

图 5.142　　　　　　　图 5.143　　　　　　　　　　图 5.144

所以接下来我们需要将字体大小提高到 72，如图 5.145 所示。然后再给它添加描边效果，让它能够更好地和背景区分开——修改描边的宽度 Outine Size 为 6，并且修改描边的颜色为黑色，如图 5.146 所示。

图 5.145

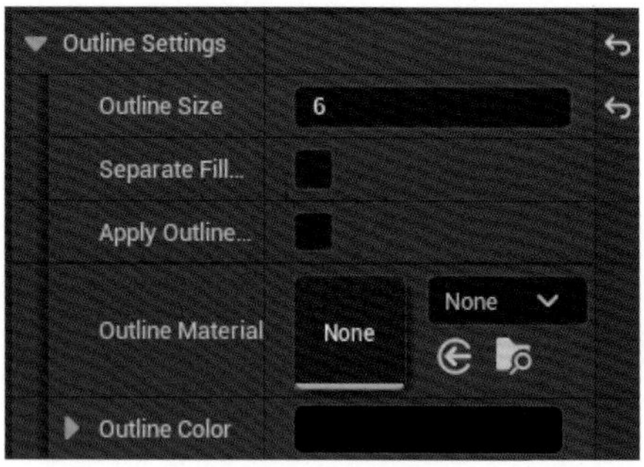

图 5.146

为了让界面能够达到美感上的平衡，最好还需要将分数字体居中显示。文本控件的细节面板中有一个选项叫作 Justification，它控制着文本控件内部的文字对齐方案，有三个子选项，分别是：居左对齐、居中对齐、居右对齐。在这里我们选择中间的选项将数字 000 居中对齐，如图 5.147 所示。

现在回到场景编辑器，运行游戏，可以看到分数的显示效果如图 5.148 所示。

图 5.147

图 5.148

4. 背包内容显示条

机器人从各个操作台得到物品之后，会将其放置到玩家背包中。我们需要将玩家背包中所有的物品通过图标的形式显示出来，让玩家能够一眼看清背包的内容。我们计划将背包内容也放在顶部的游戏状态 UI 中，位置在玩家分数的下方。

背包内容列表 UI 的显示内容会根据实际游戏背包中的物品而变化，所以在这里，我们不会先添加物品图标到 UI 里，而是等到游戏运行起来后，在蓝图代码中动态添加物品图标。

（1）包内容 HorizontalBox 容器

在动态添加物品图标之前，我们要为其先创建好一个容纳它们的横向布局。在控件库中找到 HorizontalBox 并将其拖动到 StatusBar 上，使其成为 StatusBar 的子控件，并将它重命名为 "HorizontalBoxBag"。也就是说，我们的排版需求是水平占满 StatusBar，并且在垂直方向上位于 TextPlayerScore 的下方。为了满足这个排版需求，单击 Anchors 下拉框，按住 Shift 键选择第四行的第四个（见图 5.149，与 TextPlayerScore 一样）会比较合适。

选择锚点对齐点方案后，设置 Offset Left 和 Offset Right 的值为 0，表示在水平上占满 StatusBar，然后设置控件的高度 SizeY 为 50，再调整 PositionY 为 110，让它位于分数文本控件的下方，如图 5.150 所示。

为了后面我们能够在蓝图中动态地根据背包的内容向 HorizontalBoxBag 中添加对应的图标，我们还要把它设置成 Is Variable 。

图 5.149

图 5.150

（2）背包物品图表

后面我们会在蓝图中根据背包的内容，动态添加物品对应的图标。但是在此之前，我们要理解所谓的 "图标" 是什么，它是由什么构成的。

物品图标实际上是我们要创建的另一个 UI 资源。在 UMG 中，允许将另一个 UI 资源作为子控件来使用。所以，为了良好的 UI 设计和方便后面的蓝图动态添加图标，我们准备再创建一个 UI 资源，用来封装物品图标相关的 UI 表现和对应的蓝图逻辑。

打开 ContentDrawer，在 "UMG_Main" 的同个目录下，创建另一个 Widget Blueprint，将其命名为 "UMG_ItemIcon"，如图 5.151 所示。

打开 UMG_ItemIcon，接下来我们来构建 UMG_ItemIcon 的 UI。在后面的蓝图逻辑中，我们会动态地将 UMG_ItemIcon 添加到 5.4.2 节创建的 HorizontalBoxBag 中，根据 5.3.6 节中讲到的 HorizontalBox 相关的排版知识可知，被添加到 HorizontalBox 的子控件，默认的 Size 模式是 Auto，它会自动获取子控件的默认大小。所以为了让 UMG_

ItemIcon 拥有一个我们设定的大小，我们选择 SizeBox 作为它的 UI 根节点。从控件库中搜索并拖动 SizeBox 到控件树中的 UMG_ItemIcon 上，作为 UI 控件树的根，如图 5.152 所示。

为了让 HorizontalBoxBag 中每个子控件都是 60×60 的大小，选中 SizeBox，在细节面板中将 Width Override 和 Height Override 都选择上，并且将它们的数值都设置为 60，如图 5.153 所示。

图 5.151　　　　　　　　　图 5.152　　　　　　　　　　　图 5.153

既然是图标，肯定要有一个用来显示图片的控件。从控件库找到并拖动一个图片控件作为 SizeBox 的子控件，并将它重命名为"ImageIcon"，我们要用它来显示物品的图片，如图 5.154 所示。图片控件被添加到 SizeBox 之后，默认的水平对齐和垂直对齐方案都是最后一个（见图 5.155），它会在水平方向和垂直方向充满整个 SizeBox，效果如图 5.156 所示。

图片控件要显示的纹理现在我们还不知道，需要由后面蓝图根据物品的类型动态设定，所以现在先保留默认的设置，让图片控件保持空白一片就好。由于后面我们要在蓝图中动态设置图片的纹理，所以也把 ImageIcon 的 Is Variable 选项选择上，让蓝图能够访问到这个控件，如图 5.157 所示。

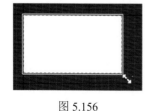

图 5.154　　　　　　　　　　　　　　　图 5.155

图 5.156　　　　　　　　　　　　　　　图 5.157

5.　当前操作台状态

当机器人站在操作台上执行一个操作的时候，虽然看操作台的图标能够知道大概在进行什么操作，但是我们还是希望能够用文字的形式更加清晰明了地知道当前的操作内容，以及操作的进度等，比如"正在切苹果：50%"。

这个操作的内容可以用一个文本控件来显示，我们计划将它作为游戏状态栏的第三个部分，放在玩家背包的下面。

从控件库中找到并拖动文本控件到状态栏根节点 StatusBar 上，将其重命名为"Text OperationState"（见图 5.158），并且设置为 Is Variable，如图 5.159 所示。要让 TextOperationState 显示在状态栏的底部，所以选中它，在细节面板中单击 Anchors 下拉框，选择第三行的第四个方案，如图 5.160 所示。这个方案可以用来对齐父控件的左右侧和底部，刚好符合我们的需求。按住 Shift 键选中该方案后，设置 Offset Left、Offset Right、Position Y 都为 0（见图 5.161），让 TextOperationState 贴合游戏状态栏的左右侧和底部。文本控件现实的文字不会太大，所以设置控件高度 SizeY 为 50 就够了。同样，与玩家分数一样为了美观，最后还要设置文本的水平对齐方式为居中对齐，如图 5.162 所示。

图 5.158　　　　　　　　　图 5.159　　　　　　　　图 5.160

图 5.161　　　　　　　　　　　图 5.162

5.4.3　编写更新 UI 信息的蓝图逻辑

在 5.4.2 节中，我们已经拼凑好了游戏状态 UI 所需要的控件，但是现在它们还是一个静态的控件，不会显示任何信息。所以，我们需要在蓝图中获取游戏中的信息，并将其更新到这些控件上。

单击右上角的 ▦ Graph 按钮，切换到蓝图编辑页。

1.　创建便捷的场景中实例的 Get 方法

在后面的蓝图逻辑中，我们会从游戏中的各个类搜集信息，可能会频繁地访问到（使用到）场景中的订单管理器 OrderManager 和所有的操作站 ItemOperatorStation。每次都使用 GetActorOfClass 来获取这些实例不太方便，所以在这里我们会创建四个函数，用来方便地访问到这些场景中的实例。

（1）获取订单管理器

订单管理器 OrderManager 是在后面会频繁访问到的实例之一，它记录了玩家当前的分数以及所有的订单信息，所以我们需要先创建一个返回场景中的订单管理器的函数。新建函数"GetOrderManager"（见图 5.163），返回一个 OrderManager 类型的变量，变量名也为"OrderManager"（你也可以起自己喜欢的名字），如图 5.164 所示。由于函数不会修改到任何成员变量的值，所以可以将它设置为 Pure 函数。

以前我们写过类似的获取场上实例的函数，优化的方向都一样，要避免每次都从场景中查找这个实例。函数的一开始会先判断缓存的变量（Cached Varaiable）存不存在，如果不存在，那么需要用 GetActorOfClass 从场景中搜索并获取想要的实例。接下来，为了下次能够直接从缓存变量中获取实例，先把查找到的实例设置到缓存变量上，最后将缓存变量作为返回值传给函数调用者。这样的目的是减少 GetActorOfClass 这个耗时耗性能函数的使用次数，利用缓存的变量来提高我们游戏的运行效率。

根据前面讲的优化方向，为了配合函数 GetOrderManager，我们还得新建一个类成员变量（注意，不是函数局部变量），命名为"CachedOrderManager"，类型是 OrderManager，用来缓存已经找到的实例。

如图 5.165 所示，GetOrderManager 函数会先使用 IsValid 节点判断 CachedOrderManager 的值是否合法，合法则说明已经缓存过实例了，对应 IsValid 的第一个输出执行管脚，可以直接调用 ReturnNode 节点返回这个缓存变量。如果 CachedOrderManager 的值非法，那么说明还没有从场景中找到这个实例并缓存过，对应 IsValid 节点的第二个输出执行管脚，那么需要使用 GetActorOfClass 函数（参数 ActorClass 选择 OrderManager）来获得订单管理器的实例，然后将它写入到缓存变量 CachedOrderManager 中，最后再将缓存变量使用 ReturnNode 进行返回。

图 5.163   图 5.164

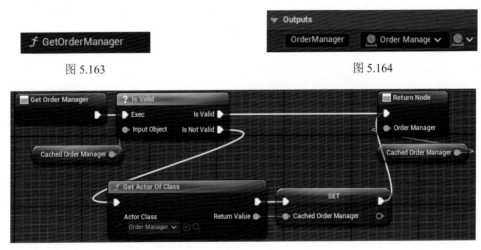

图 5.165

（2）获取所有的物品操作台

为了获得场景中所有物品操作台的信息，我们需要创建一个函数返回场景中所有的物品操作台。

新建函数"GetAllOperationStations"（见图 5.166），设置它为 Pure 函数，并且添加一个 ItemOpertorStataion 数组类型的返回参数，名为"AllStations"，表示场景中所有的物品操作台，如图 5.167 所示。

图 5.166

图 5.167

同样，为了能够缓存已经查找到的物品操作台实例，优化效率，我们还需要再添加一个类成员变量"CachedAllOperationStations"，类型为 ItemOpertionStataion 数组，如图 5.168 所示。

图 5.168

接下来开始编写函数的内容。与 GetOrderManager 函数不同的是，我们不使用 IsValid 来判断缓存变量 CachedAllOperationStations 的值是否合法。由于缓存变量的类型是数组，所以我们应该使用数组的 IsEmpty 节点。IsEmpty 节点可以用来判断数组是否为空（元素个数为 0）。

如果数组不为空，说明已经从场景中获取过所有的物品操作台并缓存到缓存变量中，那么就可以直接返回这个缓存变量。

如果数组为空，那么表示还没有从场景中获取过物品操作台。

GetAllOperationStations 函数与 GetOrderManager 函数不同的是——它需要获取场景中所有的物品操作台。所以我们需要的查找结果是一个数组，这时就要使用 GetAllActorsOfClass 节点（而不是 GetActorOfClass）。这个节点可以从场景中获取指定 Actor 类型的所有实例，只需要将 ActorClass 参数设置为 ItemOpertionStataion 即可。从场景中找到所有包含 ItemOpertionStataion 的实例后，将数据写入到缓存变量 CachedAllOperationStations 中。在函数的最后我们需要返回这个缓存变量，如图 5.169 所示。

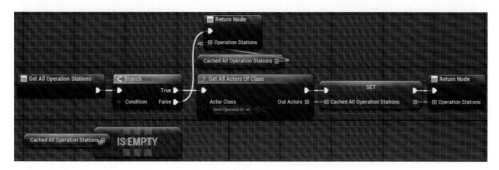

图 5.169

（3）获得活跃中的操作台

由于在游戏中，机器人只能同时执行一个操作，也就是说同一个时间只会有一个活跃的物品操作台，所以我们想要在游戏状态 UI 中显示当前的操作状态，就需要从场景中获取这个活跃的操作台。

创建函数"GetActiveOpertaionStations"（见图 5.170），并且设置它为 Pure 函数。函数的作用是获取活跃中的物品操作台，所以需要添加一个返回变量"ActiveStation"，类型为 ItemOpertionStataion，如图 5.171 所示。

这个函数会遍历场景中所有的物品操作台，然后找到其中活跃的那一个。由于在前面我们已经创建了获取所有物品操作台的函数 GetAllOperationStations，并且做了缓存，所以在本函数中我们不需要再重复操作，只需要直接调用 GetAllOperationStations 函数来获取所有的物品操作台，然后进行遍历即可。

我们获取到场景中所有的物品操作台之后，用 ForEachLoop 节点遍历每一个数组中的每一个操作台，然后使用 Branch 节点判断它的 IsOperating 属性即可。如果 IsOperating 的值为 True，表示这个操作台正在工作中，直接用 ReturnNode 节点返回这个操作台。

如果遍历完全部操作台之后仍没有找到任何一个活跃操作台，那么最终会执行到 ForEachLoop 的 Completed 管脚，这时我们只能用 ReturnNode 节点返回一个空值，表示找不到任何活跃中的操作台，如图 5.172 所示。

图 5.170

图 5.171

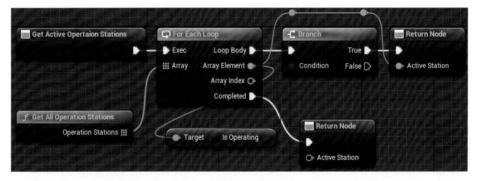

图 5.172

（4）获得场景中的玩家背包

在游戏状态 UI 中，还会显示出背包中的所有物品，为此我们还需要先在场景中获取玩家背包 PlayerBag 的实例。

创建函数"GetPlayerBag"（见图 5.173），设置它为 Pure 函数，并且添加一个 PlayerBag 数组类型的返回变量，名为"Bag"，如图 5.174 所示。同样，为了避免每次都需要使用 GetActorOfClass 节点从场景中查找实例，还再添加一个类成员变量"CachedPlayerBag"，类型为 PlayerBag（见图 5.175），用来做缓存变量。

　　打开函数的编辑页。函数逻辑是：先使用 IsValid 节点判断 CachedPlayerBag 是否为合法。如果合法，那么直接返回 CachedPlayerBag 变量；如果非法，那么用 GetActorOfClass 从场景中获取 PlayerBag 实例并写入到 CachedPlayerBag，最后将缓存变量 CachedPlayerBag 返回，如图 5.176 所示。

图 5.173 　　　　　　　　　　　图 5.174 　　　　　　　　　　　图 5.175

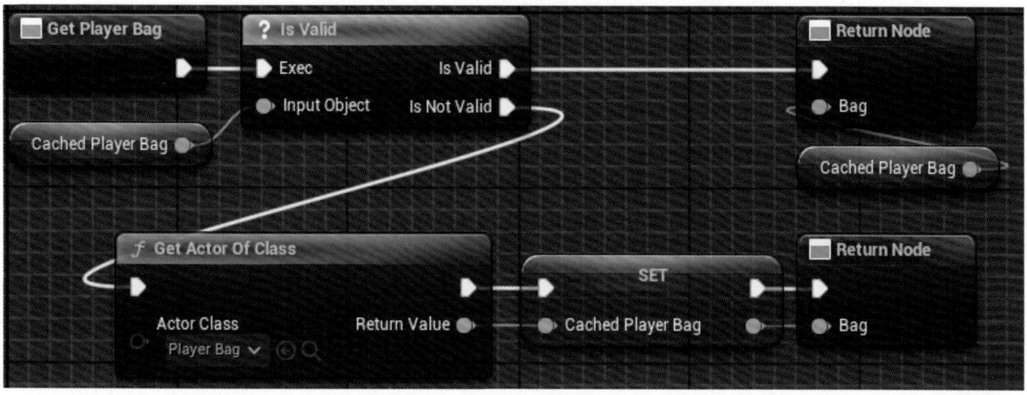

图 5.176

2. 刷新玩家分数

　　随着游戏的进行，玩家的分数在任何时间都可能会发生改变。为了能够显示最新的玩家分数，我们需要在游戏运行的每一帧中都检测玩家的分数，并且将它更新到状态栏上，所以我们需要响应 UI 的 Tick 事件。

　　创建函数"TickPlayerScore"（见图 5.177），用来将玩家的分数从游戏中更新到 UI 上。创建函数后，在 Graphs 中将它拖动到 Event Tick 事件的执行管脚后（见图 5.178），如此一来游戏每运行一帧，都会更新游戏的分数到游戏状态栏。

图 5.177

图 5.178

　　双击 TickPlayerScore 函数进入函数编辑页，来看看如何编写它的逻辑。

函数如图 5.179 所示。在 4.3 节中，我们让订单管理器 OrderManager 兼职记录和管理了玩家的分数，所以想要获取玩家的分数，需要先获取场景中的订单管理器实例。这时候，就可以使用前面创建的 GetOrderManager 函数来获取订单管理器实例。获取到实例之后，从它的管脚拖动出一个节点搜索框，搜索并选中 "TotalScore"，就可以读取到玩家分数的值。

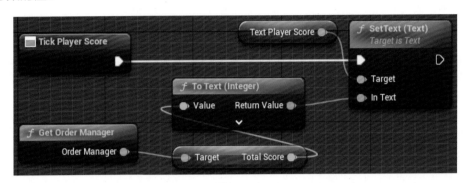

图 5.179

拖动出 TextPlayerScore 文本控件的 Get 节点，从它的管脚上拖动出节点搜索框并找到 SetText 节点，使用这个节点可以更新文本控件显示的文字。从 OrderManager 中获取到的 TotalScore 是一个 Integer 类型的变量，我们可以直接将它连接到 SetText 节点的 InText 管脚上，蓝图编辑器会为我们自动生成一个从 Integer 转换到 Text 类型的类型转换节点。

运行游戏，一开始游戏状态栏中的分数会被刷新成 0 分，如图 5.180 所示。后来随着游戏的进行，由于产生的订单一直没有被完成，订单过期后扣除玩家的总分，所以开始游戏之后过一会儿，就可以看到游戏状态栏上显示玩家的分数变成了负数，如图 5.181 所示。

图 5.180   图 5.181

3. 刷新玩家操作状态

在 5.4.2 节中，我们在游戏状态栏中创建了一个文本控件，希望玩家在物品操作台上进行操作的时候（比如获取苹果、获取香蕉或切碎食材的时候），可以显示当前正在进行的操作以及它的操作进度。现在，我们要在蓝图中获取到正在进行的操作，并且将它显示出来。

创建函数 "TickOperationState"（见图 5.182），由于操作状态可能会一直发生变化，每帧都应该刷新状态的文字，同样的需要让它跟随在 EventTick 事件节点后面，衔接在 TickPlayerScore 的执行管脚后，如图 5.183 所示。

图 5.182　　　　　　　　　　　　　　　　　　　　图 5.183

双击 TickOperationState 函数，打开函数编辑页。

利用前面创建的 GetActiveOperatingStations 获得正在工作中的操作台。我们需要使用 IsValid 节点来判断函数的返回值是否合法。这是因为在某个时刻，场景中可能不存在活跃中的工作台，此时 GetActiveOperatingStations 函数就会返回一个空值。

如果函数返回空值，对应 IsValid 节点的 IsNotValid 执行管脚，那么调用 Text OperationState 的 SetText 节点，设置文字"暂无操作"即可。

如果函数返回的不为空值，对应 IsValid 节点的 IsValid 执行管脚，那么调用这个活跃操作台的 GetFriendlyTips 函数（见 4.5.7 节），这个函数会返回操作台当前的状态信息，返回的 Tips 变量类型为 String，将它连接到 SetText 的 InText 参数管脚上后，会自动出现一个从 String 到 Text 的类型转换节点。

TickOperationState 最终的逻辑如图 5.184 所示。

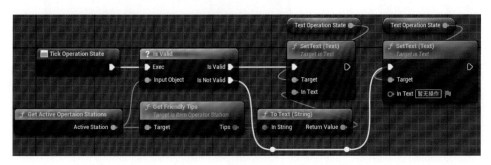

图 5.184

现在可以来运行游戏看看操作台的状态显示效果了。现在还没有机器人来启动这些操作台，怎么才能启动一个操作呢？没关系，在第 4 章写物品操作台类 Item OperationStation 逻辑的时候，我们已经讲过了一个测试方法 TestOperate，并将它设置成了 CallInEditor。运行游戏之后，在世界大纲中选中某一个你想要测试的操作台（比如 ItemOperatorStation_Apple，如图 5.185 所示，表示苹果的操作台），然后在细节面板中找到 TestOperate 函数对应的按钮并单击（见图 5.186），就可以启动这个操作台的操作。操作台开始工作之后，可以发现状态栏中显示出了当前操作台的工作状态，并且进度会不断刷新，如图 5.187 所示。

图 5.185　　　　　　　　　　图 5.186　　　　　　　　　　图 5.187

4．动态显示背包中的物品

在前面，我们已经搭建好了游戏状态栏中动态生成背包物品图标所需的静态 UI，接下来我们就要在蓝图中使用这些静态 UI，动态地显示背包中当时存放的所有物品。

（1）导入剩余的图片纹理

在第 2 章中我们搭建场景的时候，已经引入了苹果、香蕉、青瓜等图片到引擎中。但是现在，在经过砧板处理之后，背包中有可能还会出现切开的苹果、切开的香蕉、切开的青瓜三种物品。为了能够在背包 UI 中显示这三种被切开的食材，我们需要从外部再导入三张图片。

找到配套资源中第 5 章的素材库，从素材库中分别导入三张图片到引擎中：

- 从文件浏览器拖动图片 AppleCut 到 Content Browser 路径"Content/TopDownBP/Items/Apple"下，表示切好的苹果，如图 5.188 所示。
- 从文件浏览器拖动图片 BananaCut 到 Content Browser 路径"Content/TopDownBP/Items/Banana"下，表示切好的香蕉，如图 5.189 所示。
- 从文件浏览器拖动图片 CucumberCut 到 Content Browser 路径"Content/TopDownBP/Items/Cucumber"下，表示切好的青瓜，如图 5.190 所示。

图 5.188   图 5.189   图 5.190

（2）使图标控件 UMG_ItemIcon 显示对应物品的图片

前面的小节中，我们在"Content/TopDownBP/AutocookUI"路径下创建了 UMG_ItemIcon，这个 UI 将会负责显示一个物品图标。为了让它有动态显示物品对应纹理的能力，我们要给 UMG_ItemIcon 类创建一个函数"SetItem"。在调用这个函数之后，会改变 UMG_ItemIcon 所代表的物品类型。物品类型改变之后，SetItem 函数还会自动根据物品的类型加载不同的物品图片。

那么怎么定义不同的物品要分别加载什么样的图片呢？这就需要我们在创建函数之前先建立一张从物品类型到纹理资源的映射表，用来配置不同物品类型（EItemType）对应的纹理资源。

打开 UMG_ItemIcon 文件，并切换到蓝图编辑视图。创建一个类成员变量"Texture Config"，它是一个 Map 类型的变量，其中 Key 类型为 EItemType，Value 类型为 Texture2D，表示上面提到的映射表，如图 5.191 所示。单击 Compile 按钮编译蓝图之后，我们就可以开始修改它的默认值。

图 5.191

　　背包中有可能会出现八种物品，分别是苹果、香蕉、青瓜、沙拉酱、盘子、切碎的苹果、切碎的香蕉和切碎的青瓜。所以我们需要在 TextureConfig 的默认值中，分别为每一个物品类型添加一个键值对。由于键值对中的值类型是 2D 纹理，所以我们可以单击键值对中右侧的下拉框，引擎会为我们筛选出所有可选的纹理资源。输入纹理的名字（比如 TexApple），就可以查找和选中对应的纹理。将八个物品类型对应的键值对全部添加到 Map 中后，TextureConfig 的默认值如图 5.192 和图 5.193 所示。

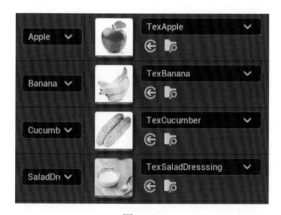

图 5.192

图 5.193

　　接下来我们就可以创建函数来根据物品类型，获取对应的纹理资源并设置到图片控件中了。

　　创建新的函数"SetItem"（见图 5.194），给函数添加一个输入参数"NewItemType"，类型为 EItemType，表示需要显示的物品，如图 5.195 所示。

图 5.194

图 5.195

　　打开 SetItem 函数的编辑页，它的逻辑并不复杂。使用函数的参数 NewItemType 作为 Key，从配置表 TextureConfig 中寻找对应类型的纹理。以防万一，我们还需要使用 Branch 节点来判断 Find 节点的 Boolean 类型返回值。如果 Boolean 类型返回值为 True，表示找到了物品类型对应的纹理资源，那么就可以获取键值对中的 Value（也就是对应的纹理资源），并将它作为参数，设置给图片控件 ImageIcon 的 SetBrushFromTexture 函数。如此一来，纹理就会显示在图片控件上了，如图 5.196 所示。

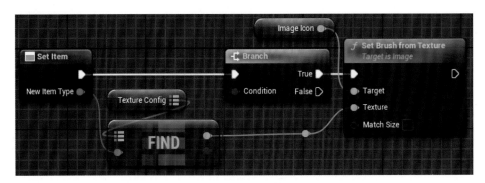

图 5.196

（3）将背包物品刷新到状态栏

背包中的物品可能会随着游戏的进行，随时发生变化，所以背包物品的显示同样需要在每一帧刷新，需要通过响应 Tick 事件来实现。

回到路径"Content/TopDownBP/AutocookUI"下的类 UMG_Main 中，创建函数"UpdateBag"（见图 5.197），用来更新背包中物品的 UI 显示。将函数创建完后，打开 Event Graph 视图，将函数节点拖动到 Event Tick 的调用链中，跟随在TickOperationState 节点之后（见图 5.198），然后双击 UpdateBag 函数打开函数的编辑页。

图 5.197   图 5.198

机器人从操作台中获得物品之后，会将物品存放到背包中，此时背包中存放的物品会增加；当机器人将物品提交到砧板操作台时，或者提交订单之后，背包的物品会减少。对于背包物品的增多和减少这两种情况，我们得分别处理。为了能够使蓝图逻辑更加清晰易读，我们会将这两种情况分为两大块蓝图，并且用一个 Sequence 节点串联起来。

首先，处理"背包中存放的物品数量 ≥ 前 HorizontalBoxBag 中图标的个数"的情况。如图 5.199 所示，其中：方框代表背包中的物品，总共有三个；圆圈代表HorizontalBoxBag 中已经存在的图标，共有两个；加号表示需要另外添加的图标，共需要额外添加一个。

以图 5.199 来举例，我们的思路是按顺序遍历背包中所有的物品，并读取物品在数组中对应的下标，用来与已存在的图标数量进行比较。当下标小于图标数量的时候，属于前两个格子的情况，说明已经有足够的图标进行显示，这个时候将背包物品显示到对应的图标上就可以了。比如第一个方格和第二个方格分别代表的物品下标为 0 和 1，而圆圈代表的图标个数为 2，那么前两个背包物品就可以分别使用这两个图标来显示信息。而当遍历

到第三个背包物品的时候（对应第三个方格），此时它的下标 2 不小于
图标的个数 2，所以说明需要先创建好新的图标（由"+"号表示），再
将物品信息设置给新创建的图标。

图 5.199

那么现在我们就依据上面这个思路来构建蓝图逻辑。

使用 GetPlayerBag 获取场景中的玩家背包实例，调用它的 GetAllItems 函数
获取背包中的所有物品。对所有的背包物品使用 ForEachLoop 节点进行遍历，其中
ForEachLoop 节点的 ArrayIndex 管脚表示元素的下标，如图 5.200 所示。

我们还需要得到物品图标的数量。由于我们会将图标都添加到 HorizontalBoxBag
中，并且 HorizontalBoxBag 不会存在其他子控件。所以对 HorizontalBoxBag 调用
GetChildrenCount 函数，可以获取到所有图标的数量，如图 5.201 所示。

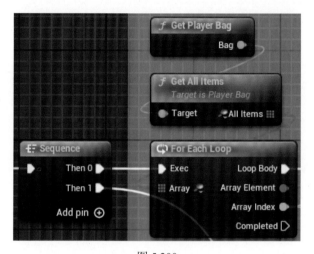

图 5.200

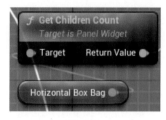

图 5.201

将 ForEachLoop 的循环体中，元素的下标 ArrayIndex 和 HorizontalBoxBag 的子
控件个数进行对比。

如果下标小于子控件个数，说明对应下标的图标可以直接被使用。

我们需要先拿到这个图标实例。对 HorizontalBoxBag 使用 GetChildAt 函数节点，
使用背包物品的下标 ArrayIndex 获取对应下标的子控件。获取子控件之后，还需要进行
一次类型转换。对子控件使用 Cast To UMG_ItemIcon 节点（可以在节点搜索框中找到）
进行类型转换。

转换成 UMG_ItemIcon 之后，就可以调用它的 SetItem 函数来显示物品对应的图片。
在 SetItem 的参数中，NewItemType 使用 ForEachLoop 节点的 ArrayElement（表示
当前遍历到的背包物品）就可以。

如果物品下标大于等于子控件个数，说明背包里的物品已经多于游戏状态栏中已有的
物品图标了。这个时候就得动态创建物品图标（对应图 5.199 中的 + 号）。

在空白处右击，在节点搜索框中搜索并选中 CreateWidget 节点，这个节点的作用
是创建一个 UI 实例。单击节点的 Class 参数的下拉框，选择 UMG_ItemIcon；从节点

OwningPlayer 参数往外拖动，在节点搜索框中找到并选择"GetOwningPlayer"，这个函数会获取 UMG_Main 的 Owning Player。

创建出来的 UMG_ItemIcon 实例可以被立刻使用。对创建出来的图标调用 SetItem 设置背包物品的类型来更新图标的图案。接下来，我们还需要将图标动态添加到 HorizontalBoxBag 中。使用 HorizontalBoxBag 的 AddChild 函数，把创建出来的 UMG_ItemIcon 实例作为参数 Content 的输入。

上面这部分的蓝图逻辑如图 5.202 所示。

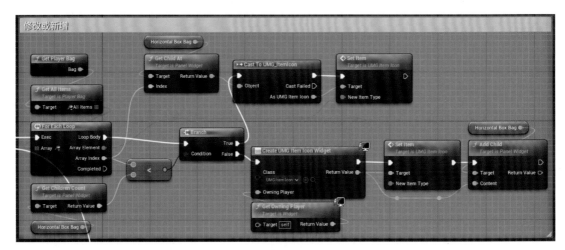

图 5.202

我们再考虑背包中物品被删除或者提交订单之后，背包物品个数小于图标的情况。在这种情况下，多余的图标应该被删除掉。

需要删除多少个图标呢？

需要删除的多余图标数量 = 背包物品的数量 − 图标的数量

知道需要删除多少个图标之后，就可以对图标进行删除。这里我们要移除的是图标列表中倒数的第 *n* 个（因为前几个都是合法的，并且已经设置了最新的物品图片）。使用 ForLoop 循环节点来进行重复性的删除操作，FirstIndex 参数输入 1，LastIndex 输入"需要删除的多余图标数量"，如此一来循环体就会被重复执行正确的次数。

在循环体中，每次我们都会移除 HorizontalBoxBag 的最后一个子控件。对 HorizontalBoxBag 调用 RemoveChildAt 节点，这个节点需要传入一个子控件的下标，用来指定要删除的控件。由于我们要删除的是最后一个子控件，所以子控件的下标应该永远等于 HorizontalBoxBag 的子控件数量减 1。

最后删除图标部分的逻辑如图 5.203 所示。

运行游戏查看效果。在场景中找到并单击苹果的操作台，在细节面板中找到 TestOperate 按钮并单击。操作完成之后，背包中会添加一个苹果类型的物品（你会发现此时背包中出现了苹果图标），如图 5.204 所示。你可以多尝试一下其他操作台，看看游戏状态 UI 是否会出现对应的物品图标。

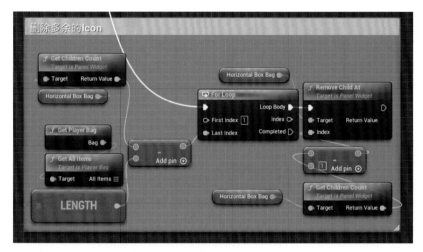

图 5.203

图 5.204

↘ 5.5 实战：制作 Autocook 订单 UI

在上一节中，我们讲到 Autocook 整个游戏的 UI 分为两部分，第一部分是游戏的状态栏 UI，第二部分则是订单相关的 UI。

当游戏运行起来后，看不见的订单管理器 OrderManager 就会一直在默默地产生新的订单和处理过期的旧订单。但就目前而言，玩家除了查看游戏日志以外，没有任何渠道可以看到游戏某时刻的订单情况，这对玩家来说非常不友好。

所以我们需要创建订单相关的游戏 UI，希望玩家可以通过 UI 了解到这些订单的信息。在订单 UI 中，玩家可以看到的信息包括：订单对应的分数、完成订单需要的物品，还有订单的剩余时间。为了合理利用屏幕控件，我们将在屏幕的左侧摆放这个订单 UI。

5.5.1 订单列表的 UI 设计

由于游戏中可能同时存在多个订单，所以我们会设计一个列表视图来显示这些订单。订单列表将停靠在屏幕的左侧，并使用垂直方向来排版每一个订单的信息。所以我们需要先在 UMG_Main 的左侧开辟一块空间，用来容纳订单列表。

由于订单列表是纵向排版的，所以我们需要用到的排版控件是 VerticalBox。打开 UMG_Main 的 UI 编辑视图，在控件库中搜索并拖动 VerticalBox 到控件树中的 CanvasPanel 上（与 StatusBar 同级），并修改它的名字为"VerticalBoxOrderList"，如图 5.205 所示。

接下来我们来设置订单列表的位置和大小，目标是让订单列表停靠在游戏屏幕的左侧，并且在垂直方向上占满整个游戏屏幕。选中 VerticalBoxOrderList，在细节面板中单击 Anchors 的下拉框，按住 Shift 键，选择第四行中的第一个方案，如图 5.206 所示。这个方案可以用来对齐父控件和屏幕的左侧、顶端和底部。选完锚点对齐点方案后，将

Position X 更改为 0，让控件完全贴在屏幕左侧；将 Offset Top 和 Offset Bottom 也都设置为 0，让控件完全贴住屏幕的顶端和底端。最后，还要设置订单列表的宽度。将 SizeX 设置为 360，如图 5.207 所示。可以看到现在订单列表的显示区域如图 5.208 所示。

最后不要忘了，为了后面能够在蓝图中动态地向 VerticalBoxOrderList 添加订单视图，我们还要将它设置为 Is Variable（见图 5.209），以便在蓝图中访问它。

图 5.205

图 5.206

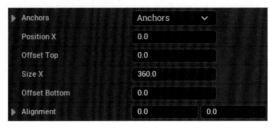
图 5.207

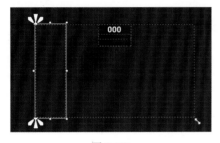
图 5.208

图 5.209

5.5.2　单个订单的 UI 设计

对于每一个独立的订单视图，可以将它封装成一个新的 UI 资源，就像我们在 5.4 节中封装物品图标 UMG_ItemIcon 一样。

在 UMG_Main 的同一个目录下，右击 ContentBrowser 中的空白处，在弹出的菜单中选择"User Interface"→"Widget Blueprint"，来创建一个控件蓝图，并将其命名为"UMG_OrderItem"。我们将在这个 UI 文件中搭建单一的订单视图。

我们期望后面每一个订单可以显示成如图 5.210 所示的效果。它需要显示的信息包括了：

- 订单的唯一订单号（最上边的小数字）用来方便我们后面调试游戏，在出现问题的时候可以快速找到订单号对应的订单；
- 完成订单后可以获得的分数（字体较大的数字）；
- 完成订单时需要的物品列表，显示成一排物品图标，类似于 5.4 节中制作的玩家背包物品列表；
- 最底下会显示订单剩余的时间，用来告知玩家订单还剩多少时间就会过期。

图 5.210

接下来先让我们来构建 UI 界面，双击 UMG_OrderItem 打开 UI 的设计界面。

1. 设置 UI 的根节点

由于我们后面会把 UMG_OrderItem 动态添加到 UMG_Main 的垂直列表 Vertical BoxOrderList 中，所以为了保证 UMG_OrderItem 的高度不会被垂直列表自动分配，UMG_OrderItem 的根控件需要是一个 SizeBox，用来覆盖控件的高度设置。从控件库中搜索并找到 SizeBox，将它拖动到控件树的 UMG_OrderItem 项上，让它成为 UMG_OrderItem 的根控件，然后将它命名为 SizeBoxRoot（见图 5.211）（你也可以不重命名，因为蓝图里面不会用到它）。

需要注意的是，SizeBox 与 CanvasPanel 不同。CanvasPanel 的作用是让你能够自由调整各个子控件的位置，所以它能够添加多个子控件。但 SizeBox 的作用仅仅是帮我们覆盖子控件的一些大小设置，所以 UMG 设计的 SizeBox 只能够添加一个子控件。那么问题来了，我们需要在 UMG_OrderItem 中添加许多子控件，如何将这些子控件塞到 SizeBox 中呢？

我们可以将一个 CanvasPanel 作为 SizeBox 的控件，CanvasPanel 的大小会被 SizeBox 所限制，而 CanvasPanel 本身又可以添加多个控件，所以 CanvasPanel 最适合作为我们的"第二根节点"。在控件库中搜索 CanvasPanel 并将它拖动到 SizeBoxRoot 上，成为它的子控件，如图 5.212 所示。

图 5.211

图 5.212

2. 添加背景图

同样的，为了能够让订单视图中的控件更加清晰地显示，我们还需要给订单控件添加一个半透明的背景图。从控件库中搜索并选中 Image，将它拖动到 CanvasPanel 上，并重命名为"ImageBackground"（见图 5.213），用以显示背景图。选中 ImageBackground，我们需要它填充满整个订单视图，也就是填充整个父节点，所以需要先选择合适的锚点对齐点方案。单击细节面板中的 Anchors 下拉框，按住 Shift 键，选中第四行的第四个方案，如图 5.214 所示。这个方案会对齐父控件的四周，最适合填满父控件的需求了。接下来，将控件的四个 Offset 参数都设置为 0，让它填充整个父控件，如图 5.215 所示。

图 5.213

图 5.214

图 5.215

3. 添加纵向排版控件

在订单视图中，总共需要显示四个信息：订单 Id、分数、包含物品和剩余时间。这四个信息在 UI 中是垂直分布的。为了方便排版，我们可以使用 VerticalBox 控件作为这四个信息的父控件。从控件库搜索并找到 VerticalBox，将其拖动到 CanvasPanel 上，使其成为与 ImageBackground 同级的子控件，如图 5.216 所示。与背景图一样，我们需要让这个 VerticalBox 填满整个 CanvasPanel。同样的，选中 VerticalBox，在细节面板中单击 Anchors 下拉框，选择第四行的第四个方案，与 ImageBackground 一样将四个 Offset 参数的值都设置为 0。

图 5.216

4. 添加订单 ID 控件

接下来我们需要分别创建四个控件，用来显示四个信息。

首先是订单视图中最上方的订单 Id 显示，使用到了文本控件。在控件库中搜索并选中 Text 控件，将其拖动到 VerticalBox 上作为它的第一个子控件（见图 5.217），然后将它命名为"TextId"，并设置为 Is Vairable（见图 5.218），供后面在蓝图中使用。

图 5.217

图 5.218

字体大小这些设置保持默认都不用改，因为这个信息不是特别重要，不需要大字号。但是要在 Justification 设置中把文本控件的对齐方式改成水平居中，如图 5.219 所示。最后将 TextId 的内容改为默认内容"订单：0"，方便在预览界面中看到它的效果，如图 5.220 所示。

图 5.219   图 5.220

5. 添加订单分数控件

订单视图中比较重要的部分就是显示订单的分数，使用的也是文本控件，由于分数这个信息比较重要，我们需要调节文本控件的显示样式，让它显眼一点。

在控件库中搜索并选中 Text 控件，将其拖动到 VerticalBox 上，作为它的第二个子控件，如图 5.221 所示。将新建的 Text 控件重命名为"TextScore"，并设置为 Is Vairable（见图 5.222），才能在蓝图中访问它和修改它的文字。分数是很关键的信息，所以字号得大，我们需要将字体大小 Size 属性修改为 56，如图 5.223 所示。同样，分数也需要居中对齐，调整文本控件的 Justification 选项，将对齐方式改成水平居中。

为了预览显示效果，最后将 TextScore 的默认内容修改为"+0"，如图 5.224 所示。

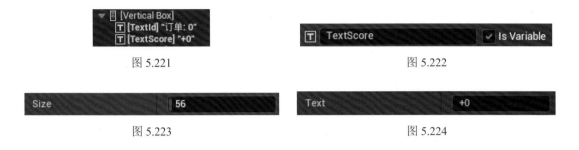

图 5.221　　　　　　　　　　　　　　　　　图 5.222

图 5.223　　　　　　　　　　　　　　　　　图 5.224

6．添加订单物品列表控件

类似于 5.4 节中制作的背包物品图标列表，我们在订单视图中也会以横向图标列表的形式来显示提交订单所需的物品。

我们会使用 HorizontalBox 来实现物品图标的横向布局，但是在此之前有一个问题需要考虑。我们会将 HorizontalBox 添加到垂直布局 VerticalBox 中，作为它的第三个子控件。然而，对于 HorizontalBox 来说，它的控件默认高度是 0，所以如果你直接将一个 HorizontalBox 拖动到 VerticalBox 中，发现 HorizontalBox 会被压扁。

为了让 HorizontalBox 能够有合适的控件高度，我们需要使用 SizeBox 来覆盖它的高度设置。在控件库中搜索并选择 SizeBox，将其拖动到 VerticalBox 上，成为它的第三个子控件，如图 5.225 所示。接下来我们需要覆盖 SizeBox 的高度设置。选中 SizeBox，在细节面板的 ChildLayout 中，选择 Height Override 来覆盖高度。因为每一个物品图标的大小是 60×60（见 5.4 节中 UMG_ItemIcon 的 SizeBox 高度覆盖设置），所以将高度覆盖的值填写为 60，如图 5.226 所示。

图 5.225　　　　　　　　　　　　　　　　　图 5.226

设置高度覆盖后，我们再在控件库中搜索并选中 HorizontalBox，将其拖动到 SizeBox 上成为它的子控件（见图 5.227），然后将其命名为"HorizontalBoxItems"，并设置为 Is Variable（见图 5.228），使得后续能够在蓝图中访问到它，动态地添加物品图标到它身上。

图 5.227　　　　　　　　　　　　　　　　　图 5.228

7．添加订单剩余时间控件

在最后，我们还需要创建用于显示订单剩余时间的文本控件。

在控件库中搜索并选中 Text 控件，将其拖动到 Vertical Box 上，作为第四个子控件，如图 5.229 所示。将新建的 Text 控件重命名为"TextRemainingTime"，并设置为 Is Vairable，如图 5.230 所示。同样的，字体大小这些设置都不用修改，但是要在 Justification 中把对齐方式改成水平居中。

图 5.229

为了预览效果，我们还可以设置它的默认文字为"剩余 10 秒"，如图 5.231 所示。

图 5.230　　　　　　　　　　　　　　　　　　　　图 5.231

5.5.3　订单视图的信息刷新

在前面，我们已经把订单的静态视图构建完毕，现在我们要在蓝图中编写逻辑，UMG_OrderItem 能够自动获取游戏中的订单信息，并且显示到 UI 上。

1. 创建 OrderId 成员变量

每个 UMG_OrderItem 的对应的订单由一个订单 Id 指定，由于订单 Id 是全局唯一的，所以有了订单 Id，就可以从 OrderManager 中获取到对应的订单信息。为 UMG_OrderItem 创建一个成员变量"OrderId"，类型为 Integer，如图 5.232 所示。每一个订单视图被创建之后，就只会显示一个订单，所以在订单被创建的时候，就可以指定订单的 Id。选中 OrderId 变量，在细节面板中选择 Expose on Spawn 选项（见图 5.233），如此一来，在创建 UMG_OrderItem 的时候，就可以指定这个变量的值。

图 5.232　　　　　　　　　　　　　　　　　　　　图 5.233

2. 创建获取 OrderManager 和 Order 的函数

与第 4 章创建状态栏一样，为了能够方便地获取场景中的 OrderManager，我们会分别创建 GetOrderManager 函数（见图 5.234），并将它设置为 Pure，函数会返回一个 OrderManager 类型的变量，如图 5.235 所示。此外，还需要创建缓存用的成员变量 CachedOrderManager，如图 5.236 所示。GetOrderManager 函数的实现方式可以参见 5.4.3 节，这里就不再赘述。

图 5.234　　　　　　　　　　　　　　　　　　　　图 5.235

CachedOrderManager

图 5.236

每一个 UMG_OrderItem 只会负责显示一个特定的对应的订单，并且在 UMG_OrderItem 在创建的时候已经指定了订单的 Id，所以为了方便，我们还可以创建一个函数，它的作用是根据当前要被显示的订单 Id，获取这个 ID 对应的订单实例。

创建函数"GetOrder"（见图 5.237），添加一个返回参数，类型为 Order，表示需要被显示的订单，如图 5.238 所示。为了提高程序的运行效率，避免每次需要订单的时候都要重新从订单管理器 OrderManger 中查找，我们还需要创建缓存订单实例用的成员变量 CachedOrder，类型也为 Order。如图 5.239 所示，GetOrder 函数会先通过 IsValid 节点判断 CachedOrder 的值是否合法，如果合法那么可以使用 Return Node 直接返回它的值；如果 CachedOrder 的值不合法，说明还没有查找过该订单，那么通过调用 OrderManager 的 FindOrderById 查找到对应的订单实例并写入到 CachedOrder 中，最后将 CachedOrder 返回。

图 5.237

图 5.238

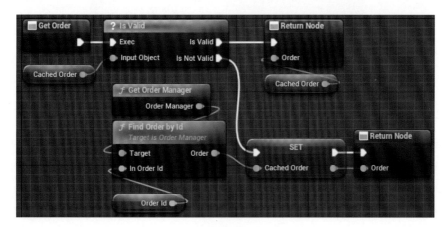

图 5.239

3. 刷新订单 Id 的显示

为了能够方便地调试订单视图，在前面我们给 UMG_OrderItem 添加了一个文本控件，用来显示订单的 Id。接下来我们要在蓝图中将订单的 Id 显示到这个控件上。

创建新的函数"InitOrder"，如图 5.240 所示。双击 InitOrder，打开函数编辑页面。如果直接将订单号显示到 UI 中，玩家看到的时候可能会不明白这个数字是什么意思。所以我们会使用一个 FormatText 节点来构造文本控件要显示的内容。在节点的 Format 参数中输入格式"订单：{OrderId}"，然后按回车键确认。FormatText 会解析格式文本中的参数列表，然后生成一个 OrderId 管脚。将成员变量 OrderId 拖动到 OrderId 管脚上。接下来，对文本控件 TextId 调用 SetText 函数，将

f InitOrderId

图 5.240

FomatText 的格式化结果 Result 管脚连接到 SetText 节点的 InText 管脚上，如图 5.241 所示。

考虑到 UMG_OrderItem 被创建的时候对应的订单已经存在了，在它被创建的时候就可以直接将这个 Id 显示到文本控件上。回到 Event Graph 页，将刚才创建的 InitOrder 拖动到 Event Construct 的后面，然后将它们连接起来，如图 5.242 所示。

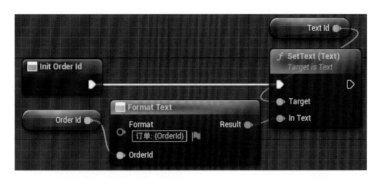

图 5.241

图 5.242

4. 刷新分数的显示

同样的，在 UMG_OrderItem 被创建出来之后，就可以将订单的分数显示到 UI 上。

创建函数 "InitScore" 并双击打开函数编辑页，如图 5.243 所示。在前面我们创建了 GetOrder 函数，用来获得订单视图负责显示的订单实例。现在调用 GetOrder，得到订单实例后，从它的管脚上拖动出节点搜索框，搜索并选中 "Score"，Score 属性对应的就是订单的分数。对 Score 属性使用 ToText 节点，将它转换为 Text 类型。然后对分数文本控件 TextScore 使用 SetText 节点，并将分数作为 SetText 节点的参数，如图 5.244 所示。

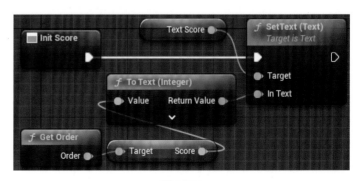

𝑓 InitScore

图 5.243

图 5.244

回到 Event Graph 页，也是将 InitScore 函数连到 Event Construct 事件的后面，如图 5.245 所示。

图 5.245

5. 显示完成订单所需要的物品

在游戏中，每一个订单都由多个物品组成，每个订单的组成物品可能都不一样，所以需要我们在蓝图中动态地将这些物品以横向列表的形式显示出来，就像显示状态栏的背包物品一样。

（1）获取订单的所有物品

完成一个订单的所有物品包括了必要物品和可选物品，为了能够方便地一次性获取包含这两种物品的数组，我们还需要修改一下 Order 类，增加一个新的函数。

打开订单 Order 类的编辑页，创建函数"GetAllItems"（见图 5.246），添加一个返回参数"ReturnValue"，类型为 EItemType 数组（见图 5.247），并将函数设置为 Pure，如图 5.248 所示。再添加一个函数局部变量"AllItems"，类型也为 EItemType 数组，表示所有的物品，如图 5.249 所示。

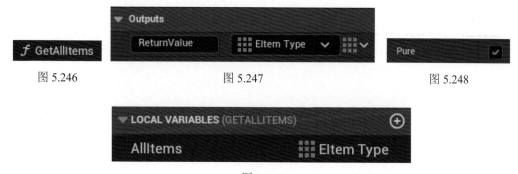

图 5.246　　　　　　　　　图 5.247　　　　　　　　　图 5.248

图 5.249

在 GetAllItems 函数中，局部变量 AllItems 应该由必要物品和可选物品两个列表组成。首先是必要物品的复制，我们拖动出 AllItems 的 Set 节点，将 EssentialItems 的 Get 节点数据管脚连接到它身上。这样做会将 EssentialItems 的所有元素复制到 AllItems 中。

接下来对 AllItems 的 Get 节点拖动出节点搜索框，搜索并选择 Append 节点。Append 节点的作用是将一个数组的所有元素"追加"到另一个数组。我们将 OptionalItems 作为 Append 节点的第二个参数，把可选物品数组的所有元素追加到 AllItmes 中。最后，将 AllItems 作为返回值结束函数就可以了，如图 5.250 所示。

图 5.250

（2）显示订单物品列表

既然获取了所有的订单物品，下一步就是将这些物品全部以图标的形式显示出来，并横向排列到 UMG_OrderItem 中。

创建函数"InitItems"（见图 5.251），并双击函数打开编辑页。如图 5.252 所示。函数分为几步来实现：

图 5.251

第一步，使用 GetOrder 函数获取当前 UMG_OrderItem 对应的订单。

第二步，调用订单实例的 GetAllItems 函数，返回所有的订单物品。

第三步，创建物品的图标，需要使用到 5.4 节中创建的 UMG_ItemIcon。遍历所有物品列表中的每一个订单物品，在函数体中为每一个物品分别使用 CreateWidget 节点创建一个 UMG_ItemIcon 实例，并调用 UMG_ItemIcon 的 SetItem 节点，将数组元素作为参数传入，让图标控件显示物品对应的纹理。

第四步，将图标实例加入横向列表 HorizontalBoxItems 中。

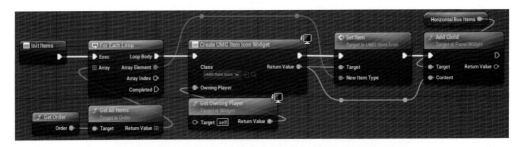

图 5.252

同样的，回到 Event Graph，将 ItemItems 函数添加到 Event Construct 节点后边，如图 5.253 所示。

图 5.253

6. 在每帧刷新订单的剩余时间

UMG_OrderItem 的最后一个需要显示的信息是订单的剩余时间。

在显示订单的剩余时间之前，我们需要先有途径可以获取到订单的剩余时间信息。为此，我们需要打开 OrderManager 类，创建一个函数，函数可以根据订单的 Id 来返回对应订单的剩余时间。

在 OrderManager 类下创建 "GetOrderRemainingTime" 函数（见图 5.254），并且添加输入参数 "OrderId"，类型为 Integer，表示需要获取剩余时间的订单 Id；再添加输出参数 "RemainingTime"，类型为 Float（见图 5.255），表示订单的剩余时间（时间的单位为秒）。

如图 5.256 所示，在 GetOrderRemainingTime 函数中，我们会先使用 FindOrderById 函数尝试找到订单 Id 对应的订单。如果找不到订单（有可能因为该订单已经过期，或者其他的问题），那么直接返回订单剩余 0 秒。如果找到了订单，用订单的过期时间（ExpiredTime）减当前时间（来自节点 GetGameTimeSinceCreation），就可以得到订单的剩余时间，计算之后将它的值返回。

接下来我们就可以回到 UMG_OrderItem，编写每帧将订单的剩余时间显示到文本控件上的逻辑。

打开 UMG_OrderItem 类并切换到蓝图编辑视图。创建函数 "UpdateRemainingTime"，用来更新订单的剩余时间。如图 5.256 所示，在函数中使用 GetOrderManager 函数来获取 OrderManager 实例，对 OrderManager 调用刚才创建的 GetOrderRamainingTime 函数，传入成员函数 OrderId 作为参数，就能得到对应订单的剩余时间。

图 5.254　　　　　　　　　　　　　　　图 5.255

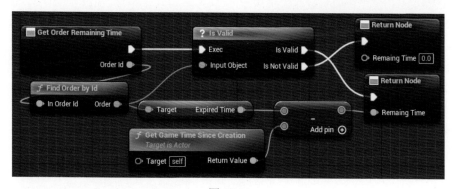

图 5.256

获取到的剩余时间是个 Float 值，有可能小数点后的精度过高，如果将小数点后的所有数字显示出来，界面会过于冗余。为了界面能够更加美观简约，我们希望剩余时间显示到文本控件上的时候，整数位和小数位都是固定的。为此，可以对 GetOrder

RemainingTime 函数的返回值调用 ToText(Float) 函数。单击函数节点上的展开箭头，可以看到节点的所有设置。我们设置转换后 Text 数字的最小整数位（Minimum Integral Digits）和最大整数位（Maximum Integral Digits）都为 2，并且最少小数位（Minimum Fractional Digits）和最多的小数位 (Maximum Fractional Digits) 都为 0，如图 5.257 所示。

图 5.257

使用 ToText(Float) 节点得到取整后的剩余时间后，我们需要使用 FormatText 函数来格式化文字。在节点的 Format 参数填入"剩余 {time} 秒"后按回车键，会出现 time 参数。将 ToText(Float) 节点的返回值传给 FormatText 的 time 参数。

> **提示**
>
> 最小和最大小数位都设置为 0 后，实际上数字会被取整。取整的默认方式由节点的 Rounding Mode 决定，默认的模式是 Half to Even，这种方式会向离最近的偶数靠拢。

最后，把 FormatText 的返回值设置给 TextRemainingTime 的 SetText 作为参数，就可以完成 UpdateRemainingTime 函数，如图 5.258 所示。

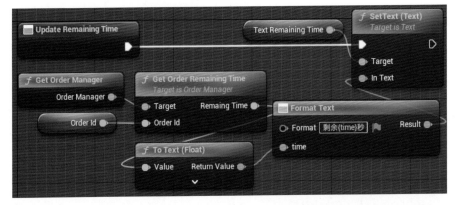

图 5.258

订单的剩余时间需要实时刷新到界面上。这需要我们回到 Event Graph，将 UpdateRemainingTime 函数放到 Event Tick 后面，如图 5.259 所示。

图 5.259

5.5.4 动态管理 UMG_OrderItem

在前面，我们已经写好 UMG_OrderItem 订单视图的显示逻辑了，并且为订单列表视图使用 VerticalBox 控件预留了位置。现在我们要根据场景中存在的订单，在每一帧中动态地添加和删除 VerticalBoxOrderList 中的订单视图。

打开 UMG_OrderItem 类，创建函数"UpdateOrderList"（见图 5.260），用来刷新订单列表视图。由于每帧都有可能需要动态添加删除订单视图，所以我们把函数放在 Event Tick 事件 UpdateBag 函数的后边，如图 5.261 所示。

图 5.260

图 5.261

在函数中我们要做四个步骤：

第一步，检查 VerticalBoxOrderList 中是否显示了失效的订单。如果发现订单已经失效，那么将这些订单对应的订单视图记录下来。

第二步，上一步记录的订单视图从 VerticalBoxOrderList 删除掉。

第三步，检查 VerticalBoxOrderList 中哪些订单还没有显示。

第四步，为上一步中记录的还未显示的订单分别创建对应的订单视图，并添加到 VerticalBoxOrderList 上。

使用 Sequence 节点可以方便地串联多个步骤。在空白处右击，在弹出的节点搜索框中搜索并选中"Sequence"，或者在空白处按住 S 键的同时单击，就可以创建一个 Sequence 节点。默认的 Sequence 节点只有两个输出管件 Then 0 和 Then 1，所以需要我们单击两次 Add pin 按钮，添加另外两个管脚 Then 2 和 Then 3，如图 5.262 所示。

打开 UpdateOrderList 函数，先来看第一个步骤。

第一个步骤的作用是将过期的订单搜集起来。但是在此之前，为

图 5.262

了检查某一个订单是否有效，还需要在 OrderManager 中添加一个对应的函数。打开 OrderManager 类，创建函数"IsOrderValid"（见图 5.263），添加传入参数"OrderId"，类型为 Integer，表示要检查的订单 Id；再添加返回值"IsValid"，类型为 Bool，表示订单是否有效，如图 5.264 所示。

打开 IsOrderValid 的函数编辑页，我们会使用 ForEachLoop 来遍历订单列表 OrderList。在 ForEachLoop 的循环体中，对于每一个订单，使用 == 节点来比对它的订单 Id 和函数参数 OrderId。一旦二者相同，表示要检查的订单 Id 对应的订单存在，返回 True。如果所有订单遍历完后，没有一个订单号与要检查的订单号相同，那么说明找不到

订单，此时 ForEachLoop 的 Complete 管脚会被激活，函数返回 False 值，表示订单不合法（已经过期），如图 5.265 所示。

图 5.263　　　　　　　　　　　　　　　　　　　　图 5.264

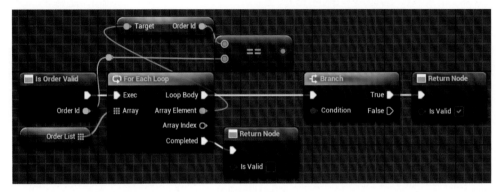

图 5.265

接下来我们要找出所有失效订单对应的订单视图 UMG_OrderItem。在此之前，创建一个函数的局部变量"UMG_OrderItemsToBeRemoved"，类型为 UMG_OrderItemsToBeRemoved 数组，用来保存所有要被移除的 UMG_OrderItem，如图 5.266 所示。使用 ForEachLoop 节点来遍历 VerticalBoxOrderList 的每一个子控件，将其转换为 UMG_OrderItem。

图 5.266

转换成 UMG_OrderItem 类型之后，我们就可以读取订单视图对应的订单号。调用 OrderManager 的 IsOrderValid 方法，将 UMG_OrderItem 的 OrderId 作为参数传入，得到一个表示订单是否合法的 Boolean 值。我们使用 Branch 节点来判断这个 Boolean 值，当它的值为 False 的时候，表示订单已过期或者不合法，此时就可以将显示这个订单的 UMG_OrderItem 加入列表 UMG_OrderItemsToBeRemoved 中，如图 5.267 所示。

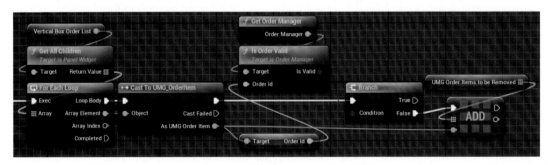

图 5.267

最后，将 Sequence 的 Then 0 管脚连接到这段蓝图的第一个节点。

第二个步骤是使用 ForEachLoop 遍历上一个步骤中生成的 UMG_OrderItemsTo BeRemoved 数组，在循环体中，调用 VerticalBoxOrderList 的 RemoveItem 函数（这个函数用来移除某个子控件），并将数组元素作为 RemoveItem 函数节点的 Content 参数。这一步完成之后，VerticalBoxOrderList 中所有显示已失效订单的子控件都会被移除掉，如图 5.268 所示。

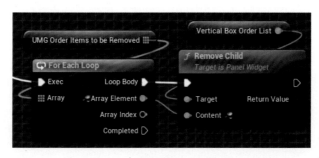

图 5.268

将 Sequence 的 Then 1 管脚连接到这段蓝图的第一个节点。

随着游戏的进行，OrderManager 随时都有可能会产生新的订单。所以我们还需要将这些未被显示的订单显示出来，这一部分的逻辑由上面提到的第三和第四步来实现。

在第三步中，我们会先搜罗现在已经显示到订单列表视图上的所有订单的 Id。为函数 UpdateOrderList 创建一个函数局部变量“ShownOrderIds”，类型为 Integer 数组，表示现在已经显示在屏幕上的订单。遍历 VerticalBoxOrderList 的所有子控件，并且将每一个子控件的类型用 Cast To 函数转换为 UMG_OrderItem，然后获取它显示的订单 Id，也就是 OrderId 变量，加入数组 ShownOrderIds 中，如图 5.269 所示。

图 5.269

将 Sequence 的 Then 2 管脚连接上这段蓝图的第一个节点。

第四个步骤需要我们先搜集还没有被显示到 VerticalBoxOrderList 上的订单 Id，然后为每一个未被显示的订单创建对应的订单视图 UMG_OrderItem，并添加到 VerticalBoxOrderList 中。

在此之前，我们需要一个函数来返回目前游戏中所有的订单 Id（不管是已显示的还是未显示的）。打开 OrderManager 类的编辑界面，创建一个新的函数“GetAllOrderIds”（见图 5.270），将其设置为 Pure，并且添加一个返回值“Ret”，类型为 Integer 数组，表示所有的订单 Id,如图 5.271 所示。接下来我们还需要创建一个函数局部变量"AllItemIds",类型为 Interger 数组,用来容纳这些 Id,如图 5.272 所示。

图 5.270   图 5.271   图 5.272

如图 5.273 所示,在 GetAllOrderIds 函数中,使用 ForEachLoop 节点遍历 Order List 数组中的订单,并在循环体中将每个订单的 OrderId 变量都添加到 AllItemIds 数组里。最后,将 AllItemIds 返回就可以了。

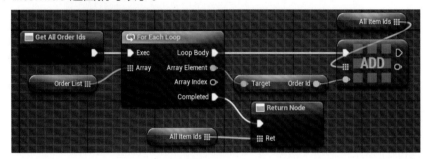

图 5.273

回到 UMG_Main 类的 UpdateOrderList 函数,继续开始做第四个步骤。先调用刚才创建的 OrderManager 的 GetAllOrderIds 函数,得到包含目前存在的所有订单 Id 的数组,然后遍历这个数组。在循环体中,我们可以对数组使用 Contains 方法来判断元素是否存在于数组中。将 ForEachLoop 的数组元素(表示游戏中当前存在的每一个订单 Id)传入到 Contains 作为参数,用来查询这个订单 Id 对应的订单是否已经被显示到 UI 上。使用 Branch 节点来判断 Contains 节点的返回值。如果还没有显示,Contains 节点会返回一个 False 值,这个时候需要我们为这个订单创建对应的订单视图。使用 CreateWidget 节点来创建一个新的订单视图,设置 Class 参数为 UMG_OrderItem,OrderId 参数为这个还没显示的订单 Id。创建订单视图后,使用 AddChild 函数将订单视图添加到 VerticalBoxOrderList 上,如图 5.274 所示。

将 Sequence 的 Then 3 管脚连接到这段蓝图的第一个节点。

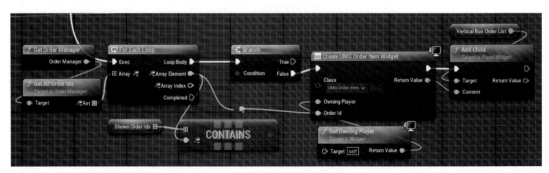

图 5.274

这四个步骤最终用 Sequence 节点串联起来后如图 5.275 所示。

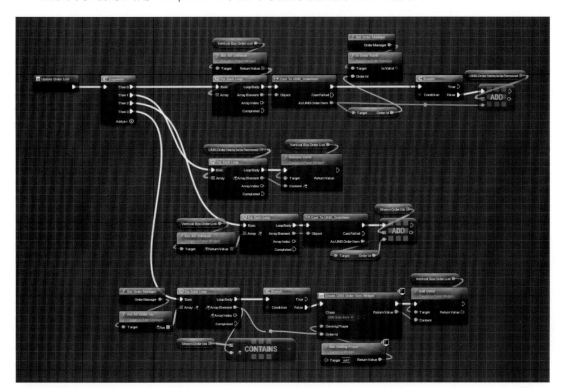

图 5.275

5.5.5　运行效果

运行游戏，如果前面的步骤都没有做错的话，可以看到随着游戏的进行，屏幕左侧能够不断地刷新出订单的信息，并且订单的剩余时间也会不断刷新，如图 5.276 所示。

图 5.276

第 6 章　Unreal Engine 5 中的 AI

经历过前面重重磨难，现在成果斐然！我们先是搭建了整个游戏的场景，构建了游戏的基础运行规则，还制作了游戏的 UI 界面。即使不再做什么，整个游戏也能够自动地不间断运行下去。

一切准备就绪，终于到了主角出场的时候了！游戏中的机器人就是主角。在我们这个游戏中，最大的特色就是玩家完全不用动手，机器人会自动地获取订单、拿食材、切食材，最后上菜。

机器人凭什么才能拥有如此智慧呢？这就需要在 UE5 中使用 AI 技术了。通过实现机器人的 AI，我们能够赋予机器人自主思考的能力，让机器人能够判断游戏中的状况，自行规划下一步要做什么，怎么做，有条不紊地将游戏推动下去。

↘ 6.1　常用的游戏 AI 方案

虽然 UE5 目前在引擎里官方支持的只有行为树一种，不过为了拓宽视野，我们不妨先了解一下 AI 的概念，以及当前市面上常用的游戏 AI 方案。

6.1.1　什么是 AI

AI 的中文是"人工智能"，全称 Artificial Intelligence，AI 的作用是让个体在某方面拥有特定的思考能力，依靠这个能力可以完成某个方面的决策，并比较合理地完成交付的任务。

我们在游戏中遇到的这些角色都是 AI 驱动的：

- NPC（None-Player Character），也就是非玩家角色，可能是你的敌人，比如 Dota、LOL 中的人机局，你的对手就是几个非常复杂的 AI；还可能是你的队友，比如战神 4 中的主角的儿子，他会在闯关和战斗的过程中为主角提供帮助，如图 6.1 所示。
- 一个自动速通的示范角色。比如 Muse Dash 中凛就是一个能够自动完美通关的角色，它会自动踩节奏点，完美通关，如图 6.2 所示。

目前的 AI 主要分为两种。

一种是大家在新闻里看到过的 AlphaGo（见图 6.3）围棋人工智能，属于深度学习型 AI。所谓的深度学习，简单来说可以理解为程序能够通过不断地尝试来积累经验，并通过这些经验生成新的运行逻辑，随着学习的进度越来越深，程序也就能够变得越来越聪明。深度学习目前主要应用于自动驾驶、目标识别、情感识别等领域，在游戏中应用得还不多，但现在一些比较先进的游戏也开始尝试使用深度学习型 AI 了，相信在以后，这项技术会在游戏中应用得更加广泛。

图 6.1

图 6.2

另一种则是传统型 AI。与深度学习型 AI 不同的是，传统型 AI 需要制作者在一开始就设计好详尽的决策规则（比如设定 AI 要执行的任务是什么，要如何实现目标），设定 AI 遇到特定的外界刺激时要做出什么反应等。由于性能限制，目前大多数游戏中的 AI 都是用这种方式制作的，并且能够满足大部分的要求。

图 6.3

6.1.2　游戏中传统 AI 的常见方案

下面我们来了解一下在游戏中几种常用的 AI 方案。

1. 有限状态机

有限状态机（Finite State Machine，FSM）是最常用的一种 AI 方案。这个词可能有点难理解，我们把它拆解成几部分就会好懂一点了。

- 状态：AI 的逻辑会被划分为很多个状态，每个状态会负责维护对应部分的逻辑。举个例子，对于做菜来说，可以划分为切菜、炒菜、调味、上菜几个状态。
- 机器：有限状态机中的"机"表示的是"机器"。状态机负责维护所有状态之间的关系，它会根据条件决定切出和切入某个状态。
- 有限：有限指的是状态机中的状态数量是有限的。

举个例子，在如图 6.4 所示的有限状态机中表示的是一个角色的移动状态。角色既能在陆地上走路，也能在空中飞翔，进了水里还能游泳。那么我们可以把走路、飞翔、游泳分为三个状态。这三个状态之

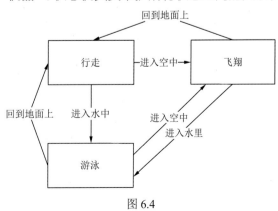

图 6.4

间的切换逻辑相对简单：当角色在空中的时候，进入飞翔状态，反之退出；当角色在陆地上的时候走路，反之退出；当角色在水中的时候游泳，反之退出。

2. 分层有限状态机

有限状态机适用于一些简单的 AI，在状态少的时候搭建起来非常快速。但是状态机中的状态一旦增多，就会导致状态之间的切换变得异常复杂，最后会变得可读性低，难以维护。

比如说，当我们将上面提到的状态机中的行走状态分离为散步、快步走和奔跑三个状态时，你会发现这三个状态都需要检测角色是否已经脱离了地面，如果脱离了地面，那么需要切换到游泳或者飞翔状态。这样一来有限状态机就会变成如图 6.5 所示的模样，很多线相互交织在一起，可阅读性非常低，也很难维护。

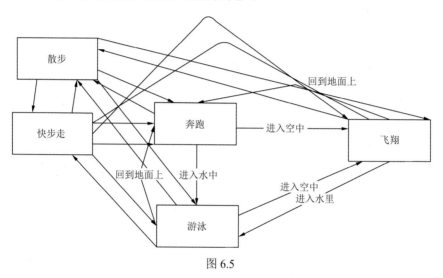

图 6.5

为了解决这个问题，我们可以使用分层有限状态机。"分层"指的是使用多个状态机，状态机之中有层级关系，大状态机将小状态机作为其中的一个状态来使用。

举个例子，上面提到的将行走状态分离为散步、快步走和奔跑三个状态，我们可以创建一个有限状态机，专门用来控制三个行走状态之间的切换逻辑。然后我们在大的角色移动状态机中，将行走状态机作为一个状态来使用。这样做的好处是我们再也不需要分别处理这三个行走状态与游泳、飞翔状态之间的切换逻辑，如图 6.6 所示。

3. 行为树

行为树（Behaviour Tree）是另一种常用的 AI 方案，也是 UE5 中的默认 AI 方案。我们只会在这里作大概的介绍，我们会在本章后面的内容中详细讲解。

与有限状态机中的状态类似，行为树会将角色的行为逻辑封装成单个的任务节点。行为树会从树的根节点开始往下搜寻能执行的任务并且执行。除此之外，行为树还拥有以下特点：

- 可以使用复合节点来组织子节点的执行顺序。比如 Sequence 复合节点会按顺序执行它的所有子节点；Selector 复合节点会选择性地执行某一个子节点。

- 可以使用 Decorator 节点确定任务或复合节点的执行与否。我们可以使用 Decorator 来使用类似于蓝图中的 branch 或代码中的 if 逻辑。
- 可以将 Service 附着在执行节点上，用来获取信息。
- 行为树经常会配合黑板使用。

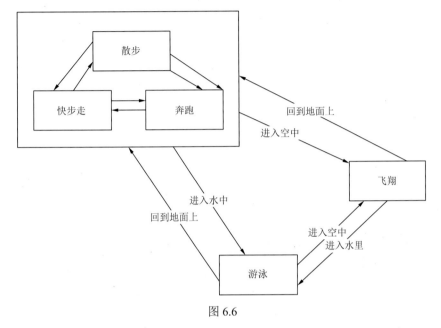

图 6.6

对行为树举个例子吧。假设一个角色在游戏场景中查找敌人，遇到敌人后，它会根据敌人的装备是否优于自己，决定是应战还是逃跑。如果敌人的装备比自己的好，那么选择逃跑，否则执行任务序列：上膛、瞄准、开枪。

上面对应的逻辑如图 6.7 所示。这份逻辑如果使用行为树进行构建，如图 6.8 所示。

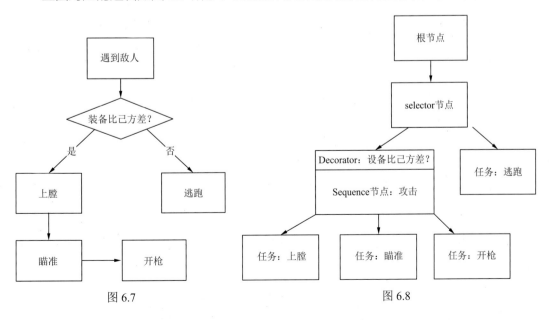

图 6.7　　　　　　　　　　　　　　　　　图 6.8

4. 分层行为树

与有限状态机一样，当行为树中的逻辑变多之后，行为树的节点数量也会爆炸增长，变得非常难以维护。为了解决这个问题，可以使用和分层有限状态机相似的思想，做一个分层行为树。

分层行为树的概念很好理解，就是将另一个行为树的运行作为父行为树的一个任务节点来看待，将它嵌入到父行为树中。这样一来我们就会将整个行为树分为多个子行为树，可以大大地减少同一个行为树资源中的节点数。

还是用上面的角色遇到敌人之后的反应来举例。我们可以将上面的行为树分成两个行为树：一个父行为树，如图 6.9 所示，还有一个"攻击"子行为树，如图 6.10 所示，然后将攻击子行为树作为父行为树中的一个任务节点。可以看到分层之后，每个行为树中的节点都少了很多，而且更容易打理它们之间的逻辑。

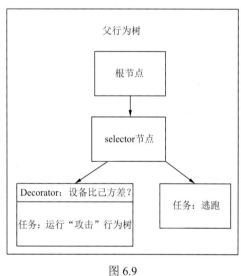

图 6.9

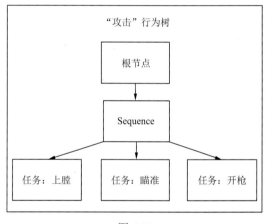

图 6.10

5. 其他 AI 方案

除了上面提到的两种最常用的 AI 方案外，其他 AI 方案还包括了 HTN、GOAP 等，大家有兴趣的，可以上网自己了解一下。

↘ 6.2　行为树概述

在 UE5 中的默认方案是行为树，所以我们着重来了解一下行为树及其相关的 AI 框架。

行为树是一个决策树，它会从树的根部往叶子方向（从上往下，从左到右）根据条件搜寻能够执行的任务并执行。对于一个行为树运行系统来说，有两个概念是最重要的：一个是黑板，另一个就是行为树中的节点。

6.2.1　行为树中的黑板

黑板（Blackboard）是行为树系统中第一个重要的概念，它的作用是在行为树的运行过程中提供一个"公共的放置信息的地方"。在行为树运行期间，它可以在任意时刻向黑板中写入数据，或者读取数据，如图 6.11 所示。

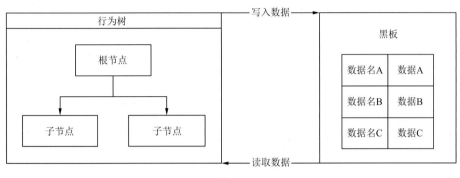

图 6.11

黑板存储数据的方式类似于蓝图中的 Map，由一个个的键值对构成，每一个键值对表示一组数据。举个例子，我们可以创建一个名称为"TargetLocation"，值类型为 Vector 的黑板条目，用来表示目标的位置。

行为树的节点可能会产生某些想要与其他节点共享的信息，这个时候就可以将这些信息放到黑板上，其他节点想要访问这些数据的时候，从黑板中获取就可以了。举个例子，假设有一个节点找到了角色前进的目的地位置，它可以将这个位置信息放到黑板中，对应的黑板条目名字就叫作 TargetLocation；此时再假设有另外一个节点负责角色的运动，那么它可以使用条目的名称 TargetLocation 从黑板中读取移动的目标位置，然后移动到这个位置。

6.2.2　行为树中的节点

在 6.1 节中我们讲过，一个行为树是由多个节点组成的，所以节点是行为树系统的第二个重要的概念。行为树的节点大致可以分为两大类：主要节点和辅助节点。

1. 主要节点

"主要节点"又包括了两种节点：任务节点和复合节点。

任务节点很容易理解，它一般对应每一个有现实意义的具体任务，比如一个角色的移动、攻击等行为，都可以是一个任务节点。

复合节点是一类可以添加子节点的节点。复合节点在被执行到的时候，会根据一定的逻辑，尝试搜索可以执行的子节点并执行。一般来说，行为树中有两种最基础的复合节点，分别是顺序节点（Sequence）和选择节点（Selector）。

对于顺序节点来说，它的子节点们会按照顺序被执行。例如 6.1.2 节中提到的例子，角色总共有三个任务，会按照顺序执行：先给手枪上膛，然后瞄准，最后射击。于是我们可以创建一个顺序节点，并且在它上面挂载上膛、瞄准和射击三个子任务节点，如图 6.12 所示。

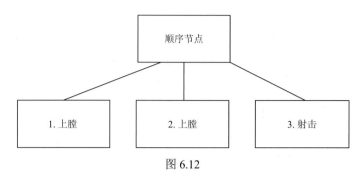

图 6.12

而对于选择节点来说，它会根据条件选择自己的某一个子节点来执行。例如前面讲的例子，角色找到敌人之后，有可能从两个选项中做出选择：逃跑或战斗。那么我们可以创建一个选择节点，并在它身上挂载两个子任务节点：战斗和逃跑，如图 6.13 所示。

2. 辅助节点

行为树系统中的第二类节点是辅助节点。辅助节点分为两种：服务节点和装饰节点。与主要节点最大的不同是，辅助节点只能依附在主要节点身上，没有办法单独成为行为树中的一部分，如图 6.14 所示。

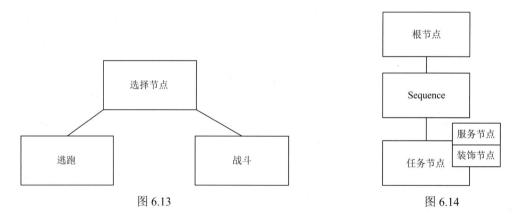

图 6.13   图 6.14

其中，服务节点常用来搜集做决策需要的信息，它会从游戏中搜集 AI 需要的信息，然后将信息经过处理后记录到黑板中，之后其他的节点就可以从黑板中获取这些信息。

举个例子。假设在游戏里的战场中，我们想让一个角色跑到掩体里躲起来。可是我们怎样才能知道掩体的位置呢？我们可以在"跑"这个任务节点上挂载一个负责"找到掩体位置"的服务节点。这个服务节点会在场景中找到合适的掩体，然后将掩体的位置写入到黑板记录位置的某个条目中。"跑"任务运行的时候，就可以从黑板中的这个条目读取掩体的位置，并跑到掩体中。

再来看看装饰节点。装饰节点有多种用处，但是用得最多的是它的条件判断功能。判断条件用的装饰节点可以根据游戏中的信息，决定它所依附的主要节点能否被执行。

还是以前面的"逃跑或战斗"来举例。在这个例子中有一个 Selector，下面有两个任务分别是逃跑和战斗。逃跑的任务上挂载着一个装饰节点，用来判断 AI 控制角色的武器是否弱于敌方，如果是，那么可以执行逃跑，如果否，它会拒绝运行这个任务节点并告知父节点。父节点 Selector 收到逃跑任务执行失败的结果后，就会决定执行下一个节点，也就是战斗。

↘ 6.3　角色和第一棵行为树

在正式讲解 UE5 中的行为树之前，我们来了解一些必要的前置知识。UE5 中的一个角色是如何被 AI 控制，AI 又是怎么运行行为树的呢？

在这一节中，我们要了解的就是 UE5 的中的角色，AI 控制器和行为树之间的关系。

6.3.1　Character——Unreal Engine 5 中的人形角色类

我们在 4.2 节中介绍过 UE5 中的各个基础类。各个类的关系如图 6.15 所示。

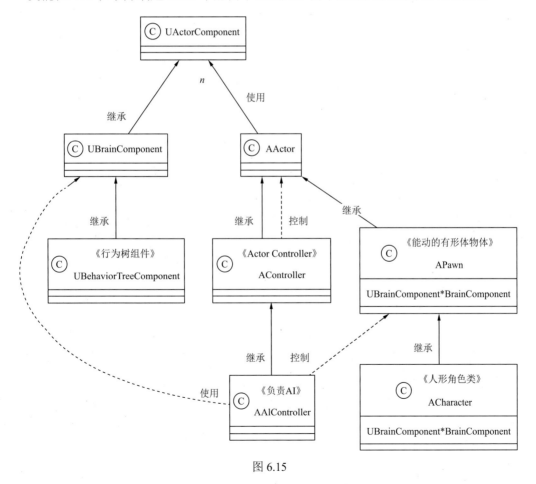

图 6.15

其中包括了 UE5 的 Object（基础物体）类，能够放置在场景中的物体 Actor（演员）类，以及拥有外形的 Pawn 类。

Pawn 直译为"棋子"，它一般代表的是在场景中的能运动的角色，这个角色有可能是人形的，也有可能是非人形的，比如说各种动物和怪兽。

Character 就继承于 Pawn，专门负责游戏中人形角色的表现。

如图 6.15 所示，到了 APawn 这一层，有形体类的部分控制逻辑会由一个负责 AI 行为的 Controller 控制，叫作 AIController。AIController 也是一个 Actor（Controller 继承于 Actor，并且可以控制另一个 Actor），它有一个非常关键的组件，类型是 BrainComponent。从它的类名就可以得知，它是一个角色的大脑，负责角色的决策。然而 BrainComponent 只是提供一些基础的接口，没有真正的思考功能，并不能够真的被使用，所以它还需要被进一步细化。

为了能让大脑 UBrainComponent 以行为树的方式进行决策，UE5 官方又封装了 UBehaviorTreeComponent，也就是行为树组件。并且由于 UE5 中默认的决策方式就是行为树，所以 UE5 直接把跑行为树的逻辑放在了 AIController 中。

所以如果我们想运行一个行为树，就需要用到 Character 对应的 AIController 类。

> **小知识**
>
> 如果我们想在 UE5 中使用有限状态机作为 AI 的方案，需要怎么做呢？这里提供一个思路，与运行行为树的 BehaviorTreeComponent 一样，运行状态机也需要继承于 BrainComponent，写一个叫作 FiniteStateMachineComponent 的组件。

6.3.2 创建第一棵行为树

事不宜迟，我们现在就来尝试在 UE5 中创建属于我们的第一棵行为树。

在路径"Content/TopDownBP"下创建文件夹"AutocookAI"，并打开文件夹。右击 ContentDrawer 的空白处，在弹出的菜单中选择"Artificial Intelligence（人工智能）"→"Behavior Tree（行为树）"来创建一个行为树资源（见图 6.16），我们将它命名为"BT_AutocookRobot"，如图 6.17 所示。

图 6.16　　　　　　　　　　　　　　　　　图 6.17

在 6.2 节介绍行为树概述的时候我们讲过，想要使用行为树，就得处理行为树中的数据存放问题，所以我们还需要创建一个给这个行为树使用的黑板资源。同样的，在 ContentDrawer 的空白处右击，在弹出的菜单中选择"Artificial Intelligence（人工智能）"→"Behavior Tree"（见图 6.18）来创建一个黑板，并将其命名为"BB_AutocookRobot"，如图 6.19 所示。

图 6.18

图 6.19

打开行为树 BT_AutocookRobot，可以看到中间只有一个行为树的根节点 ROOT，如图 6.20 所示。接下来我们要让这个行为树绑定使用刚才创建的黑板。

单击行为树空白处，或者选中 ROOT 节点，右边的细节面板会显示出行为树的属性。在细节面板中选择"AI"→"BehaviorTree"选项，可以看到有一个属性叫"Blackboard Asset（黑板资源）"（见图 6.21），单击旁边的下拉框，选择刚才创建的 BB_AutocookRobot（事实上由于我们项目中只有一个黑板，所以你展开选项后会发现 BB_AutocookRobot 已经被自动选中了）。最后，单击"Save"按钮保存行为树资源。

图 6.20

图 6.21

将行为树资源与黑板资源进行绑定之后，我们就可以单击行为树编辑器中右上角的按钮组中的"Blackboard"（见图 6.22）来切换到黑板资源编辑器。

打开 BB_AutocookRobot 的编辑器。现在可以看到黑板中默认就已经有一个条目叫 SelfActor，表示运行该行为树的主体（如果是机器人运行的这个行为树，那么"主体"指的就是机器人）。在 UE5 中，新创建的资源总是需要手动保存一下的。所以我们还要单击一下"Save"按钮，才能将黑板资源保存起来，如图 6.23 所示。

图 6.22

图 6.23

6.3.3 改造原有游戏逻辑

我们游戏的原型其实是来自 UE5 官方的第三人称游戏模板 TopDown。对于 Top Down 游戏来说，它是一个简单的第三人称示例工程。它的游戏内容很简单：运行游戏后单击游戏中的地板，机器人就会跑到单击的点所在的位置。

但是我们现在不再需要玩家手动单击来操控机器人移动，而是想要让机器人能够依据我们创建的行为树移动。所以，我们需要对原有项目做一些改造，让机器人不再对单击产生反应。

在 6.3.1 节中我们了解到，一个角色 Character 一般会受控于两种 Controller（todo，求证）：一种是将玩家的输入转换为行为命令传达给角色；另一种则是我们要使用的 AIController。对于 TopDown 游戏来说，机器人的角色类 TopDownCharacter 受控于 TopDownPlayerController，这个类会响应玩家的单击事件，并操控机器人移动。

那么，TopDown 游戏是怎么决定让哪一个 Controller 来控制角色类的呢？这一般是由游戏的 GameMode（游戏模式）决定的。

让我们来看看 GameMode 中与角色控制器相关的配置。回到场景编辑器，单击左上角的蓝图按钮█▀▼，选择"GameMode: Edit TopDownGameMode"→"Edit Top DownGameMode"（见图 6.24），打开 GameMode 配置。

图 6.24

在 GameMode 配置中，我们主要关注 Classes 这一项，如图 6.25 所示。在 Classes 中，可以找到配置项"Default Pawn Class"，目前的值是 TopDownCharacter。这意味着如果场景中不存在一个会自动绑定到当前 Player 的 TopDownCharacter，那 UE5 就会替我们创建一个。

图 6.25

后文会讲到什么是"绑定到当前 Player"的角色类。

再看看配置项"Player Controller Class"，这个配置项决定了控制角色类的 Controller 类型。在 TopDownController 被创建或者被找到之后，游戏会自动创建一个

Player Controller Class 对应的控制器实例，并绑定 TopDownCharacter，用来控制角色类。看到目前的配置项是 TopDownController，所以角色响应玩家单击的逻辑很有可能就写在这个控制器里。

　　打开 TopDownController，你可以发现它响应了多个 Actor 事件。它会响应触摸事件 EventTouch，获取玩家的手指向地板的位置，然后传给机器人，让机器人移动到这个位置，如图 6.26 所示。TopDownController 的实现不是我们关注的重点，所以在这里先跳过不讲，有兴趣的读者可以自己研究一下它的蓝图逻辑。

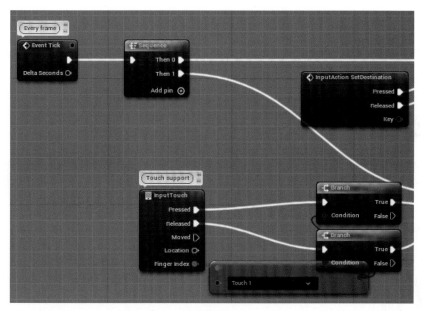

图 6.26

　　想要让角色被我们自己的 AIController 控制，那么首先我们得让角色能够不被 TopDownController 控制。为了避免游戏自动将 TopDownController 自动创建并绑定到 TopDownCharacter 上，我们需要做以下两件事：

　　第一件事是告知 UE5 不要尝试在场景中找到角色 TopDownCharacter，这是为了避免 UE5 能找到机器人并且进行控制器绑定。在 GameMode 的设置中，我们单击 Default Pawn Class 下拉框，并且选择 None（见图 6.27），表示不需要任何默认的 Pawn，不需要 UE5 创建默认的 Pawn，也不需要使用 Controller 进行绑定。

图 6.27

　　第二件事是取消机器人角色类 TopDownCharacter 绑定到 Player 的逻辑。

　　按 Ctrl+P 组合键，UE5 会弹出一个资源检索框。搜索并打开 "TopDown Character"，打开机器人对应角色类的编辑页（见图 6.28）。单击左上角 Components 视图中的 "TopDownCharacter(self)"，右边的细节面板会显示 TopDownCharacter 类的属性列表。在其中，找到 "Auto Possess Player" 选项，单击下拉框把它的值修改为 Disable（见图 6.29），表示不会自动连接到 Player。由于不能够自动连接到 Player，所以角色类也就不会自动绑定 TopDownController 了。

图 6.28

图 6.29

其实，到这一步，角色响应单击事件走到某个点的逻辑已经没有了。但是现在又出现了一个新问题，如果此时你单击播放按钮开始游戏，会发现游戏的相机变得很奇怪，和原来不太一样了。

为了让游戏的相机正常，我们还得继续调整一下逻辑。

我们先来看看原来的相机逻辑。观察 TopDownCharacter 左上角的 Components，在组件树中你可以发现一共有两个 Camera 组件，分别是 VR_Camera 和 Camera1，前者是在 VR 游戏的时候使用的相机，后者是在普通游戏模式下使用的相机，如图 6.30 所示。还可以看到蓝图中的 Event BeginPlay 节点，能看到这里有一段代码，会根据当前是否为 VR 模式，激活普通相机或者 VR 相机，如图 6.31 所示。

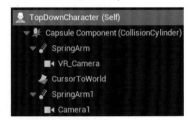

图 6.30

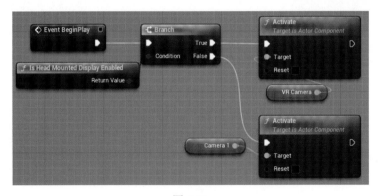

图 6.31

在我们修改 GameMode 的 Default Pawn Class 之前，UE5 启动游戏的时候，会将角色绑定到 Player 上，然后会自动获取和使用角色身上活跃的相机组件（Camera Component）作为游戏的相机（这些逻辑是引擎在 C++ 层面决定的，我们无法在蓝图中更改它）。但由于现在不将角色绑定到 Player 了，我们就得自行处理相机的激活逻辑。

在编写新的相机逻辑之前，TopDownCharacter 类中做了一些逻辑来实现相机切换和角色转向的事，这些我们都不需要，所以得先删除掉。我们可以在左侧的 EventGraph 中分别双击三个事件（见图 6.32）来看它们的响应逻辑。为了能够让原来的功能不影响我们行为树的功能，先直接删除掉不用的事件 InputAction ResetVR 节点及相关的事件响应逻辑。对于 EventBeginPlay，我们删除掉 VR 相关的逻辑，保留重置普通相机的逻辑。

我们再来删掉目前用不着的 VR 相机以及它的父节点 SpringArm。在 Components 视图中，按住 Ctrl 键的同时选中 VR_Camera 和它的父节点 SpringArm（见图 6.33），然后按 Delete 键删除。

🔔 小知识

　　SpringArm 是一个有意思的组件，直译为弹簧臂，作用是控制相机与角色之间的距离。当相机被其他物体阻挡到的时候，SpringArm 会将相机向靠近角色的方向拖动，避免相机的视野被阻挡。

图 6.32

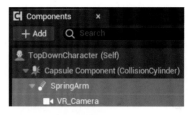

图 6.33

最后就是让游戏使用相机的逻辑了。在 EventBeginPlay 的相机激活逻辑后面，在空白处拖动出一个 Get Player Controller 函数，这个函数会返回一个 PlayerController。调用 PlayerController 的 SetViewTargetWithBlend 函数，用来将相机激活并将它的内容显示到游戏屏幕上。至于 SetViewTargetWithBlend 函数节点的 NewViewTarget 参数，我们传入 Self 就可以了，如图 6.34 所示。SetViewTargetWithBlend 函数会自动搜索并使用 NewViewTarget（TopDown Character 实例）身上的 Camera 组件，也就是我们保留下来的 Camera1 相机。

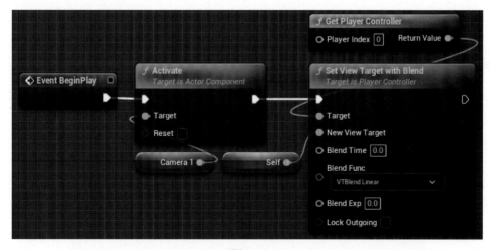

图 6.34

再次运行游戏，你会看到的效果是：相机的显示效果和原来一样，并且无论如何单击，角色都不再会随着单击位置移动。

6.3.4 运行行为树资源

在 6.3.1 节中，我们提到了角色类 Character 的 AI 逻辑其实是由一个 AIController 控制的，而 AIController 又集成了运行行为树的功能。

角色类被创建出来以后默认使用的是 AIController 这个基类，这个基类默认是不运行任何行为树的。想要运行我们的行为树，首先我们要创建属于自己的 AIController，并在这个 AIController 中运行刚才创建的行为树 BT_AutocookRobot。

在行为树 BT_AutocookRobot 所在的目录下，右击 ContentDrawer 的空白处，选择"Blueprint Class"来创建新的蓝图类，如图 6.35 所示。在弹出的父类搜索框中搜索"aicontroller"并找到 AIController 类，如图 6.36 所示。选中 AIController 类，并单击下方的"Select"按钮确认创建它的子类，然后将创建出来的蓝图类命名为"AIControllerAutocookRobot"，如图 6.37 所示。

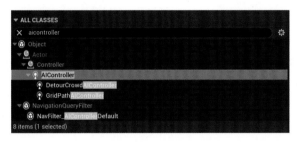

图 6.35 图 6.36 图 6.37

双击 AIControllerAutocookRobot 将其打开。打开之后如果没有显示蓝图界面，可以单击上方的"Open Full Blueprint Editor"按钮 Open Full Blueprint Editor 。

我们想让 AIController 在被创建出来摆放到场景中之后，就开始执行行为树，所以要修改 Event BeginPlay 的响应逻辑。在左侧的 EventGraph 面板中找到 Event BeginPlay 并双击，跳转到 Event BeginPlay 节点。

在 Event BeginPlay 后面的空白处右击，弹出节点搜索框，搜索并选择"Run Behavior Tree（运行行为树）"，然后在属性 BTAsset 的下拉框中选择我们刚才创建的行为树 BT_AutocookRobot，如图 6.38 所示。这样一来，在 AIControllerAutocookRobot 被创建之后，就会自动开始运行行为树。

图 6.38

接下来找到并打开角色类 TopDownCharacter，我们需要让角色类来使用 AIControllerAutocookRobot 作为它的控制器。在左侧的 Components 面板中选中 TopDownChacracter(Self)（见图 6.39），这时候右边的 Details 面板会显示出角色类的细节信息。在细节信息中找到属性"AI Controller Class"，在右侧的下拉框中选择 AIControllerAutocookRobot，如图 6.40 所示。

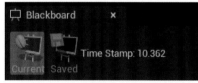

图 6.39 　　　　　　　　　　　　　　　　　图 6.40

在打开 BT_AutocookRobot 行为树编辑器的情况下，再次运行游戏。我们可以在世界大纲中搜索"AIController"，可以看到 AIControllerAutocookRobot 实例，说明控制器已经被自动创建了出来。

不要停止游戏，切换到 BT_AutocookRobot 行为树编辑器，可以在右下角中看到黑板被使用的时间 Time Stamp 一直在增加（见图 6.41），说明此时这个行为树已经被运行了。

图 6.41

↘ 6.4　行为树

在本章前面的章节中，我们讲到了目前常用的 AI 方案，讲到了行为树的概念，又讲了一些 UE5 中 AI 相关的预备知识。 一切准备就绪，现在终于可以开始讲解 UE5 中的行为树了!

在本节中，我们将会介绍 UE5 中的黑板，还有行为树的相关知识。我们会讲到如何在黑板中创建新的键值对，讲到行为树中的复合节点、任务节点、服务节点和装饰器节点，还会介绍如何在蓝图中创建属于自己的行为树节点。

6.4.1　黑板

如 6.2 节行为树概述中所讲的，黑板其实是一个存放行为树数据的控件，它的作用是作为节点之间共享信息的媒介，如果一个节点有什么信息需要和其他节点分享，它可以将这份数据保存到黑板中，让其他节点去获取。

黑板的数据存储方式和蓝图中的 Map 差不多，由一个一个的键值对组成。它们的区别是 Map 中的键值对里，Key 的类型可以是各种各样的，而黑板中的 Key 的类型固定为字符串（Name 类型），表示数据的名字。同样的，Map 中的 Value 类型也是几乎没有限制的，但是黑板中目前官方支持的 Value 类型有限（当然，后期我们可以通过修改引擎源码的方式来添加黑板支持的 Value 类型）。

让我们来看看目前黑板支持的 Value 类型有哪些吧。切换到 BB_AutocookRobot 的黑板编辑器，单击左上角的"New Key"按钮（见图 6.42），就可以添加一个新的黑板条目。

可以看到这里弹出了一个条目的 Value 类型选择框（见图 6.43），这里面包括了：

- Bool（布尔）类型，只有 True 和 False 两种值。
- Class（类）类型，可以用来直接存储一个 Object 类及其子类的类本身（区别于实例）。
- Enum（枚举）类型，值得注意的是最终存放到黑板里的是一个 Byte 类型，Enum 会被先转型为 Byte，再存放进黑板。因为如此，所以当我们尝试从黑板中取出一个 Enum 值的时候，取出来的也会是一个 Byte 类型，我们得使用 ByteToEnum 节点才能将其还原回我们所需要的 Enum 值。
- Float（浮点）数类型。
- Int（正数）类型。
- Name（名字）类型，为字符串类型的一种。
- Object Object 类型，我们可以在这里面存放一个 Object 类及其子类的实例。
- Rotator（转向），表示一个物体的转角信息。
- String 字符串。
- Vector（向量）类型，一般用来保存一个位置或者指向。

接下来我们尝试向黑板中添加一个键值对吧。

假设我们需要让角色走到某个点，这个点的信息实质上是一个位置信息，那么我们需要创建一个 Vector 类型的数据，名称为"TargetLocation"。

打开黑板资源 BT_AutocookRobot，单击左上角的"New Key"，在弹出的下拉框中选择 Vector，将创建出来的数据重命名为"TargetLocation"，如图 6.44 所示。最后别忘记要单击左上角的"Save"按钮保存黑板，如图 6.45 所示。

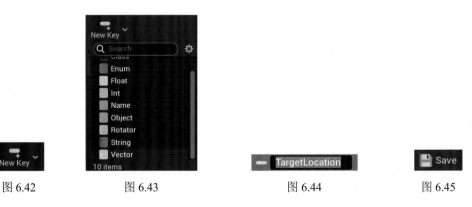

图 6.42   图 6.43   图 6.44   图 6.45

6.4.2　黑板数据的调试

在行为树的运行过程中，我们可以方便地查看黑板中的数据条目。只需要在切换到行为树编辑器并保持它打开的情况下启动游戏，黑板编辑器就会不断地更新显示黑板中的条目数据信息。

来试一试吧。保持 BT_AutocookRobot 行为树编辑器打开，然后运行游戏。切换回黑板编辑器，我们可以看到黑板编辑器的右下角显示了刚才创建的 TargetLocation 条目的数据，由于现在还没有逻辑设置过它的值，所以它的数据是"invalid（非法的）"，如图 6.46 所示。

图 6.46

6.4.3　行为树节点：行为树中的复合节点

在 6.3 节中，我们讲到行为树的节点分为两大类：主要节点和辅助节点。而主要节点中又分为两类：复合节点和任务节点。

UE5 中的行为树有一个规定，就是 ROOT 节点只能有一个子节点，而且这个子节点只能是一个复合节点。让我们先从复合节点开始学习吧。目前 UE5 官方仅支持两个符合节点，也就是顺序节点 Sequence，还有选择节点 Selector（当然，我们是可以通过修改引擎代码来添加新的复合节点的）。

1.　顺序节点 Sequence

在 6.2 节中讲行为树的基础概念时，我们知道 Sequence 节点下的子节点会按照顺序，从左到右地被搜索和执行。

现在，让我们在 UE5 中使用一个 Sequence 节点。

打开行为树 BT_AutocookRobot 之后，在行为树编辑器中我们会看到行为树中只有光秃秃的一个 ROOT 节点。我们从 ROOT 节点下方较深色的连接槽中可以拖动出节点搜索框（见图 6.47），选择"Sequence"，新建一个 Sequence 节点，如图 6.48 所示。

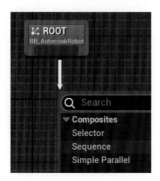

图 6.47

图 6.48

作为一个复合节点，Sequence 可以添加多个子节点。由于现在我们还没有介绍过其他的节点，所以先用一个 UE5 中最好理解的任务节点来做实验。UE5 本身自带了许多方便的任务节点，其中有一个任务叫作 Wait（等待）。执行 Wait 任务的时候，我们会给这个任务设定一个等待时间，在该任务启动之后，行为树就会被停滞在 Wait 节点，在此期间不做任何其他行为树逻辑——直到设置的等待时间结束。

做个实验，我们给 Sequence 拖动出三个 Wait 任务作为子节点。在 Sequence 下方的深色连接槽中拖动出节点搜索框，展开"Tasks（任务）"选项（见图 6.49），选择 Wait，就可以创建一个 Wait 任务。再重复两次建立 Wait 节点的步骤，可以得到如图 6.50 的行为树。

图 6.49

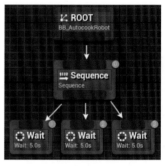

图 6.50

2. 行为树的节点调试

按照我们所想，如果此时将游戏运行起来，三个 Wait 节点会按照顺序执行。可是 Wait 节点除了空等待一段时间以外，相当于什么逻辑都不做。我们怎么才能确认行为树究竟执行到哪一个节点呢？别担心，在 UE5 中，有很方便的调试行为树节点的方法。

不要关闭行为树编辑器（你可以将它拖动到一边，或者最小化，但是不要关闭），直接运行游戏。游戏开始之后，由于设置了 AIController 直接运行我们的行为树，所以行为树 BT_AutocookRobot 会直接运行。这个时候继续游戏不要停，切换到行为树编辑器，你会发现行为树的一些路径和节点被高亮了，被高亮的节点就代表着行为树当前正在执行的任务，如图 6.51 所示。

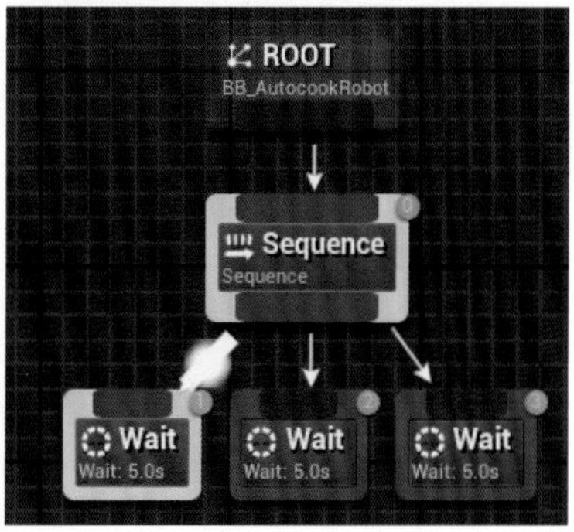

我们设置每一个 Wait 任务等待的时间是五秒，所以如果你等一等，第二个、第三个 Wait 节点会按照顺序被点亮。这就验证了一开始说的，三个 Wait 节点会按照顺序进行。

图 6.51

而且你还可以观察到，第三个 Wait 节点执行完毕后，行为树由于搜索不到接下来可执行的任务，所以它会从头重新开始搜索，最终又会搜索并运行第一个 Wait 任务。

3．选择节点 Selector

除了顺序节点 Sequence 之外，常用的复合节点还有另一种——选择节点 Selector。与 Sequence 一样，Selector 也可以拥有多个子节点。Selector 会按照从左到右的顺序，找到第一个可被执行的子节点并执行。不同的是，执行成功这个子节点之后 Selector 的执行流程就结束了，它不会再往右继续查找下一个可执行的子节点。

我们来做个实验，在 UE5 中验证上面的理论。

将刚才创建的 Sequence 节点选中，按 Delete 键删除，但是保留刚创建的三个 Wait 任务，如图 6.52 所示。然后在 ROOT 节点和 Wait 节点之间的空白处右击，在 Composite（复合）选项中选择 Selector（见图 6.53），创建一个选择节点。从 ROOT 下方的连接槽拖动出连接线，连接到 Selector 上方的连接槽；再从 Selector 下方的连接槽拉出三条线分别连接到 Wait 上方得到连接槽，如图 6.54 所示。最后单击左上角的"Save"按钮保存行为树。

运行游戏，你会发现一直高亮的只是第一个 Wait 节点，并且每隔五秒，行为树会从 ROOT 节点重新搜索能够运行的任务，同时你会看到连接到第一个 Wait 任务的连接线会突然高亮一下，如图 6.55 所示。

图 6.52

图 6.53

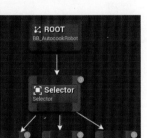

图 6.54

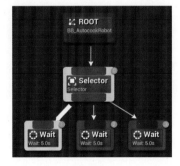

图 6.55

这是因为 Selector 搜索到第一个 Wait 之后就开始成功执行，成功执行过后，Selector 就不会再继续往右搜索其他 Wait 节点了。此时 Selector 被标志为执行结束，行为树就又会从 Selector 的父节点那里（也就是 ROOT 节点）重新开始搜索下一个可执行的节点，然后又搜索到了 Selector，Selector 又是从第一个 Wait 任务开始查找，并且选中它。所以你会看到后面的两个 Wait 任务根本没有被运行到的机会。

4. 行为树的服务节点 Service

讲完复合节点，接下来讲服务节点 Service。

有读者好奇了，讲完复合节点，不是应该继续讲同是主要节点的任务节点吗，为什么要先讲作为辅助节点的服务节点呢？

因为一般在执行任务节点的时候，任务节点会需要一些运行任务时必要的前置数据，而这些数据一般是由服务节点搜集和更新的。所以，正确的学习顺序应该是先了解服务节点。

在刚才创建的 Wait 任务上右击，在弹出的菜单中可以找到 Add Service 命令，你会发现目前 UE5 只提供了两个服务节点，如图 6.56 所示。这两个服务节点是干什么用的，我们这里暂且先不关心，因为我们会创建属于自己的服务节点。

图 6.56

说到创建服务节点，但是究竟要怎么操作呢？不用担心，你所看到的这些节点，本质上也只是一个蓝图类。不管是服务节点、装饰器节点还是任务节点，都可以通过创建新的蓝图类来创建它们。如果想要创建新类型的服务节点，我们只需要基于 BTService_BlueprintBase 类创建一个蓝图类，并响应类中对应的事件就可以了。

接下来，让我们来创建一个属于自己的服务节点。

先来确定这个服务节点的需求。这个服务节点的目的是生成一个位置点，并把这个位置设置到黑板的 TargetLocation 条目上（后面我们可以用 TargetLocation 来驱使角色运行到这个点）。

在与 BT_AutocookRobot 的同个目录下，右击 Content Browser 的空白处，选择 Blueprint Class 来创建一个新的蓝图类（见图 6.57），在弹出来的基类选择窗口的搜索框中输入 "bts"，然后选择最底部的 "BTService_BlueprintBase" 作为基类（见图 6.58），将创建出来的文件命名为 "BTS_TestFindLocation"，如图 6.59 所示。

图 6.57

图 6.58

图 6.59

双击 BTService_BlueprintBase，打开蓝图编辑器。我们先什么逻辑都不做，只是单击 "Compile" 和 "Save" 按钮来保存新的蓝图类。回到行为树 BT_AutocookRobot 资源，我们来验证一下是否已经出现了新的服务节点。在 Wait 任务上右击，然后把光标指到 "Add Service" 选项上，这个时候，在列表里就可以看到我们新创建的 BTS Test Find Location 服务了，如图 6.60 所示。单击选中它，就可以将创建的服务节点附着到 Wait 任务上。

图 6.60

接下来，我们来编写蓝图类要实现的逻辑，目标是将一个 Vector 数据写入到黑板中。

服务节点的基类提供了很多事件让我们响应，通过响应这些事件，我们就可以构建出服务节点的逻辑。回到 BTS_TestFindLocation 的蓝图类编辑页面，我们先来看看服务节点都提供了些什么事件。

将光标移动到左侧 FUNCTIONS 标签页上，并单击出现的 Override 按钮，出现一个下拉框，这里罗列了所有可以响应的事件，如图 6.61 所示。其中，我们常用到事件有几个：

- Activation AI 在服务节点附着的主要节点或其子节点被激活前该事件会被调用；
- Deactiveation AI 在服务节点附着的主要节点或其子节点结束后该事件会被调用；
- Search Start AI 在行为树进行搜索时，搜索到服务节点附着的复合节点时被调用；
- Tick AI 服务的每帧被调用。

大家可能会混淆 Activation AI 和 Search Start AI 两个事件。我们通过一个例子来理解就容易多了。还是以逃跑或战斗的那个场景为例。如图 6.62 所示，有一个 Selector，下方带着一个服务节点，还有一个装饰器节点。装饰器节点的作用是当我方的战斗力比敌方低的情况下，才会运行逃跑任务。那么，当 Selector 在判断是否逃跑的时候，挂载在任务上的服务节点的 Search Start AI 事件会马上被调用，表示这个时候正好搜索到了当前的任务节点。而只有当我方的战斗力比敌方低的情况下，逃跑任务才会被执行，当逃跑任务被执行的时候，附着在逃跑任务上的服务节点的 Activation AI 事件才会被调用，流程图如图 6.63 所示。

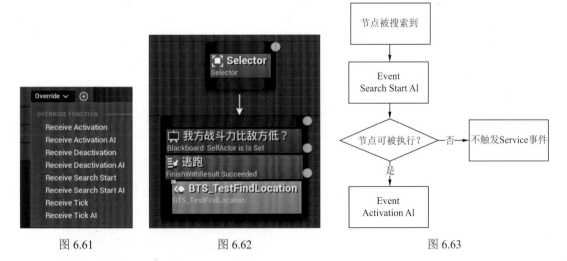

图 6.61　　　　　　　图 6.62　　　　　　　图 6.63

我们现在希望每次搜索到 BTS_TestFindLocation 所附着的主要节点时，就能够触发一次搜集数据操作，所以我们要实现的是 Search Start AI 事件。在 FUNCTIONS 面板单击 Override，选择 "Receive Search Start"。

在这个服务节点中我们会创建一个位置数据，并且将它设置到黑板中的某个条目中。为了完成这个需求，我们需要创建并公布两个成员变量，分别是位置的信息和指定的黑板条目名称，如图 6.64 所示。

我们需要创建的第一个变量是希望保存到黑板的位置数据，类型为 Vector，变量名为"Location"。第二个参数的作用是指定要写入的黑板条目。我们会使用一个 BlackboardKeySelector 来指定黑板条目，使用这个类型创建一个变量，并将变量命名为"BBKeyLocation"。

为了让这两个变量在行为树节点视图中可以被编辑，我们分别单击变量右边的眼睛图标，使其点亮。这一步的作用其实等同于在细节面板中将变量设置为 Instance Editable ，设置完之后我们就可以在行为树编辑器中选择节点，然后在细节面板中设置变量的值。

编译蓝图类后回到行为树。单击选中行为树中 Wait 任务上的 BTS_TestFind Location 节点，在右边的细节面板中你可以看到出现了两个变量。我们将位置数据 Location 参数设置为坐标 (50, 50, 0)，然后单击 BBKeyLocation 参数旁的下拉框，下拉框中会出现所有的黑板条目，选择位置数据要保存的黑板条目为 6.4.1 节中创建的 TargetLocation，如图 6.65 所示。

图 6.64

图 6.65

回到 BTS_TestFindLocation 的蓝图编辑页，我们来编写具体的数据写入逻辑。

单击 FUNCTIONS 标签页上的 Override 按钮，选择 Receive Activation AI，在 EventGrpah 视图中就会出现对应的事件节点。在事件节点右侧的空白处右击，搜索并选择"Set Blackboard Value as Vector"节点，如图 6.66 所示。这个函数节点的作用是将一个 Vector 类型的数据设置到黑板中。

对于其他的黑板数据类型，也有其他对应的数据设置函数，搜索"Set Blackboard Value As"就可以看到所有函数，如图 6.67 所示。其中一共有十个函数，分别对应着黑板支持的十种值类型。

图 6.66

图 6.67

SetBlackboardValueAsVector 节点一共会接受两个参数。第一个参数的类型是 BlackboardKeySelector，这个类型是用来指定黑板中的某个黑板条目的；第二个参数的类型是 Vector，表示要写入到黑板的向量的值。

我们分别将 BTS_TestFindLocation 成员变量的 BBKeyLocation 和 Location 设置给这两个参数就可以了，如图 6.68 所示。

回到行为树，目前的 Wait 任务加 BTS_TestFindLocation 服务如图 6.69 所示。可以看到，行为树蓝图节点所公布的参数会被显示到节点的下方，这里显示了"Location: (X=50, Y=50, Z=0)"和"BBKey Location: TargetLocation"。

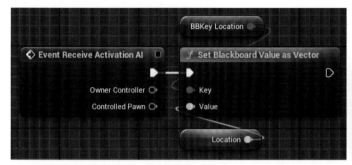

图 6.68　　　　　　　　　　　　　　　图 6.69

现在让我们来验证一下数据是否成功被写入到了黑板中。不要关闭行为树编辑器，然后运行游戏。游戏运行之后，Wait 节点会被执行，附着在它身上的 BTS_TestFindLocation 服务的 ActivationAI 事件也会被触发。根据我们编写的逻辑，此时位置数据应该会被写入到黑板中。

保持游戏的运行状态，我们切换回到行为树编辑器，看到编辑器的右下方有一块区域叫作 Blackboard，显示的就是黑板当前的数据。最上面的 Time Stamp 表示行为树运行以来经过的时间，下方的列表分别显示黑板中每一个条目的数据。现在我们可以看到 TargetLocation 的值成功地被更改为了 (50, 50, 0)，说明服务节点运行成功了，如图 6.70 所示。

图 6.70

5. 行为树的任务节点

讲完了服务节点，终于可以来介绍行为树中最重要的任务节点。

UE5 官方已经内置了很多好用的任务节点，让我们来看看都有些什么。还是在行为树的空白处右击，这次我们展开 Tasks 标签，就可以看到当前 UE5 提供的所有任务，如图 6.71 所示。下面我们介绍一下几个任务。

（1）Finish with Result

这个任务什么事也不做，而且会带着指定的结果瞬间完成。但是你可以给它设置完成后的结果是成功、失败、被打断还是运行过程中，如图 6.72 所示。

图 6.71   图 6.72

这个任务乍看起来用处不大，但是在后期编辑大型行为树的时候使用它可以为我们的工作带来很多便利。比如说作为 Sequence 的其中一个子节点，设置节点返回 Succeeded（执行成功）结果，节点会被马上完成，并且跳回让 Sequence 选择下一个子节点。我们可以利用这个特性在这个节点上悬挂一些服务节点，用来在运行其他节点前先做一些数据的准备。如图 6.73 所示，我们将一个 FinishWithResult 任务作为 Sequence 的第一个子节点，然后在它身上挂一个 BTS_TestFindLocation 服务。在行为树被运行的时候，首先 FinishWithResult 会先被搜索和执行，此时悬挂在它身上的服务会被启动，产生数据。由于我们设置了 FinishWithResult 返回了 Succeeded，所以 Sequence 会继续往右执行下一个子节点 Wait。

同样的，由于 Selector 在遇到子节点运行失败后会运行下一个子节点，所以我们可以使用一个 FinishWithResult，设置返回一个 Failed 结果，并在它身上悬挂服务节点，以此来先获得信息。如图 6.74 所示，将一个 FinishWithResult 节点作为 Selector 的第一个子节点，并且设置运行返回 Failed 结果，然后再挂一个 Wait 节点作为 Selector 的子节点。行为树被运行的时候，由于 FinishWithResult 返回了失败的运行结果，所以接下来的 Wait 会被 Selector 搜索和执行到。

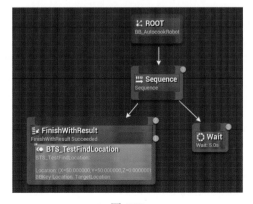

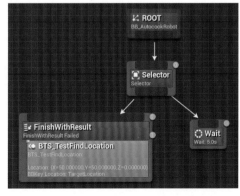

图 6.73   图 6.74

（2）Make Noise

MakeNoise 节点的作用是"制造噪声"。在 UE5 中，除了行为树以外还有一个 AI 相关的系统——感知系统。感知系统由另一个组件 AIPerceptionComponent 负责，如图 6.75 所示，你可以将组件添加到 AIController 上，它赋予角色多种感知，比如视觉、听觉、触觉等。

通过 MakeNoise 节点，能够在角色所在的位置发出一个噪声。节点暴露了 Loudness 参数，通过设置这个参数，我们可以设置制造出噪声的响度，如图 6.76 所示。

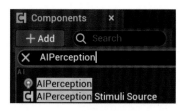

图 6.75

图 6.76

如果其他角色拥有感知系统并且响应了对声音的感知，那么它就可以"听到"这个噪声。利用这个功能，我们可以实现像在《刺客信条》系列游戏里，躲在某个角落里吹口哨吸引敌人注意的功能。

（3）Move Directly Toward 和 Move To

MoveDirectlyTowards 和 MoveTo 这两个节点都是让角色搜到某个位置的任务，但是这两个任务还是有些不同。

MoveDirectlyTowards 会让角色沿着最短的线段径直走到目标点。这个任务不会让角色寻路，即使角色和目标点之间有障碍物，角色也不会避开。比较适合游戏场景比较简单或者角色和目标点之间距离比较近的使用场景。

MoveTo 任务则是会使用到 AI 进行寻路，它会利用场景中的导航信息，让角色能够避开场景中的障碍物，并沿着最佳的路线行走到目标点。

两个任务节点的参数差不多，如图 6.77 所示。其中，比较重要的参数有两个：

- AcceptableRadius 表示距离目标多远以内就可以停止移动，单位是厘米。默认设置的值是 5，表示在角色移动至目标范围 5 厘米以内，就会成功退出任务。
- BlackboardKey 表示要移动到的目标，对应一个黑板条目。可以设置一个 Vector 类型的黑板条目，代表要到达的位置，也可以设置一个 Actor 类型（Object 类型，但是保存 Actor 实例）的条目，节点会自动获取 Actor 的位置。

需要注意的是，要使用 MoveTo 任务，必

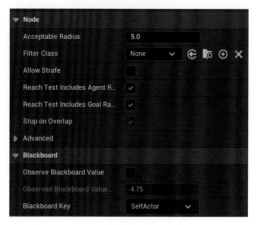

图 6.77

须要保证场景中有导航信息。导航信息由场景中的 NavMeshBoundsVolume（导航蒙皮体积）来提供。现在，游戏场景中已经有了一个 NavMeshVolume，所以在一开始机器人才能够响应我们的单击事件，避开障碍物跑到目标点。

回到场景编辑器，在世界大纲中搜索"NavMeshBoundsVolume"，就可以找到场景中的导航蒙皮体积，如图 6.78 所示。在世界大纲中双击它，就可以看到这个体积的边界覆盖了整个游戏场景，如图 6.79 中包裹着场景的橙色高亮盒子。

注意！我们在 2.4.4 节将地面重置到世界原点的时候，曾经把地面往下拉动了一定距离，因此，地面有可能会脱离导航蒙皮体积的控制。这个时候，我们可以将它的位置往下移动。在世界大纲中选中它，然后在细节面板中调整它的 Transform 属性，改变它的位置，让它能够重新包围整个地面。

图 6.78

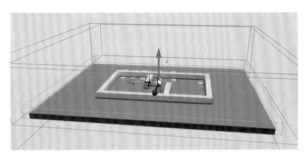

图 6.79

在场景编辑器中，单击左上角的"Show"，然后选择 Navigation（见图 6.80），就可以看到场景中的导航网格。如图 6.81 中的绿色部分表示的就是已经建立了导航网格的路线，我们可以看到在厨房四周的边缘是没有被绿色覆盖的（图中的黄色框部分），说明这些地方对于 MoveTo 任务来说无法通行。

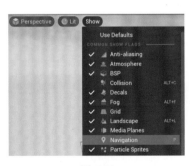

图 6.80

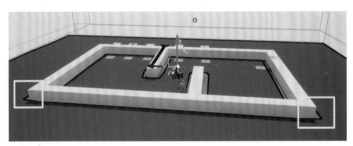

图 6.81

（4）Play Animation

使用 PlayAnimation 节点，可以让角色播放一个动画，如图 6.82 所示。单击选中它，在细节面板中可以看到它的参数（见图 6.83）：

● AnimationToPlay 是要播放的动画，单击下拉框，可以看到当前引擎中的所有可播放动画。

● Looping 是否循环播放。

- Non Blocking 是否为非阻塞。如果设置为 True，播放动画不会阻塞任务，一旦开始播放动画，任务会马上结束，如果设置为 False，任务会一直阻塞直到动画播放结束。

图 6.82　　　　　　　　　　　　　　　　　图 6.83

虽然使用这个节点能够很方便地让角色播放一个动画，但我个人不推荐使用。因为动画的处理我们一般会使用动画蓝图来实现（详见第 7 章），在动画蓝图中，我们会根据很多参数来决定要播放的动画。如果我们在 AI 行为树这里强行让角色播放一个动画，有可能最后就会把动画的播放逻辑变得很混乱。所以我们最好把所有动画相关的逻辑全部留给动画蓝图来做。

当然，如果你只是想测试，使用这个节点也未尝不可。

（5）Rotate to Face BBEntry

使用 RotateToFaceBBEntry 节点可以让角色开始旋转，旋转到角色面向目标的方向（见图 6.84）。面向的目标是由一个黑板条目提供的（所以节点叫作 FaceBBEntry）。

单击节点，可以在细节面板中看到节点的参数（见图 6.85）：

- Precision（精度）这是一个角度的度数。这里的数值 10 表示只要角色的面向和目标的面向之间的角度差小于 10，那么任务就可以退出。
- BlackboardKey（黑板 Key）表示要面向的目标。黑板条目支持指向两种值类型，第一种是 Vector 类型，表示要面向的目标的位置，比如我们可以直接让角色面向场上的某个位置；第二种是 Actor 类型（黑板中没有 Actor 类型，所以是 Object 类型但是指向一个 Actor 实例），节点会在场景中找到这个 Actor，并且获取它的位置，然后让角色面向它，所以我们可以直接将场景中另外的角色直接设置到黑板中供节点使用，角色会直接转到面向另一个角色。

图 6.84　　　　　　　　　　　　　　　　　图 6.85

（6）Run Behavior

在 6.2 节讲到，为了避免行为树节点爆炸（指的是节点太多的意思），我们可以将行为树拆分成多个子行为树，然后将子行为树作为一个任务节点让父行为树运行。在 UE5 中，行为树就提供了 RunBehavior 任务来运行一个子行为树，如图 6.86 所示。

选中节点，在细节面板中可以看到它的自定义参数就只有一个，如图 6.87 所示。Behavior Asset 参数代表着节点要运行的子行为树，单击下拉框，可以看到引擎中所有的行为树资源。

图 6.86

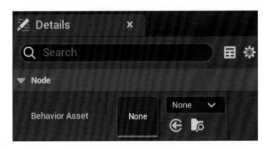

图 6.87

（7）Run EQS Query

RunEQSQuery 任务的作用是发起一个 EQS 查询，如图 6.88 所示。

那么 EQS 是什么呢？EQS 的全称是 Environmental Query System，也就是环境查询系统。它的作用在于找出一个集合里面最优的选择。这样讲可能有点抽象，举个例子，战场地图上有很多的掩体，它们组成了掩体的集合。我们的角色要找到其中一个掩体，要求这个掩体附近的补给最充足，并且最易守难攻。这时我们就可以使用 EQS 对这些掩体分别进行评分，最终找出一个最优掩体。EQS 做的大概就是这样的事。

我们来看看如何创建一个 EQS 查询器。

在 ContentBrowser 的空白处右击，选择"Artificial Intelligence"→"Environment Query"（见图 6.88），创建资源之后双击打开。可以看到 EQS 其实也是一个树形态的结构。从 ROOT 节点的连接槽往下拖动，就可以拉出节点搜索框，如图 6.89 所示。我们可以使用这些节点来构建一棵 EQS 查询树。

图 6.88

图 6.89

再回来看看 RunEQSQuery 节点的参数列表（见图 6.90）：

- QueryTemplate 参数是指向一棵 EQS 查询树，单击下拉框，就可以看到我们刚才创建的 EQS 资源。
- QueryConfig 节点允许我们从行为树提供一些参数给 EQS 进行计算。
- RunMode 规定了 EQS 的运行模式。包含几个选项（见图 6.91）：Single BestItem 是选择 EQS 评分最高的项目；SingleRandomItemFromBest5% 是从得分最高的 5% 中随机选出一个项目；SingleRandomItemFromBest25% 是从得分最高的 25% 中随机选出一个项目；AllMatching 是返回所有符合条件的项目。
- BlackboardKey EQS 查询后会将最后的结果写入到这个参数指定的黑板条目中。

图 6.90

图 6.91

（8）Wait 和 Wait Blackboard Time

这是两个 Wait 节点，它的作用就是让角色啥都不做，干等一段时间。

对于 Wait 节点来说，要等待多长时间，可以直接在细节面板配置它的时间属性。如图 6.92 所示，它的参数有：

- WaitTime 是任务等待的时间。
- RandomDeviation（随机偏移）是让 Wait 节点等待的时间能够在 WaitTime 的基础上进行一定范围内的随机。比如当 WaitTime 设置为 5，RandomDeviation 为 0.5 的时候，最后等待的随机范围就会是 5-0.5 到 5+0.5 之间。使用这个随机偏移，我们可以让每次等待的时间不一样，提高 AI 的随机性，可以让 AI 变得更为自然。

而对于 WaitBlackboardTime 任务来说，要等待多久则是取决于黑板中的某个条目指定的值（见图 6.93），等待的时间是动态的。你可以在其他节点（比如某个服务节点）中将要等待的时间写入黑板中，然后让 WaitBlackboardTime 任务根据黑板条目指定的时间进行等待。

图 6.92

图 6.93

举个例子，根据角色的血量不同，我们可能需要让角色休息不同时长的时间。这时候我们就可以用一个服务节点，根据角色的血量来计算要休息的时间，然后将它写入到黑板的某个条目中，接下来就可以通过 WaitBlackboardTime 任务，使用这个条目作为等待的时间。这样一来就能动态地控制等待时长了。

（9）实战：尝试 MoveTo 任务

在介绍服务节点的时候，我们创建了一个用来写入位置信息到黑板的节点，并把一个坐标写入到了 TargetLocation 条目中。现在我们可以试一试上面提到的任务节点 MoveTo，尝试让角色跑到设定的位置。

在空白处右击，创建一个 Move To 任务，如图 6.94 所示。单击 Move To 任务，在细节面板中单击 BlackboardKey 参数的下拉框，修改为 TargetLocation 条目。

运行游戏，可以发现角色确实跑到了 (50, 50, 0) 的位置，如图 6.95 所示。

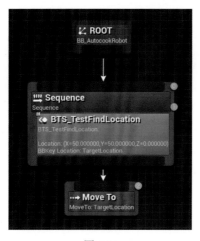

图 6.94

图 6.95

（10）创建自定义的行为树任务节点

想要完成后续的功能，我们免不了要创建自己的行为树任务节点。所以在本小节，我们先尝试创建一个新的任务节点来练练手，也学习一下具体需要实现些什么功能。我们会创建一个类似于"Wait"节点的任务，这个任务的功能是：

● 在进入任务的时候打印一句话表示已进入任务；

● 执行若干秒的等待后退出任务。

相比起来，其实也就是比 UE5 原生的 Wait 多了一些打印，关键在于学习如何编写自定义的蓝图行为树任务类。

在行为树资源 BT_AutocookRobot 的同个目录下，右击 ContentDrawer 的空白处，选择 Blueprint Class，在弹出的面板中搜索"btt"，选中 BTTask_BlueprintBase 作为基类（见图 6.96），并将创建出来的类命名为"BTT_TestWait"，如图 6.97 所示。

打开 BTT_TestWait，我们还是先把光标移动到 FUNCTIONS 标签上，单击 Override 按钮 **FUNCTIONS (6 OVERRIDE) Override ∨**，看看都有一些什么事件可以使用，如图 6.98 所示。其中，

比较重要的事件有：

- Execute AI 是任务开始执行的时候触发的事件，我们会在这里执行任务的逻辑。
- Execute Tick AI 是任务节点每帧会触发的事件，可以用来做每帧需要处理的逻辑。
- Abort AI 是任务被打断时触发的事件，任务可以决定是否要响应打断，并做一些被打断前要做的数据清理工作。

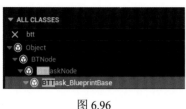

图 6.96　　　　　　　　　　图 6.97　　　　　　　　　　图 6.98

为了能让节点使用者决定要等待多久，我们还需要暴露一个表示等待时间的变量公布到节点外。创建一个成员变量，类型为 Float，名为"WaitSeconds"，表示要等待的秒数，然后在细节面板中将这个变量设置成 Instance Editable （也可以点亮变量旁的眼睛 ），就可以将参数暴露到行为树中。

接下来让我们来编写任务的执行逻辑。

单击 FUNCTIONS 标签 Override 下拉框中的 Execute AI 来创建一个事件节点，如图 6.99 所示。先拖动出一个 PrintString 函数，打印"Task Execute."文本表示任务开始。

行为树任务是个有意思的东西，每一个任务有"运行状态"。如图 6.100 所示，在任务开始运行的时候，会触发 Execute AI 事件，此时如果你没有马上使用 Finish Execute 节点，任务就会一直处于"Progressing（处理中）"状态，（除非被打断，否则）没有办法退出。如果需要结束当前任务运行，就必须要调用 FinishExecute 函数。FinishExecute 节点有一个参数 Success，类型是 Boolean，表示任务是否被成功完成。

图 6.99　　　　　　　　　　　　　　图 6.100

为了能够让任务节点等待一段时间再退出，我们需要拉一个 Delay 函数，并将成员变量 WaitTime 赋值给函数的 Duration 参数来指定等待的时间。Delay 函数会根据参数 Duration 进行等待，等待结束后再执行 Complete 管脚的逻辑。于是我们就能利用这个特性来执行任务的等待。

为了能够在等待之后再完成任务，我们在 Delay 函数的 Complete 管脚后，拉出节点搜索框，搜索并选中"Finish Execute"节点。由于等待任务一般而言是不会失败的，所以我们选择 Finish Execute 的 Success 参数，表示成功地完成了任务。

最终的蓝图连接如图 6.101 所示。

图 6.101

来试一下使用 BTT_TestWait 任务，看看效果是否如我们所想。回到 BT_Autocook
Robot 行为树中，拖动出两个 BTT_TestWait 任务作为 Sequence 的子节点（见图 6.102），
然后分别选中两个 BTT_TestWait 任务把 WatiTime 参数都设置为 5，表示要等待五秒，
如图 6.103 所示。

运行游戏，你会发现 BTT_TestWait 任务的效果和 Wait 任务几乎一模一样——第一
个 BTT_TestWait 节点会高亮五秒钟，然后是第二个高亮五秒钟，不断地反复。

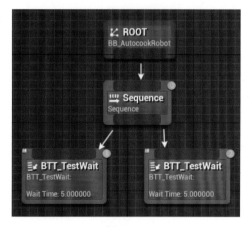

图 6.102

图 6.103

5. 行为树的装饰器节点

我们再来讲讲装饰器节点。装饰器
节点一样，是辅助节点，需要挂载在一个主要节点
上。装饰器节点能够做很多有用的事，除了最重要
最常见的条件判断以外，它还能给你的主要节点做
一些魔法般的操作。

接下来让我们看看官方现在提供的装饰器节点
都有哪些。我们在某一个主要节点上右击，在弹出
的菜单中选择 Add Decorator，可以看到如图 6.104
所示的装饰器节点列表。

图 6.104

（1）Blackboard

Blackboard 节点是最常用的装饰器节点之一，我们可以使用这个节点来判断黑板中某个条目的数值是否满足需求，如图 6.105 所示。

选中 Blackboard 节点，可以在细节面板中看到它的设置参数，如图 6.106 所示。第一个参数是 BlackboardKey，表示我们要判断的黑板条目。根据黑板条目的值类型，后面两个选项会发生不同的变化。

- 当黑板条目的类型是 Object、Boolean 或者 Vector 时（见图 6.107），出现 Key Query 设置，下拉框中有 Is Set 和 Is Not Set 两个选项。对于 Object 和 Vector 来说，表示黑板条目的值是否已经被设置。对于 Boolean 来说，代表黑板条目的值是 True 还是 False。

- 当黑板条目是 Int 或者 Float 类型（见图 6.108），节点可以用来比较黑板条目所记录的值与设置的数字 KeyValue 的大小关系，出现 KeyQuery 和 KeyValue 两个设置，KeyQuery 包括等于、不等于、小于、小于等于、大于、大于等于六个选项，KeyValue 是用来与黑板条目的值进行对比的数字。

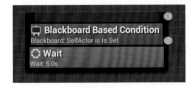

图 6.105

图 6.106

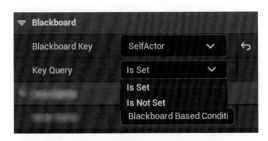

图 6.107

图 6.108

- 当黑板条目的类型是字符串（Name 或者 String 类型）时（见图 6.109），我们可以将黑板条目的值与另一个字符串进行比较。

图 6.109

（2）Compare BBEntries

Compare BBEntries 节点可以用来比较黑板中的两个条目是否相同或不相同，如图 6.110 所示。它有三个参数，其中 BlackboardKeyA 和 BlackboardKeyB 分别代表要比较的两个黑板条目；Operator 的参数则包括了两种选项——"Is Equal To"和"Is Not Equal To"，分别代表等于和不等于，如图 6.111 所示。

图 6.110

图 6.111

（3）Is At Location

IsAtLocation 的作用是判断角色是否在某个位置的范围内，如图 6.112 所示。单击选中节点，在细节面板中可以看到它的参数如图 6.113 所示。其中，AcceptableRadius（可接受的范围）表示当离目标地点多近时通过判断，它的单位是厘米。下面的 BlackboardKey 则指向一个黑板条目，数据是要判断的目标地点位置。当黑板条目中是 Vector 类型时，直接将其作为目标位置；当黑板条目中的数据是 Actor 时，获取 Actor 所在的位置作为目标位置。

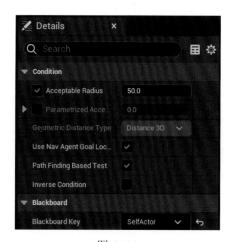

图 6.113

图 6.112

（4）Is BBEntry Of Class

IsBBEntryOfClass 可以用来判断黑板中 Object 类型条目值的类型与指定的类型是否相同，如图 6.114 所示。它的参数如图 6.115 所示。其中：

- TestClass 是要测试的类型，可以在这里展开所有的类型；
- BlackboardKey 表示要测试的黑板条目，下拉框中只会显示 Object 类型的黑板条目。

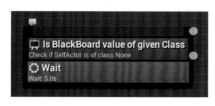

图 6.114　　　　　　　　　　　　　图 6.115

举个使用场景。比如游戏中有两种敌人，分别对应的类型是 Enemy1 和 Enemy2。在行为树中，我们会通过服务节点将主角遇到的敌人写入到黑板值中。在某种情况下主角只需要对 Enemy1 做出响应，那么我们可以使用 IsBBEntryOfClass 节点，选中敌人对应的黑板条目，并将 TestClass 设置为 Enemy1。

（5）Cooldown

Cooldown 缩写为 CD，其实就是我们游戏中经常看到的"冷却"概念。给主要节点附加 Cooldown 装饰器之后（见图 6.116），在运行过该主要节点的若干秒之内，将无法再次进入该节点。在它的参数中，最重要的就是"Cool Down Time"，这个参数表示经过此次运行之后，节点还需要冷却的时间，单位是秒，如图 6.117 所示。

图 6.116　　　　　　　　　　　　　图 6.117

举个例子。假设我们的角色总共有两种技能，其中技能 A 是大招，会优先释放，但是有大招会有 CD 的限制，每 5 秒才能发动一次。在大招的 CD 期间，会执行技能 B。那么使用行为树按照图 6.118 所示设置（这里用 Wait 任务表示对应的技能任务节点）。

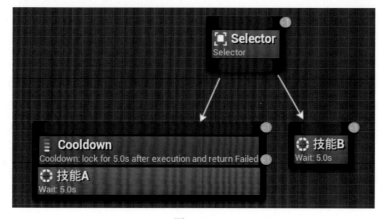

图 6.118

（6）Conditional Loop

使用 ConditionalLoop 节点（见图 6.119）可以让我们在某些条件下一直循环执行该装饰器节点所挂载的主要节点。单击节点，查看细节面板，可以看到该节点和 Blackboard 节点类似（见图 6.120），它会接受一个 BlackboardKey 参数来指定黑板条目，然后根据黑板条目的值类型显示不同的判断逻辑。

图 6.119 图 6.120

这个节点的使用场景可以很多。比如我们有一个任务节点是给主角的武器加入一颗子弹，那么可以将主角武器目前的子弹数记录在黑板条目中，比如"BulletCount"，然后将 ConditionalLoop 节点挂载在装子弹的任务上，如图 6.121 所示。并且将 BulletCount 和目标子弹数（比如 5）做比较，如图 6.122 所示。当子弹数小于 5 的时候，该任务就会被不断循环执行。

图 6.121 图 6.122

（7）Force Success

将 ForceSuccess 装饰器节点挂载到主要节点上后，不管这个主要节点的运行结果是成功还是失败，都会被强制变为成功，如图 6.123 所示。

有一个例子可以使用到这个节点。比如说我们有一个顺序节点 Sequence，挂载着三个子任务，分别负责获取物品 A、B、C。我们的需求是，即使其中任何一种物品如果获取不到（这会导致对应的任务失败），你也不想影响下一个物品的获取。如果不装载这个 ForceSuccess 节点，那么 Sequence 在检测到某个子任务失败之后，会直接判断为该 Sequence 执行失败，并不再执行下一个子任务。如图 6.124 所示（我们用 Wait 节点表示获取物品的节点），如果我们给获取 ABC 的三个任务都装载上 Force Success 装饰器，那么就可以保证三个任务最后都被强制为执行成功，于是 Sequence 就会一直顺利地运行下去。

图 6.123

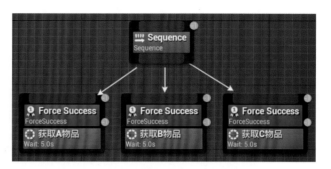

图 6.124

（8）TimeLimit

除了 Cooldown 以外，还有一个称为"TimeLimit"的节点是与时间相关的。TimeLimit 节点的作用是限制其附着的主要节点的执行时间，如图 6.125 所示。如果在 TimeLimit 节点设定的时间之后，节点还没有结束，那么节点的执行会被打断。单击展开它的细节面板，可以看到有一个参数为 TimeLimit，表示要限制的时间，单位为秒，如图 6.126 所示。

举个例子。比如我们在场景中有一个让角色搜集某种物品的操作任务，角色的物品搜集任务是随机事件的，但是我们希望给它设置一个最大的搜集时间，一旦超过这时间就打断搜索任务，那么可以拖动出如图 6.127 所示的行为树。

图 6.125

图 6.126

图 6.127

（9）Composite

最后，我们再来讲一种最为特殊的装饰器节点，叫作"Composite"，也就是复合装饰器。在复合装饰器中，我们可以使用 AND 和 OR 节点来组合多个装饰器节点的逻辑，来得到一个最终的判断值。

举个例子。假设在游戏中，角色需要距离目标点一定范围之内并且子弹数超过 5，才会对目标点发动进攻。那么，我们可以在进攻节点上添加一个 Composite 节点，如图 6.128 所示。双击 Composite 节点，就可以编辑它的逻辑，现在在 Composite 的编辑界面中，只有一个 Result 节点，表示最终的结果。

图 6.128

在空白处右击，分别拖动出 IsAtLocation 和 Blackboard 节点。分别选中这两个节点，在细节面板中设置参数。这两个装饰器节点之间是"且"的关系，所以我们需要一个 AND 节点。在空白处右击拖动出节点搜索框，搜索并选中"AND"，可以看到 AND 节点总共有两个输入管脚。我们分别将两个装饰器节点的管脚连接到 AND 的两个管脚上，最后再将 AND 节点的输出管脚连接到 Result 节点的 In 管脚上，如图 6.129 所示。切回到行为树编辑器，可以看到节点显示如图 6.130 所示。

图 6.129

图 6.130

↘ 6.5 实战：行为树整体架构

在本章的前半部分，我们从 AI 方案，行为树概述讲到 UE5 中的行为树及其节点。终于，我们的知识储备足够了，脑袋里充满了各式各样零散的概念。到这个时候，很容易产生已经学会了的错觉。不，我们还没有。只有经过实践锤炼过的知识点，才能够转换到我们自己的知识体系。

于是我们进入了本章的实践环节。在本章的后半部分，我们将会使用从前半部分学到的行为树知识，为机器人构建一棵行为树，让机器人动起来。

6.5.1 机器人的大脑需要思考什么

在 Autocook 游戏中，我们需要机器人能够自动地完成所有游戏内容并赚取分数。

因此，要求机器人会自动地完成这些子功能：

- 从现存的所有订单中选中一个最紧急的，作为待处理的订单；
- 根据待处理订单中需要的食材去获取原材料和处理原材料；
- 不断地判断背包中的物品是否满足提交订单的需求，满足的话就提交订单，赚取分数；
- 判断背包中是否有当前订单不需要的食材，如果有说明是已过期订单的食材，清空背包。

1. 选择最紧急的订单

机器人经常会检查自己当前是否有正在处理的订单，以及订单存不存在。订单不存在有可能是因为该订单已经被完成，或者订单已过期，这两种原因都会导致订单从订单管理器中被移除。所以我们只要提交一个订单号由 OrderManager 判断对应的订单是否存在，就可以判定该订单是否有效。

如图 6.131 所示，如果正处理中的订单仍有效，那么什么事都不用做；如果订单无效，那么需要我们重新从 OrderManager 中选取一个最紧急的订单。在这里，我们简单地规定"最紧急"的订单就是剩余时间最少的订单。

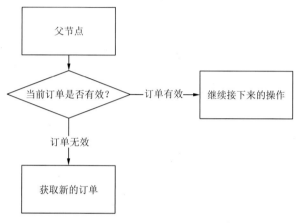

图 6.131

2. 根据订单需要的食材获取和处理原材料

获取有效订单之后，机器人就会开始获取和处理食材。

如图 6.132 所示，机器人会判断订单需要的材料是哪一种。订单需要的材料有两种：一种是像盘子和沙拉酱这种不需要经过处理，直接获取到背包就可以的；另一种就是切碎的水果和蔬菜，这种食材需要经过两步操作，即获取原始食材后使用砧板进行切割。

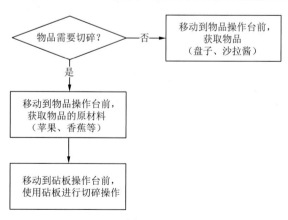

图 6.132

机器人需要移动到物品对应的操作台上，并且开始一个操作。

3. 尝试完成订单

每完成"一次"获取和处理完食材之后，订单都有可能已经符合了提交条件。这个时候，机器人会尝试发起一次完成订单的请求。

如果背包中物品和订单所需的物品完全符合，那么订单可以被成功完成；如果订单无法被完成，那么有可能是订单已经过期了（找不到该订单），或者说明还有其他的订单物品需要处理，那么继续根据订单获取和处理需要的食材。

4. 处理失效食材

当前正在准备的订单失效之后，机器人会接受新的订单。由于订单发生变化，所以此时背包中的物品可能会不符合新订单的要求（不一定会发生，因为新旧订单需要的物品也有可能相同）。

如果订单中的物品刚好符合新订单的需求，那么不需要做任何处理；如果背包中出现了新订单不需要的物品，那么直接清空整个背包，让机器人从头开始准备新的订单。

6.5.2　行为树架构

为了完成上面的功能，我们最后需要完成如图 6.133 所示的一棵行为树。

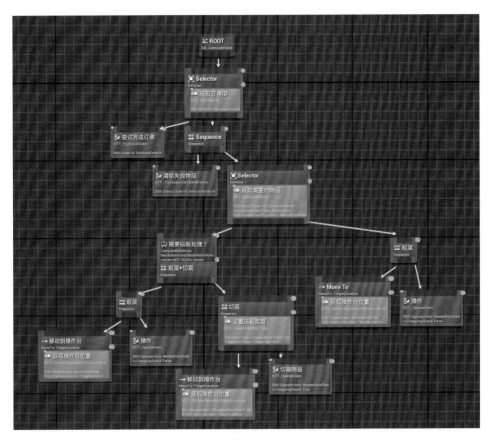

图 6.133

　　这棵行为树看起来节点很多，但是主要可以划分为几个模块。

　　首先是根节点下的 Selector 节点。在前面我们有提到过，在 UE5 中行为树根节点只能有一个子节点，而且必须是 Selector 节点。Selector 上面挂着一个"获取订单 ID"的服务节点，每次 Selector 被搜索，就会尝试进行一次最新订单获取。如果当前的订单仍旧有效，那么不会获取新订单，而如果当前订单已经失效了，就会从 OrderManager 中获取到最紧急的订单，并且将它写入到黑板中。

　　在 Selector 的左侧是一个尝试完成订单的任务。由于订单的物品不一定搜集完毕，所以订单不一定能够被完成。如果能够完成订单，这个任务就会返回成功，反之会返回失败。

　　我们之前学习过 Selector 的特性，如果子节点执行成功了，就当作 Selector 执行成功，不再执行下一个子节点；如果子节点执行失败，Selector 就会尝试找到下一个子节点，并且执行它。利用这种特性，我们可以做成下面的效果：

- 如果完成了订单，完成订单的任务就会返回成功的结果，回到 Selector 那一层，不会继续执行下一个子节点。由于 Selector 是 ROOT 的唯一子节点，没有下一个 ROOT 的子节点了，所以行为树会从头开始搜寻。这将导致挂载在 Selector 上的服务节点又被执行，找到了新的可以完成的订单，如图 6.134 所示。

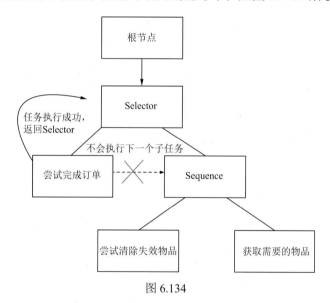

图 6.134

- 如果完成不了订单，说明缺了或者多了物品，这个时候 Selector 会运行下一个子节点来处理食材，如图 6.135 所示。

　　Selector 的第二个子节点是一个 Sequence，也就是顺序执行节点。如果执行到了这里，说明上一个节点执行失败，无法完成订单。无法完成订单的原因是物品不符合订单的要求。其中，有可能是背包中包含了不需要的物品（机器人错拿了，或者订单过期了，获取了新的订单，新的订单不需要这些物品），那么我们可以先直接清空背包中的物品，作为 Seqence 的第一个子节点。也有可能是背包中少了某些订单需要的物品，需要在场景中获取，我们将它作为 Sequence 的第二个子节点。

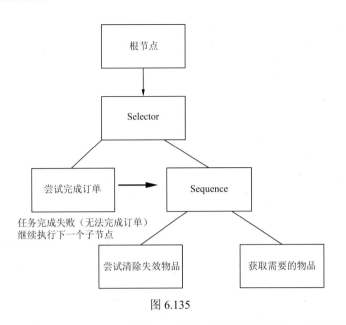

图 6.135

需要注意的是，在 Sequence 只要有一个子节点执行失败，就无法执行下一个子节点。所以不管是否需要清除物品，负责清除物品的任务节点都必须返回执行成功的结果。我们可以在编写节点逻辑的时候让节点永远返回执行成功，也可以使用我们之前提到的 ForceSuccess 装饰器节点。

负责在场景中获取和处理物品的子节点是一个 Selector，上面挂着一个服务节点，这个服务节点用来获取一个订单需要但是背包中仍不存在的物品。

运行该服务节点一共会得到两个数据，分别写入到两个黑板条目中：一个是订单需要的最终物品类型，一个是这个物品所对应的原材料。这两者的值有时会不同，有时又会相同。

- 如果物品需要经过砧板处理，那么这两个条目会分别对应处理后和处理前的物品（比如切碎的苹果和苹果原材料）；
- 当物品不需要经过砧板处理的时候，两个条目的值就会相同，比如说盘子和沙拉酱这些不需要切碎的物品。

为了分别处理这两种情况，Selector 下需要挂两个子节点（见图 6.136），分别对应需要切碎的物品（经过砧板处理）和不需要切碎的物品。左边的 Sequence 负责的是需要经过砧板处理的物品，右边的 Sequence 节点负责的是不需要切碎的物品。

我们会用一个 Blackboard 装饰器节点挂载左侧的 Sequence 节点上，该节点用来判断黑板中最终物品类型和物品对应原材料的值是否相同，如果相同则选择这个 Sequence 节点运行。

该 Sequence 节点又有两个子节点，分别对应的步骤是"取菜"和"切碎"。取菜和切菜操作都是由一个 Sequence 代表，分别包括两步（见图 6.137）：第一步是让机器人跑到对应操作台的位置；第二步是使用操作台进行操作。取菜和切菜的区别只在于操作台类型的不同，取菜需要跑到食材原材料对应的操作台，切菜则需要跑到砧板操作台。

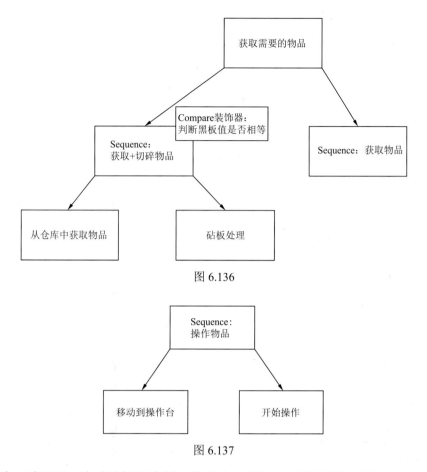

图 6.136

图 6.137

接下来，我们逐一完成这棵行为树上的节点，拼凑出完整的行为树！

↘ 6.6 实战：创建三种节点的基类

为了搭建 6.5 节设计的行为树框架，我们需要编写自己的任务节点、服务节点和装饰器节点。

在这些节点的逻辑中，我们经常需要访问到场景中的订单管理器 OrderManager 和背包 PlayerBag。为了能够让我们创建的行为树节点方便地访问到这些实例，我们需要分别为任务节点、服务节点和装饰器节点先创建三个基类，并在基类中先写好这些获取场景中实例的函数。

首先，我们来创建三个文件夹，分别用来容纳任务节点、服务节点和装饰器节点。在行为树资源 BT_AutocookRobot 的目录下，在 Content Browser 空白处右击，分别创建三个文件夹"Tasks""Services"和"Decorators"，如图 6.138 所示。

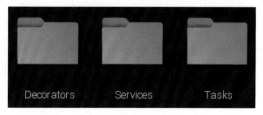

图 6.138

6.6.1　任务节点的基类

先来创建任务节点的基类。进入 Tasks 文件夹，创建蓝图类继承于 BTTask_BlueprintBase（见图 6.139），命名为"BTT_OrderOperationBase"，如图 6.140 所示。在这个类中，我们创建两个函数"GetOrderManager"和"GetPlayerBag"（见图 6.141），分别可以用来获取场景中的订单管理器和玩家背包实例。

图 6.139　　　　　　　　　　图 6.140　　　　　　　　　　图 6.141

两个函数与 5.4.3 节中介绍 UI 界面开发时讲到的从场景中获取实例的思路相同。都是从场景中获取实例，并且进行缓存，待下一次再次获取实例的时候，就可以直接将缓存返回。

两个函数都应该设置为 Pure，并增加对应类型的返回值。其中，GetOrderManager 函数会返回一个 OrderManager 类型的变量，变量名为"Ret"，如图 6.142 所示。GetPlayerBag 函数返回一个 PlayerBag 类型的变量，变量名也为"Ret"，如图 6.143 所示。我们常将返回值命名为"ReturnValue""RetVal"或者"Ret"，都是表示"返回值"的意思。

图 6.142　　　　　　　　　　　　　　　　图 6.143

除此之外，我们还需要在类中添加对应的成员变量"CachedOrderManager"和"CachedPlayerBag"，用于缓存实例，如图 6.144 所示。

图 6.144

接下来我们就可以创建函数的蓝图了。其中，GetOrderManager 的逻辑如图 6.145 所示。它会先判断缓存变量 CachedOrderManager 是否有值。如果没有值，说明还未缓存，那么使用 GetActorOfClass 节点从场景中获取到 OrderManager 实例，然后将其写入到缓存变量 CachedOrderManager 中进行缓存，再将它返回。如果 CachedOrderManager 有值，说明已经缓存过了，那么直接返回这个变量。

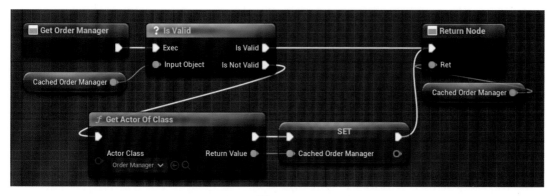

图 6.145

同样的，GetPlayerBag 函数如图 6.146 所示，与上面的原理一样，这里就不再赘述。

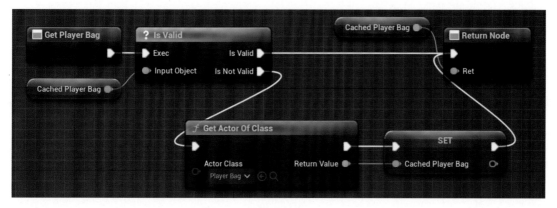

图 6.146

接下来，我们给订单操作基类 BTT_OrderOperationBase 添加一个根据 ItemType 获取对应操作台的函数 "GetOperatorStation"，如图 6.147 所示。该函数有一个输入参数 "ItemType"，类型为 EItemType，表示要寻找的物品类型；还有一个输出变量 "Station"，类型为 ItemOperatorStation，表示找到的操作台，如图 6.148 所示。

图 6.147

图 6.148

如图 6.149 所示，在函数中，我们会先使用 GetAllActorsOfClass 来从场景中找到所有操作台。GetAllActorsOfClass 接受一个 Actor 类型作为参数，执行它会返回一个数组，这个数组包含了场景中所有该类的实例。接下来，对这个包含所有操作台的数组使用 ForEachLoop 节点进行遍历，在循环体中，找到类型与参数 ItemType 相同的那一个操作台，作为返回值进行返回。

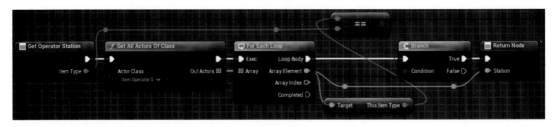

图 6.149

6.6.2　服务节点和装饰器节点的基类

接下来我们继续在 Services 目录下新建类"BTS_OrderOperationBase"继承于 BTService_BlueprintBase，如图 6.150 所示。这个类的作用与 BTT_OrderOperation Base 完全相同，希望能够让继承于它的服务节点方便地获取到订单管理器和玩家背包。这里我们不需要重新创建和编写对应的函数蓝图，直接从 BTT_OrderOperationBase 类复制就可以了。

首先回到 BTT_OrderOperationBase 类的编辑页，我们先来复制粘贴两个缓存变量。在 CachedOrderManager 变量上右击，在弹出的右键菜单中选择"Copy（复制）"，如图 6.151 所示。然后，打开服务节点类 BTS_OrderOperationBase 的编辑页，找到左边的"VARIABLES（变量）"视图，在标签上右击，在弹出的菜单中选择"Paste Variable（粘贴变量）"（见图 6.152），就可以将 CachedOrderManager 变量复制粘贴到 BTS_OrderOperationBase 中。用这种方式，我们把 CachedPlayerBag 变量也复制粘贴到 BTS_OrderOperationBase 类中。

图 6.150　　　　　　　　图 6.151　　　　　　　　图 6.152

接下来我们来复制函数。在 BTT_OrderOperationBase 编辑页左侧的 FUNCTIONS 中找到函数 GetOrderManager，右击，在弹出的菜单中选择"Copy（复制）"，如图 6.153 所示。然后在 BTS_OrderOperationBase 服务节点类的 FUNCTIONS 标签上右击，在弹出的菜单中选择"Paste Function（粘贴函数）"，如图 6.154 所示。

用同样的方式，我们把剩下的两个函数 GetPlayerBag 和 GetOperatorStation 也复制粘贴到 BTS_OrderOperationBase 类中。

同样的，自定义的装饰器节点也会需要一个方便获取场景中实例的基类。在 Decorators 目录下创建订单操作装饰器的基类"BTD_OrderOperationBase"类继承于 BTDecorator_BlueprintBase，如图 6.155 所示。由于类的功能与上面两个类完全相同，所以我们用相同和方法，在类创建完毕之后，将两个变量和三个函数分别从 BTT_OrderOperationBase 复制到这个类，最后编译保存即可。

图 6.153　　　　　　　　　　　　　图 6.154　　　　　　图 6.155

↘ 6.7　实战：获取要处理的订单

在 6.5 节中，我们了解了整棵行为树的总体框架。行为树的根部有唯一的一个子节点 Selecotr，我们会使用它的子节点来实现行为树的逻辑。

我们希望每次从顶层的 Selector 这里重新运行行为树的时候，都可以先判断一下当前在操作的订单是否还合法，如果不合法，那就需要重新去获取一个新的订单。既然是"获取"，表示这个行为是在搜集信息，所以这部分逻辑应该由一个服务节点来实现。服务节点找到的信息应该要保存在黑板里，才能共享给其他的节点，所以我们还需要创建一个黑板条目来保存。

6.7.1　创建黑板条目

首先，让我们来创建一个用来储存订单号的黑板条目。

打开黑板资源 BB_AutocookRobot，单击左上角的"New Key"按钮（见图 6.156），创建一个 Integer 类型的数据条目，并将其命名为"SelectedOrderId（选出来的订单号）"（见图 6.157），用来存储被服务节点选出来的订单号。

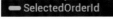

图 6.156　　　　　　　　　　　　　　　　　　图 6.157

6.7.2　创建用于获取订单的服务节点

接下来，我们正式开始编写获取订单号的服务节点。

在 Services 目录下，创建蓝图类"BTS_GetOrderId"，继承于 BTS_Order OperationBase，如图 6.158 所示。创建之后双击它，打开蓝图编辑器。

BTS_GetOrderId 的最终目的是在游戏中找到一个要处理的订单 ID，并其记录到某个黑板条目中。为此，我们需要创建一个 BlackboardKeySelector 类型的变量"BBK_OrderId"，并设置为 Instance Editable，如图 6.159 所示。如此一来，节点使用者就可以在行为树中指定该参数的值。

图 6.158

图 6.159

由于该服务节点会附着在一个复合节点上，所以我们需要响应它的 Receive Search Start AI 事件。行为树搜索到复合节点的时候，就会触发该事件。单击 FUNCTIONS 上的 Override 按钮，选择 SearchStartAI 事件。

在 SearchStartAI 事件的响应逻辑中，我们首先需要判断现在机器人需要处理的订单是否合法，还能不能被继续使用。逻辑图如图 6.160 所示。

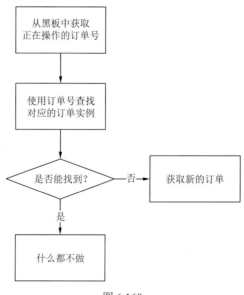

图 6.160

首先我们需要从黑板中获取到现在正在操作的订单号。使用 GetBlackboard

ValueAsInt 节点函数可以根据黑板条目从黑板中获取数据。将 BBK_OrderId 作为 GetBlackboardValueAsInt 节点的 Key 参数，就可以从黑板中取得已经被选中的订单 ID。获取到当前正在操作的订单号后，就可以尝试在 OrderManager 中使用 FindOrderById 函数，根据这个订单号来取得对应的订单。

我们使用一个 IsValid 节点可以判断 FindOrderById 函数返回的订单实例是否合法。合法则说明根据定额单号能够找到对应的订单，所以该订单号合法。订单号合法时，我们不需要重新获取新的订单号，继续沿用老的即可。

如果 IsValid 判断订单实例为非法（订单实例为空），则说明订单号对应的订单已经被完成，或者已经过期失效。这个时候，就需要我们重新找到一个最紧急的订单。对于寻找最紧急的订单对应的逻辑，我们可以创建一个函数"FindMostEmergencyOrder"来处理。

对于 SearchStartAI 事件的完整响应蓝图如图 6.161 所示。

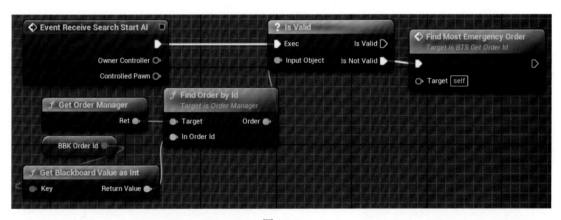

图 6.161

接下来我们来完成 FindMostEmergencyOrder 函数的逻辑。这个函数的作用是遍历所有的订单，并且从中找出剩余时间最少的订单。

这个函数里边用到了一个编程里最常用的找到最大值或最小值的方法。该方法需要我们先创建两个变量，一个用来表示目前已经找到的最紧急的订单，一个用来表示它的剩余时间。接下来遍历所有的订单，将第二个变量（剩余时间）与订单的剩余时间进行对比。每次找到了更加紧急的订单，就将它记录到第一个变量中，并将它的剩余时间记录到第二个变量。当订单全部遍历完毕之后，我们就找到了最紧急的那一个，如图 6.162 所示。

来看看上面提到的这个逻辑用蓝图如何实现。

首先我们要创建两个函数局部变量，一个叫"MostEmergencyOrder"，类型是 Order，表示当前最紧急的订单；一个叫"MostEmergencyLeftTime"，类型为 Float，表示当前最紧急订单对应的剩余时间，如图 6.163 所示。单击编译类之后，我们把 MostEmergencyLeftTime 的初始值设置成一个很大的值，比如 10000000.0，如图 6.164 所示。

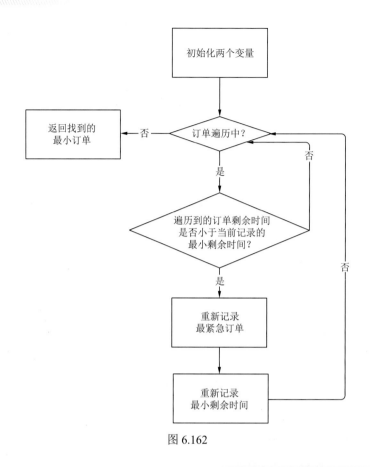

图 6.162

图 6.163

图 6.164

为什么要将 MostEmergencyLeftTime 的初始值设置成一个很大的值呢？这是因为我们在遍历到第一个订单的时候，我们还没有找到任何一个最紧急的订单。为了让第一个订单必定成为最紧急的订单，我们将 MostEmergencyLeftTime 的初始值设置成10000000，就可以保证第一个订单的剩余时间必定比 MostEmergencyLeftTime 的数值要小。

接下来，我们使用基类的 GetOrderManager 函数节点获取到 OrderManager 实例，然后使用它的 OrderList 来获取到所有的订单。

获取到订单列表后，用一个 ForEachLoop 节点来遍历每一个订单。在 ForEach Loop 的循环体中，对于遍历到的每一个订单，获取它的剩余时间，使用小于号节点（<）将它与 MostEmergencyLeftTime 节点进行比较。

接下来使用 Branch 节点进行判断，一旦发现订单剩余时间比 MostEmergency LeftTime 更小，说明这个订单更紧急（在第一个订单被遍历到之前，MostEmergency

LeftTime 还没被更新过，是一个非常大的值，所以当遍历到第一个订单的时候，第一个订单必定会被认为是最紧急订单，因为它的剩余时间一定小于这个很大的值），那么我们将这个订单写入到 MostEmergencyOrder 变量中，并将它的剩余时间设置给 MostEmergencyLeftTime。

这样，当所有的订单遍历完成之后，就可以找到最紧急的订单。在 ForEachLoop 的 Complete 管脚对应的逻辑中，我们可以处理 ForEachLoop 全部循环后的逻辑。由于在订单列表是空的情况下，有可能找不到任何最紧急的订单，此时会导致 MostEmergencyOrder 的值是空，所以我们需要先使用 IsValid 节点来判断它是否合法。如果最紧急订单的变量合法，那么我们获取它的 OrderId 变量，然后使用 SetBlackboardValueAsInt 节点将订单的订单号写入到 BBKOrderId 对应的黑板中。

完整的 FindMostEmergencyOrder 函数如图 6.165 所示。

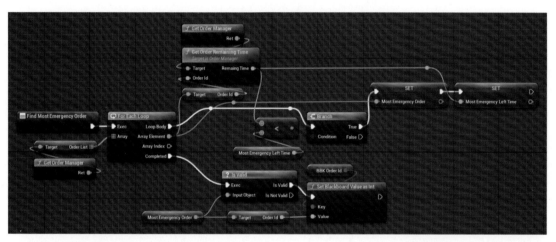

图 6.165

现在我们可以在行为树中使用这个服务节点。

打开行为树 BT_AutocookRobot 的编辑页，删除掉原来的所有节点，拖动出如图 6.166 所示的行为树。其中，ROOT 节点下是一个 Selector 节点，Selector 节点上挂着我们刚才创建的 BTS_GetOrderId 服务，并且将黑板条目 SelectedOrderId 作为 BBKOrderId 参数传入。最后，为了调试方便，我们还需要在 Selector 下挂一个 Wait 任务。

运行游戏，你会发现随着第一个订单被创建出来，黑板上的 SelectedOrderId 条目会变成 0。随着游戏的进行，由于我们还没有编写和应用完成订单的逻辑，所以订单会过期。等第一个订单失效后，SelectedOrderId 就会重新被刷新成最紧急那个订单 ID。

图 6.166

↘ 6.8 实战：获取和处理物品

在 6.7 节中，我们编写了获取新订单号的服务节点，并将订单号保存在了黑板中。挑选完要处理的订单后，现在就可以根据订单的内容来获取和处理物品。

完成获取和处理物品是由一系列比较复杂的逻辑组成的。为了完成这些逻辑，我们需要创建一些黑板条目，以及一些新的行为树节点。

6.8.1　创建新的黑板值

首先，我们需要创建一些新的黑板条件来满足数据交流的需求。

第一个是"NeededItem"，类型为 Enum，作用是记录当前背包需要物品的最终形态（比如切碎的苹果）。进入黑板资源 BB_AutocookRobot 的编辑界面，单击左上角的"New Key"，选择 Enum 类型，并将黑板条目命名为"NeededItem"，如图 6.167 所示。

"Enum"类型只是笼统地表示黑板条目的值类型是枚举，那么怎么指定具体的枚举类型呢？

在 Enum 类型的黑板创建之后，选中这个黑板条目，可以在右边的细节面板中找到"Key Type"选项。展开这个选项，我们就可以在"Enum Name"下拉框中选中具体的枚举类型，这里我们将枚举类型选为 EItemType。

第二个需要创建的黑板条目是"NeededItemRaw"，类型是 Enum，作用是记录当前背包需要物品的原始形态（比如苹果、香蕉和青瓜）。和 NeededItem 一样，也要在细节面板中将它的具体类型设置为 EItemType，如图 6.168 所示。

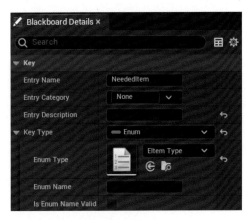

图 6.167

图 6.168

第三个是"TargetLocation"，类型是 Vector，表示角色要跑到的位置，如图 6.169 所示。在后面的行为树逻辑中，我们会将某个操作台的位置设置到这个黑板条目中，机器人可以从这个位置跑到操作台的位置。

第四个是"ChoppingBoardItemType"，类型是 Enum，也需要设置具体类型为 EItemType，如图 6.170 所示。这是一个特殊的用来表示砧板的物品类型的黑板值，后面的值会被我们固定地写为 EItemType::ChoppingBoard。黑板实例被创建出来之后，这个条目的数据会被自动设置成默认值 EItemType::None，我们后面自己编写一个服务节点来强行更改它的值为砧板 EItemType::ChoppingBoard。

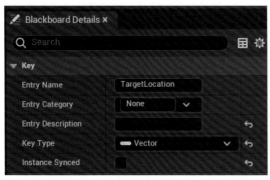

图 6.169　　　　　　　　　　　　　　　　　图 6.170

6.8.2　会使用到的行为树节点

在行为树负责获取和处理订单的逻辑中，我们总共需要六种节点。其中，UE5 自带的节点有两种。

1. MoveTo 节点

机器人需要移动到物品的操作台前才能够开始一个操作。所以我们需要让机器人移动到某个位置。这里我们可以方便地使用 UE5 自带的 MoveTo 节点来实现，这个节点可以从某个黑板中接受一个参数，并让角色移动到黑板条目所指定的位置（参考 6.5 节），如图 6.171 所示。在行为树中，我们会使用一个服务节点将操作台的位置写入到黑板条目TargetLocation 中，然后使用 MoveTo 节点移动到 TargetLocaiton，如图 6.172 所示。

图 6.171　　　　　　　　　　　　　　　　　图 6.172

2. CompareBBEntries 节点

在 6.6 节中，我们讲过对于需要切碎和不需要切碎的物品，会有不同的操作流程。那么，如何判断物品是否需要切碎呢？在 6.5 节中，我们提到会有一个获取订单需要物品的服务（下文中会详细讲），这个节点一共会输出两个黑板条目，分别是处理前后的物品类型。

UE5 自带的 CompareBBEntries 节点（见图 6.173），这个节点可以用来比较黑板中两个条目的值，它的参数设置如图 6.174 所示。我们可以利用它来判断处理前后的物品类型是否不相等（使用 Is Not Equal To 比较选项），如果不相等，那么说明物品不需要经过砧板处理，否则物品需要经过砧板处理。

图 6.173   图 6.174

6.8.3 自定义行为树节点

除了 UE5 提供的两个节点之外，我们还需要自己编写四个节点，才能够完成行为树的逻辑。

需要我们自己实现的有四种。

- 服务节点：获取订单需要的物品，并将两个物品类型输出到黑板条目 NeededItem 和 NeededItemRaw 中。
- 服务节点：获取某个类型操作台所处的位置，记录到黑板条目 TargetLocation 中。
- 任务节点：使用操作台进行操作，操作台的类型由黑板条目动态指定。
- 服务节点：把黑板的某个 EItemType 条目强制设置成某个值，我们会用它来将黑板条目 ChoppingBoardItemType 的值设置为 EItemType::ChoppingBoard。

接下来，我们来看看这四个节点分别是怎么实现的。

1. 服务节点：获取订单需要的物品

我们要编写的第一个服务节点的作用是计算出订单还缺少（还未被获取到玩家背包中）的物品。它会比较玩家背包中已经存储的物品和订单所需要的物品，比较后会得到一个订单还缺少的物品列表，随后节点会从缺少的物品列表中找出其中一个，记录到黑板中。

这个服务节点总共会输出两种物品的类型到黑板中。第一个是订单需要的物品，会被写入到黑板 NeededItem 条目中；另一个是这个物品对应的原材料，会被写入到黑板 NeededItemRaw 条目中。这两个物品类型可能会一样，比如盘子的两个类型就都会是盘子；也有可能两个物品类型不一样，比如一个是 AppleCut（切碎的苹果），一个是 Apple（苹果）。服务节点确定要操作的订单物品之后，就会尝试查找它对应的原材料，如果查找得到，那么将原材料写入另一个黑板值。

以上的逻辑如图 6.175 所示。

接下来，让我们在 Services 目录下创建蓝图类"BTS_GetNeededItem"（见

图 6.176），继承于 BTS_OrderOperationBase 类。

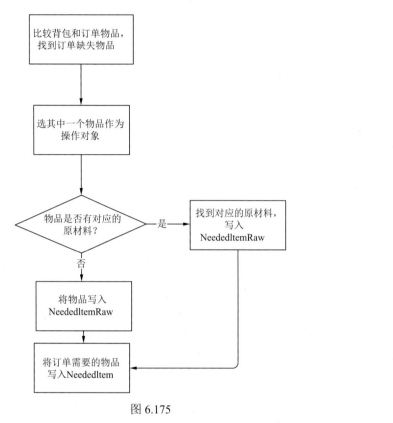

图 6.175

图 6.176

（1）创建变量

进入类的蓝图编辑窗口，我们来创建几个变量。

首先是运行这个服务节点需要的黑板条目，总共有三个，分别对应三个变量。三个变量类型都是 BlackboardKeySelector，并且都需要设置成 Instance Editable，以供节点使用者在行为中指定对应的黑板条目。这三个变量如下：

- BBK_SelectedOrderId 表示正在操作的订单号对应的黑板条目，节点会根据该变量的值从黑板中读取数据。
- BBK_NeededItemType 表示订单需要的物品类型对应的黑板条目，节点计算出订单需要的物品类型后会写入该变量对应的黑板条目。
- BBK_NeededItemTypeRaw 表示订单需要物品的原料类型，节点计算出原料类型后会写入该变量对应的黑板条目。

最后，我们还需要再创建一个 EItemType 类型的变量 "NeededItem"，这个变量用来在服务节点中保存计算出来的订单需要的物品的类型。

如图 6.177 所示，在上面创建的四个变量中，BBK_SelectedOrderId 的目的是从黑板中读取信息，属于节点的输入；BBK_NeededItemType 和 BBK_NeededItemTypeRaw 的目的是将信息写入到黑板，属于节点的输出。

图 6.177

创建四个变量后，VARIABLES 视图如图 6.178 所示。

图 6.178

（2）节点逻辑概述

由于我们会将服务节点 BTS_GetNeededItem 附着在复合节点上，所以节点的逻辑要通过响应事件 Search Start AI 来实现，使得复合节点被搜索到的时候，我们的编写逻辑就能被触发。

单击 FUNCTIONS 面板中的 Override 下拉框，选取 Search Start 事件（见图 6.179），我们能得到一个事件节点，如图 6.180 所示。

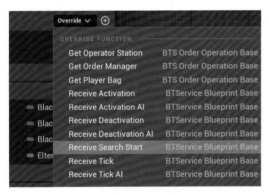

图 6.179

图 6.180

在节点对 SearchStartAI 事件的响应中，我们总共需要做三个步骤：

第一步，根据 BBK_SelectedOrderId 来获取已经被选中的订单号，然后根据该订单号在 OrderManager 中获取对应的订单实例。

第二步，找到背包中还缺少的订单物品，然后写入到变量 BBK_NeededItemType 对应的黑板条目中。这一步需要对比订单所需的物品列表和玩家背包中已经存储的物品列表，找出机器人还未获取的订单物品。

第三步，根据上一步已经计算出来的物品类型，获取它的原料类型，并写入到黑板中。

接下来，我们来看看这三件事的逻辑应该如何使用蓝图实现。

（3）第一步：根据黑板中的订单来获取订单

在行为树的其他节点中，我们会将要操作的订单号写入到黑板条目中。所以我们现在可以重新根据黑板条目 BBK_SelectedOrderId 来获取订单号。接下来，使用基类提供的 GetOrderManager 函数来获得 OrderManager 实例，然后调用它的 FindOrderById 函数，查找到订单号对应的订单实例。

获取到订单实例之后，最好还是使用 IsValid 节点进行一次合法性判断，避免由于某些意外状况获取不到订单号导致的报错问题。

如果找到的订单实例合法，那么我们就可以开始正式的计算订单的物品和该物品对应的原材料了。

接下来，我们可以顺便把第二个步骤和第三个步骤对应逻辑的函数给创建了。

创建新的函数 SetItem（见图 6.181），对应第二个步骤，作用是计算背包中还缺目标订单需要的哪个物品。它接受一个参数"Order"，类型是 Order 实例，表示要查找的目标订单，如图 6.182 所示。

再创建函数 SetRawItem（见图 6.181），对应第三个步骤，作用是上一步已经计算出来的物品类型，获取它的原料类型。

图 6.181

图 6.182

创建完这两个函数之后，我们将它们拖动到事件 SearchStartAI 的响应逻辑中，如图 6.183 所示。

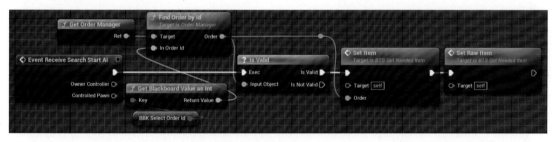

图 6.183

（4）第二步：SetItem 函数的实现

接下来我们来完成 SetItem 函数。

SetItem 函数的主要功能是比对订单需要的物品和背包中已经存在的物品，并且找到背包中还缺失的物品，将其中一个写入成员变量 NeededItem 和 BBK_NeededItemType 对应的黑板条目中。

函数的逻辑可以清晰地分为三部分，所以我们可以选择用一个三管脚的 Sequence 节点连起来。单击"Add Pin"按钮，将 Sequence 的输出执行管脚数量增加至三个，如

图 6.184 所示。

打开 SetItem 函数，在空白处按住 S 键单击，创建一个 Sequence 节点。

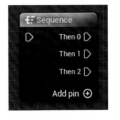

图 6.184

第一部分逻辑是准备数据，我们会分别统计订单和玩家背包中的物品种类以及对应的数量，方便后面进行比较。

在此之前我们需要先在 SetItem 函数中创建两个局部变量 "ItemCountMapOrder" 和 "ItemCountMapBag"，分别用来存放订单和背包中的物品及其对应的数量。两个变量的类型都是 Map，Key 类型为 EItemType，表示统计到的物品类型，Value 类型为 Integer，表示物品类型对应的物品数量，如图 6.185 所示。

这两个变量的数据我们要分别从订单和背包中获取，所以还要分别为 Order 类和 PlayerBag 类创建对应的数据统计函数。

打开 Order 类，创建函数 "GetAllItemCountMap"，用来统计订单中的物品类型及其对应的数量。将 GetAllItemCountMap 函数设置为 Pure，并添加返回值 "Ret"。Ret 的类型是一个 Map，Key 类型为 EItemType，Value 类型为 Integer。

接下来我们来编辑 GetAllItemCountMap 的蓝图。由于在之前创建订单的时候，我们已经将可选物品的物品类型与数量的统计数据写入到变量 OptionalItemCountMap 了，所以现在我们只需要使用 Add 节点分别将一个盘子和一个沙拉酱这两个必要物品加入表中就可以了。创建函数局部变量 RetValue，类型与函数的返回参数保持一致（见图 6.186），用来表示返回值。接下来，先将整个 OptionalItemCountMap 赋值给 RetValue（会发生一次数组复制），然后往 RetValue 中添加一个盘子和一个沙拉酱，最后将 RetValue 作为返回值返回即可。函数如图 6.187 所示。

图 6.185

图 6.186

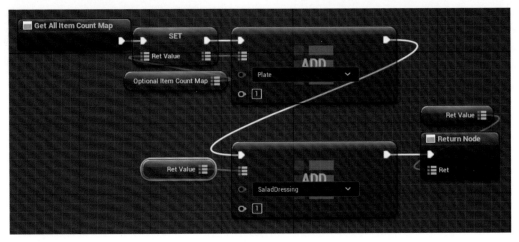

图 6.187

然后我们统计背包中的物品及其数量。

打开 PlayerBag 类，同样创建函数"GetAllItemCountMap"，并将函数设置为 Pure。分别添加函数返回值"Ret"和函数局部变量"RetValue"，类型与 Order 的"GetAllItemCountMap"函数的返回值保持一致。

双击打开 GetAllItemCountMap 函数。我们需要遍历背包中的物品列表 AllItems。在循环体中，使用 Find 函数在 RetValue 中查找物品对应的统计记录，并使用一个 Branch 节点来进行布尔值判断。

如果在 RetValue 中找不到对应记录，说明未曾记录过该物品，那么添加对应的物品类型和数量 1 到 RetValue 中；如果找到了对应的数量记录，则取出 RetValue 中对应的记录项，并将数量加一，然后使用 Add 节点重新设置到 RetValue 中。遍历结束之后，ForEachLoop 节点的 Complete 管脚会被激活，我们使用 ReturnNode 节点将 RetValue 返回。函数的蓝图如图 6.188 所示。

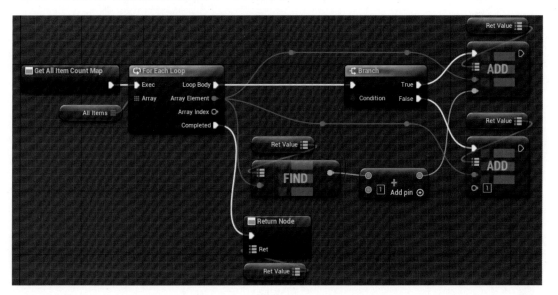

图 6.188

回到服务节点类 BTS_GetNeededItem 的 SetItem 函数，分别调用 Order 和 PlayerBag 的 GetAllItemCountMap 方法，将得到的统计数据分别写入到局部变量 ItemCountMapOrder 和 ItemCountMapBag 中，完成这两个数据的准备。然后，将 NeededItem 重置为 None 类型，表示目前任何物品都还没找到，如图 6.189 所示。

做完数据的初始化之后，需要将这段蓝图连接到 Sequence 节点的 Then 0 管脚。

接下来我们需要对比 ItemCountMapOrder 和 ItemCountMapBag 的数据。

对比数据的流程如图 6.190 所示。

遍历 ItemCountMapOrder 的所有 Key。注意，由于我们找到其中一个需要物品之后就可以马上终止遍历，所以这里不使用 ForEachLoop 节点而是使用 ForEachWithBreak 节点，这个节点支持循环过程的中止。

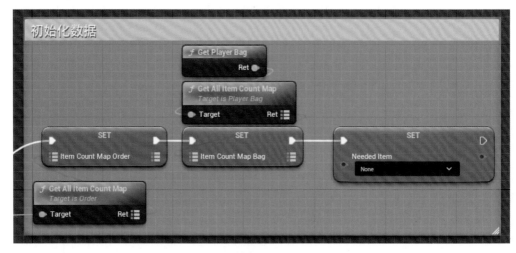

图 6.189

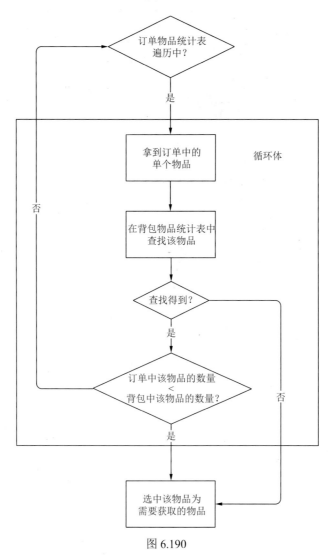

图 6.190

　　在循环体中，用遍历到的每一个物品类型，尝试从背包的统计数据表 ItemCount MapBag 中获取对应的物品数量。如果获取不到，则说明背包中根本没有这个物品，必须要获取它；如果找到了对应的类型，那么对比同个类型在订单和背包中的数量，如果订单中这个类型的物品数量多于背包中的，那么也说明这个物品需要获取。找到需要被获取的物品之后，就可以将它的值设置到 NeededItem 中，并且使用 Break 管脚来中断 ForEachWithBreak 循环。

　　最终画出来的蓝图如图 6.191 所示，并且需要连到 Sequence 的 Then 1 管脚。

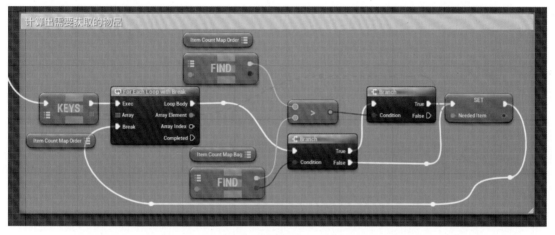

图 6.191

　　第三部分最为简单，因为我们上面已经将需要的物品算出来并且写入了 NeededItem 变量，所以现在只需要使用 SetBlackboardValueAsEnum 将需要的物品类型设置到 BBK_NeededItemType 对应的黑板条目即可，如图 6.192 所示。这部分蓝图需要连接到 Sequence 节点的 Then 2 管脚。

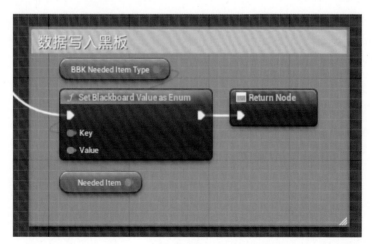

图 6.192

整个 SetItem 函数的蓝图如图 6.193 所示。

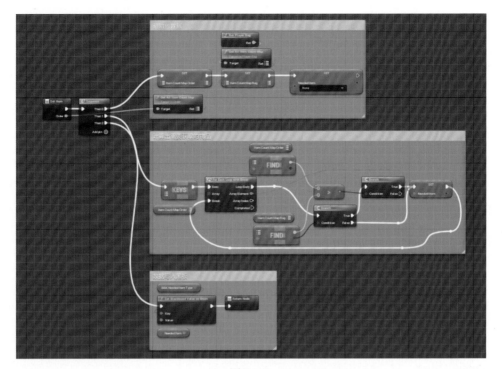

图 6.193

（5）第三步：SetItemRaw 函数的实现——尝试获取需要物品的原材料类型

第三步对应的逻辑我们要在函数 SetItemRaw 中实现。在 SetItemRaw 函数中，我们会先创建一个从物品到物品原材料的映射表，然后尝试在这个表中查找对应的物品原材料，查找到后写入到黑板条目中。

打开函数 SetRawItem 的编辑页，来看看具体要怎么做。

物品和它对应的原材料其实有一个映射关系，比如说被切碎的苹果的原材料是苹果，被切碎的香蕉的原材料是香蕉，被切碎的青瓜的原材料是青瓜。为了表示这种映射关系，我们给 SetRawItem 函数添加一个局部变量"FinallItemToRawItemMap"，类型是 Map，其中的 Key 类型和 Value 类型都是 EItemType，如图 6.194 所示。蓝图编译后，在细节面板中输入默认数据（见图 6.195）：

- AppleCut => Apple
- BananaCut => Banana
- CucumberCut => Cucumber

图 6.194

图 6.195

在上一步的 SetItem 中，我们已经找到了需要获取的物品并保存到了 NeededItem 变量中。接下来，我们使用 NeededItem 为 Key，尝试从 FinalItemToRawItemMap 中找到对应的键值对。

如果找到了键值对，那么键值对中的 Value 就是物品对应的原材料类型。如果找不到对应的键值对，代表这个物品不需要原材料，也就是它的原材料就是自己。然后，我们将原材料的类型使用 SetBlackboardValueAsEnum 节点，写入 BBK_NeededItemTypeRaw 所代表的黑板条目中。函数的蓝图如图 6.196 所示。

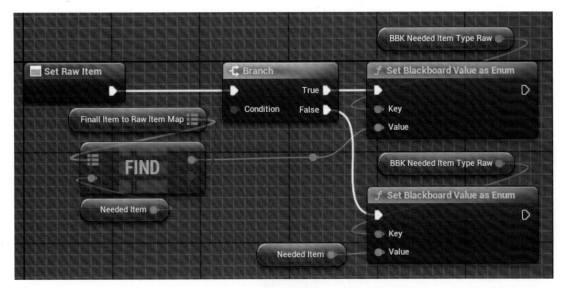

图 6.196

至此，这个复杂的 BTS_GetNeededItem 服务节点就完成了。

2. 服务节点：获取某个类型操作台所处的位置

机器人需要跑到操作台所在的位置之后，才能开始一个对应的操作。在前文中我们提到了可以使用 UE5 自带的 MoveTo 任务来驱使角色跑到黑板条目指定的位置。所以，现在我们需要做的就是用一个服务节点来获取操作台的位置，并将其写入到某个黑板条目中。

在 Services 目录下创建蓝图类 BTS_GetItemOperationStationLocation（见图 6.197），继承于 "BTS_OrderOparationBase"。

打开蓝图类的编辑器，让我们来完成它的逻辑编写。

图 6.197

服务节点 BTS_GetItemOperationStationLocation 最终会附着在 MoveTo 任务节点上，在 MoveTo 任务开始执行之前获取操作台的位置并写入黑板条目。想要在任务节点执行之前激活逻辑，我们可以响应它的 Activation AI 事件。

如图 6.198 所示，节点一共需要创建和公开两个成员变量到行为树：

- BBK_ItemType 类型为 BlackboardKeySelector，表示要获取位置的操作台类型所在的黑板条目。

● BBK_StationLocation 类型为 BlackboardKey Selector，表示要将操作台位置写入的黑板条目。

图 6.198

为了能够在行为树中设置这两个值，两个变量都需要被设置为 Instance Editable。

接下来我们来响应 Activation AI 事件。将光标移动到 FUNCTIONS 视图的标签页上，单击出现的 Override 按钮来展开事件列表，并且选择 ActivationAI 事件，ActivationAI 事件节点就会出现。

在对事件的响应中，我们首先根据变量 BBK_ItemType 和节点 GetBlackboard ValueAsEnum 来获得操作台的物品类型。需要注意的是，GetBlackboardValuaAsEnum 节点返回的其实不是一个真的 enum 类型，而是一个 Byte 类型。枚举值在黑板中都是以 Byte 类型被存储的。所以调用 GetBlackboardValuaAsEnum 后，我们要对 Byte 类型的 ReturnValue 转型为需要的枚举类型。从 ReturnValue 管脚上拖动出节点搜索框，搜索"Byte To Enum 你需要的枚举类型"，就可以找到对应的类型转换节点，如图 6.199 所示。比如在这里，我们就需要搜索"Byte To Enum EItemType"，来得到转型为 EItemType 的转换节点，如图 6.200 所示。

图 6.199

图 6.200

转换类型后得到操作台的枚举类型，将它作为参数来调用基类的 GetOperatorStation 节点，就可以查找并获取对应类型的操作台。

接下来，我们需要获得操作台的位置。操作台的类型是 OperatorStation，它继承于 Actor，可以被摆放在场景中。我们可以调用它基类的函数节点 GetActorLocation 来得到它的位置。GetActorLocation 节点会返回一个 Vector 类型的结果，表示 Actor 的位置。最后，我们使用 SetBlackboardValueAsVector 节点，以 BBK_StationLocation 为参数，将位置信息写入到对应的黑板条目中。

完整的事件响应如图 6.201 所示。

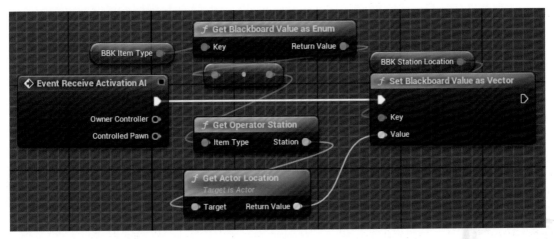

图 6.201

3．任务节点：使用操作台进行操作

机器人走到对应操作台所在的位置之后，就会使用操作台的功能开始对应的操作。这样的操作分为两种：一种是非砧板类的；一种是非砧板类的。非砧板类的操作不需要传入原材料，操作完毕后会得到一个物品原材料，直接储存到玩家背包即可；砧板类的需要传入物品的初始形态，并加工成物品的最终形态，再放入背包。另外，机器人在开始一个订单之后，就会站在原地什么事都不做，一直等待直至操作结束，所以要求启动操作的任务节点后，需要等待操作结束才能退出该任务。

讲完原理，我们来看看怎么实际操作吧。

在 Tasks 文件夹中，创建蓝图类 "BTT_OperateItem"（见图 6.202），继承于 BTT_OrderOperationBase。

（1）创建成员变量

双击 BTT_OperateItem 打开蓝图编辑器。我们先来创建几个成员变量（见图 6.203）。

图 6.202

图 6.203

- BBK_OperateItem 类 型 是 BlackboardKeySelector。需 要 设 置 为 Instance Editable，这样我们可以在行为树中指定该参数对应的黑板条目。它可能有两种意义：当操作台不是砧板类型时，它会指定砧板的类型，比如苹果型的操作台、香蕉型操作台；当操作台是砧板类型时，它指定的是传给砧板进行操作的物品类型，比如传入苹果作为操作对象。

- IsChoppingBoard 类型是 Boolean，表示当前操作台是否为砧板。作为行为树节点使用者需要指定的输入参数，它同样需要设置为 Instance Editable。

- CurrentOperatorStation 类型为 ItemOperatorStation，表示当前正在执行操作的操作台实例。对一个操作台开始操作之后，我们会将这个操作台记录为"当前的操作台"。

- OperateItem 类型为 EItemType，表示要被处理的物品类型。我们会将 BBK_OperateItem 指定的黑板条目中取出的物品类型数据写入到该变量中。

其中，BBK_OperateItem 和 IsChoppingBoard 变量属于节点的输入，Current OperatorStation 和 OperateItem 是节点内部逻辑使用的变量，如图 6.204 所示。

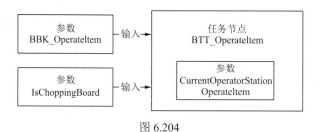

图 6.204

（2）编写任务的执行逻辑

我们在前面讲过，想要让行为树在被执行时运行我们编写的逻辑，就要响应事件 Execute AI。

将光标移动到 FUNCTIONS 标签页上，单击"Override"按钮并选择 ExecuteAI 事件，就会出现 ExecuteAI 事件节点，如图 6.205 所示。

图 6.205

如图 6.206 所示，这段逻辑可以分为几个步骤：

第一步，从黑板中读取要操作的物品类型，并保存到成员变量 OperateItem 中；

第二步，决定操作台的类型是什么；

第三步，根据上一步得到的操作台类型，查找并获得操作台的实例；

第四步，使用操作台实例开始一个操作；

第五步，如果是砧板类型的操作台，还需要从玩家背包中删除对应的原材料。

接下来我们看看每一个步骤具体要怎么实现。

首先，我们需要获得黑板的操作物品。创建函数"UpdateOperateItemValue"，用来从黑板中获得当前指定物品的类型，如图 6.207 所示。双击打开函数 Update OperateItemValue 的编辑页，我们需要使用 GetBlackboardValueAsEnum 节点来获取变量 BBK_OperateItem 对应黑板条目的枚举值。用 GetBlackboardValueAsEnum 得到的返回值需要使用"Byte to Enum EItemType"节点来将它的类型从 Byte 转换为 EItemType。随后，我们将这个值写入到变量 OperateItem 中，如图 6.208 所示。

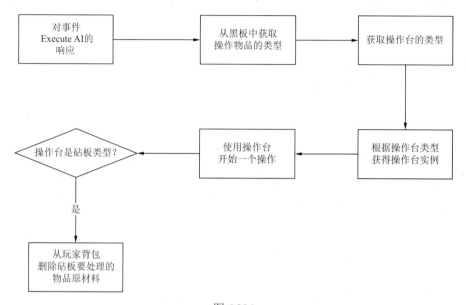

图 6.206

图 6.207　　　　　　　　　　　　　图 6.208

接下来，我们需要创建一个函数来获取操作台的类型。根据当前操作台的类型是否为砧板类型，函数会返回不同的操作台类型。如果是操作台是砧板类型（IsChoppingBoard 变量的值是 True），那么直接返回砧板类型 ChoppingBoard，否则返回上一步从黑板中读取到的 OperateItem。创建函数"GetTargetStatationItemType"，并设置为 Pure，如图 6.209 所示。函数会返回一个 EItemType 类型的参数"TargetStationItemType"，表示该操作台的类型，如图 6.210 所示。

在 GetTargetStatationItemType 函数中，使用 Branch 节点来判断 IsChopping Board 变量，并添加两个 ReturnNode 节点。如果 IsChoppingBoard 变量的值为 True，那么单击 ReturnNode 的下拉框，直接选择 ChoppingBorad 类型，若否，将 OperateItem 变量设置给 ReturnNode，如图 6.211 所示。

图 6.209

图 6.210

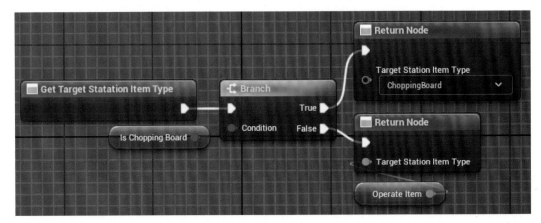

图 6.211

使用这个函数返回的操作台类型作为参数，调用基类函数 GetOperatorStation 就可以得到对应操作台。在 EventGraph 中，我们将得到的操作台实例写入到 Current OperatorStation 中，如图 6.212 所示。

根据类型获得操作台之后，我们就可以使用操作台的 StartOperation 函数来开始一个操作。StartOperation 函数需要传入成员变量 OperateItem 作为参数，表示要被处理的物品，如图 6.213 所示。

开始一个操作之后，如果当前的操作台类型是砧板类型，说明我们会将背包中的物品"取出"后交给操作台处理。为了模拟这个从背包"取出"物品的逻辑，我们还得从背包中删除掉这个被处理的物品。创建函数"ChoppingBoardDestroyRawItem"来做被删除处理物品的逻辑，如图 6.214 所示。

图 6.212

图 6.213

图 6.214

双击打开 ChoppingBoardDestroyRawItem 函数的编辑页，调用基类的 Get PlayerBag 函数获取玩家背包实例，然后调用玩家背包的 RemoveOneItem 函数，将 OperateItem 作为参数输入，就可以从背包中删除掉这个物品，如图 6.215 所示。

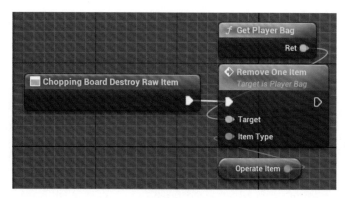

图 6.215

最后，对事件 Execute AI 的响应代码如图 6.216 所示。

图 6.216

（3）编写任务的 Tick 逻辑

由于物品操作需要一定的时间，在这段时间内我们都不能结束任务，所以在 Execute AI 的最后不需要使用 FinishExecute 节点。这是因为调用 FinishExecute 函数后，任务节点会马上结束执行，行为树会因此继续搜索下一个可执行节点，就无法实现让机器人原地等待的效果了。

那么，我们要在什么时候结束任务呢？答案是需要一直等待，直到当前的操作台结束操作为止。

由于操作台随时都有可能结束操作，所以我们需要一直检测它的操作状态，也因此我们需要响应节点的 Tick AI 事件。单击 FUNCTIONS 标签中的 Override 按钮，选中 TickAI 事件。

在对 TickAI 事件的响应逻辑中，我们会使用到当前正在操作中的操作台，也就是成员变量 CurrentOperationStation，这个成员变量在对 ExecuteAI 事件响应时已经被设置了对应的操作台实例。

获取该操作台实例的 IsOperating 属性。我们要做的是在操作台"不在"操作状态时结束任务。所以为了好理解，我们最好先对 IsOperating 的值取反，再进行判断。从 IsOpearting 节点上拖动出节点搜索框，搜索"not"，并选择"NOT Boolean"节点，就可以对 Boolean 类型的值取反，如图 6.217 所示。我们将取反后的 Boolean 值用 Branch 节点做判断，当它的值为 True 的时

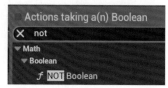

图 6.217

候，表示操作台不在操作中。此时，我们就可以执行 FinishExecute 函数来结束任务了。FinishExecute 函数的 Success 参数要选择为 True，表示任务一定是执行成功的，如图 6.218 所示。

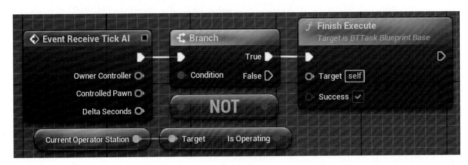

图 6.218

4. 服务节点：向黑板条目中写入指定的物品类型

在后面行为树的搭建中，会有一个将黑板中某个 EItemType 类型的条目所对应的值强制设置成特定值的需求。

我们可以写一个服务节点来将指定的 EItemType 变量存储到指定的黑板条目中。

在 Services 文件夹下创建蓝图类"BTS_ForceSetBBItemType"，继承于 BTS_OrderOperationBase，如图 6.219 所示。打开 BTS_ForceSetBBItemType 类的蓝图编辑器，先来创建两个变量：

- "BBK_ItemType"类型为 BlackboardKeySelector，表示要写入的黑板条目；
- "TargetItemType"类型为 EItemType，表示要写入到黑板条目中的物品类型。

由于两个变量都需要在行为树中公布为节点的设置，所以我们把这两个变量都设置成 Instance Editable。

由于这个服务节点我们只会将它挂载到复合节点上，所以我们响应它的 Search Start AI 事件就好。

在事件的响应逻辑中，使用 SetBlackboardValueAsEnum 节点，将 TargetItemType 的值设置到黑板条目 BBK_ItemType 中，如图 6.220 所示。

图 6.219

图 6.220

6.8.4　创建获取和处理食材的行为树

我们在 6.5.2 节中已经设计好了行为树的框架，还把所有要使用到的节点准备好了，现在一切都已准备就绪。那么，接下来就可以真正地使用节点开始构建具体的行为树了。

最后我们会构建如图 6.221 所示的行为树。

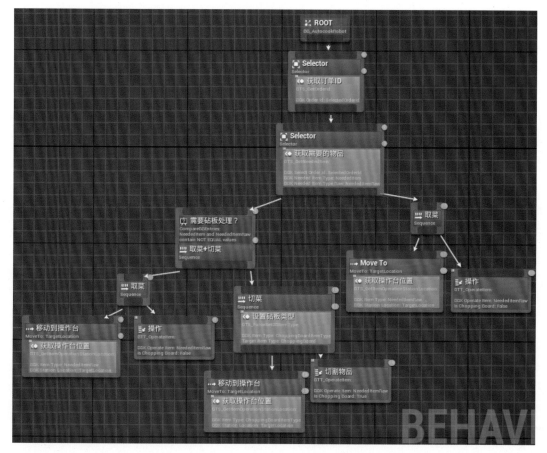

图 6.221

首先我们从 ROOT 节点拖动出一个 Selector 节点，作为 ROOT 节点的唯一子节点。Selector 上面挂一个 BTS_GetOrderId 服务，并将节点的 BBK_OrderId 变量设置为黑板条目 SelectedOrderId，如图 6.222 所示。如此一来，每次 Selector 重新被搜索到的时候，节点就会验证目前的订单号，并且尝试更新订单号到 SelectedOrderId 条目。修改节点的名称为"获取订单 ID"，如图 6.223 所示。

如何修改节点的命名？选中节点后，在细节面板中可以找到 Description（描述）一项，其中有一个属性叫作"Node Name（节点名称）"，修改这个属性就可以更改节点的名称，如图 6.224 所示。

再拖动出一个 Selector 节点放到作为上一个 Selector 节点的子节点，在这个 Selector 节点中，我们会选择是进入砧板处理的逻辑还是非砧板处理的逻辑。

图 6.222

图 6.223

图 6.224

Selecotr 上需要挂载服务节点 BTS_GetNeededItem，用来获取订单需要的（但仍未获取到背包中的）一个物品。最终节点会输出两个结果，分别是需要获取的物品类型，以及物品对应的原材料类型。所以我们需要分别为参数 BBK_NeededItemType 和 BBK_NeededItemTypeRaw 设置黑板条目 "NeededItem" 和 "NeededItemRaw"。此外，节点还需要知道此时正在处理的订单号是哪个，因此我们还要将 BBK_SelectOrderId 的黑板条目设置为 SelectedOrderId。修改 BTS_GetNeededItem 节点的名称为 "获取需要的物品"，如图 6.225 所示。

Selector 会处理两种情况，分别对应两个子节点：第一种情况是物品的类型和原材料类型不一致，表示机器人需要从对应的原材料仓库中获取原材料，然后交给砧板操作台切碎；第二种情况是物品类型和原材料类型一致，说明机器人只需要简单地从物品对应的操作台中获取物品，直接放入背包即可。

由于第一种情况一共包括取菜和切菜两个步骤，所以我们会用一个 Sequence 顺序节点来组织这两个步骤。创建 Sequence 节点后，将节点的名称命名为 "取菜 + 切菜"。

如图 6.226 所示，在这个 Sequence 上要加上一个 UE5 自带的 CompareBBEntries 装饰器节点，用来判断 "NeededItem" 和 "NeededItemRaw" 两个条目是否相同。添加 CompareBBEntries 装饰器节点后，单击它，在细节面板中修改它的属性，其中：

- Operator 选择 IsNotEqualto，表示当两个条目不相等时才通过检测；
- BlackboardKeyA 选择 NeededItem；
- BlackboardKeyB 选择 NeededItemRaw。

然后，修改节点名称为 "需要砧板处理？"。

图 6.225

图 6.226

在 "取菜 + 切菜" Sequence 节点下，总共包括了取菜和切菜两个逻辑。向 "取菜 + 切菜" 节点下添加两个 Sequence 节点，并分别命名为 "取菜" 和 "切菜"，如图 6.227 所示。

在取菜 Sequence 节点下，我们需要让机器人先走向物品原材料对应的操作台，然后开始操作。移动至操作台我们可以使用 UE5 自带的 MoveTo 任务，移动目标设置为黑板条目 TargetLocation。

图 6.227

TargetLocation 的位置数据应该来源于服务节点。我们往 MoveTo 节点上挂一个 BTS_GetItemOperationStationLocation 服务来获取站台位置。其中，节点的 BBK_ItemType 参数设置为物品原材料类型所在的黑板条目 NeededItemRaw，BBK_StationLocation 参数设置为黑板条目 TargetLocation，如图 6.228 所示。

机器人使用 MoveTo 任务移动到操作台之后，MoveTo 任务就会结束，Sequence 节点会继续搜索下一个子节点来执行。所以接下来我们就需要继续设置一个开始操作的任务作为 Sequence 的子节点。

设置 BTT_OperateItem 任务来开始操作。在节点的设置中，我们需要指定两个参数的值（见图 6.229）：

- BBK_OperateItem 指定为黑板值 NeededItemRaw，表示要获取物品的原材料；
- IsChoppingBoard 设置为 False，表示当前的操作台不是砧板类型。

图 6.228

图 6.229

获取原材料之后，我们来处理切菜逻辑。

同样的，切菜的时候我们需要让机器人走到砧板的操作台，使用 MoveTo 任务 +BTS_GetItemOperationStationLocation 服务即可。BTS_GetItemOperationStationLocation 需要指定操作台的类型，才能获得对应的操作台位置。问题是现在黑板中根本没有一个条目的值是砧板类型。

没关系，记得我们前面专门为砧板创建了一个黑板条目 ChoppingBoardItemType 吗？虽然现在里面没有任何数据，但是我们可以使用刚编写的 BTS_ForceSetBBItemType 服务节点。这个节点能够将指定的黑板条目的值强行设置为我们需要的物品类型。我们将它附着到"切菜"Sequence 上，然后选中它，更改节点名称为"设置砧板类型"，并且在细节面板中指定参数的值（见图 6.230）：

- BBK_ItemType 的值为 ChoppingBoardItemType 黑板条目；

● TargetItemType 的值为 ChoppingBoard 类型。

来看看切菜 Sequence 的构造。切菜 Sequence 的子节点结构和取菜 Sequence 的一模一样，机器人一样需要走到操作台前面，然后开始一个操作，所以一样需要一个 MoveTo 任务和一个 BTT_OperateItem 任务。你可以直接从取菜 Sequence 那边将这两个任务复制过来，复制过来之后再需要改一些参数即可。

图 6.230

首先由于是切菜，所以我们要求机器人一定需要移动到砧板操作台前，所以在 MoveTo 任务上的 BTS_GetItemOperationStationLocation 服务节点中，物品类型 BBK_ItemType 要改成黑板值 ChoppingBoardItemType，表示要获取砧板操作台的位置，如图 6.231 所示。其次，BTT_OperatItem 任务需要设置 IsChoppingBoard 的值为 True，表示这个操作台是砧板，如图 6.232 所示。

图 6.231

图 6.232

至此，"取菜 + 切菜"Sequence 就设置完成了。让我们再看看 Selector 的另一个子节点"取菜"Sequence。"取菜"Sequence 的逻辑和"取菜 + 切菜"中的取菜部分逻辑完全相同，所以我们可以直接复制取菜 Sequence 及其子节点，粘贴到空白处，然后将它作为 Selector 的另一个子节点，如图 6.233 所示。

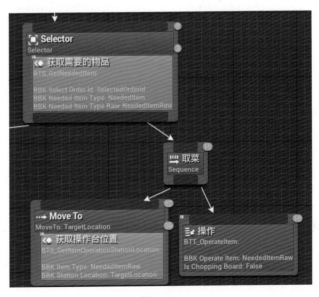

图 6.233

这样一来，获取和处理材料这一部分的逻辑就完成了。由于有 CompareBBEntries 装饰器挂载在"取菜 + 切菜"Sequence 节点上，于是当 CompareBBEntries 符合条件时，Selector 就会选择"取菜 + 切菜"逻辑来执行，否则就会选择"取菜"逻辑执行。

6.8.5　验证结果

现在运行游戏，如果前面的逻辑都做对了的话，你可以看到机器人会自动选择订单，并且根据订单所需要的物品跑到对应操作台进行操作了。

↘ 6.9　实战：提交订单和处理失效订单

在 6.8 节中，我们完成了机器人行为树中最重要的核心逻辑——订单的获取和处理。在接下来这一节，我们需要再处理两个逻辑。

第一个是订单的提交逻辑。在 6.5.2 节讲解机器人行为树框架的时候有提到过，每当机器人处理完订单中的一个物品之后，行为树就会从头开始搜索。行为树开始搜索之后，第一个搜索到的节点应该是"尝试提交订单"任务。这是因为我们每次获取完一个物品之后，就有可能已经符合了订单的提交要求，所以值得尝试一下。

第二个逻辑是处理过期失效的订单。在尝试提交订单失败之后，我们会考虑两种情况：第一种情况就是 6.8 节提到的订单所需物品还未集齐，需要继续获取下一个物品；第二种情况就是上一次行为树运行时处理的订单失效了，服务节点选了新的订单，但是背包中出现了上一个订单不需要的物品，那么就需要我们先清空背包，再继续获取下一个物品。

6.9.1　订单的尝试提交

随着机器人在场上搜集和处理的物品越来越多，我们很快就会满足第一个订单的提交需求，这个时候就需要有一个任务节点来负责提交订单，并且赚取分数。

在 Tasks 目录下创建新的蓝图类"BTT_TryFinishOrder"，继承于 BTT_Order OperationBase，如图 6.234 所示。创建后双击，打开蓝图类编辑器。

在行为树中，我们告知任务节点要完成的是哪一个订单，所以在蓝图类中需要创建一个变量"BBK_OrderId"。变量的类型为 BlackboardKeySelector，并且需要设置成 Instance Editable，表示要完成的订单对应的订单号所在的黑板条目，如图 6.235 所示。

图 6.234

图 6.235

任务节点的执行逻辑要通过响应 Execute AI 事件来实现。如图 6.236 所示的流程图，在事件的响应逻辑中，我们会先从黑板中获取要完成的订单号，然后使用这个订单号，尝试让订单管理器完成对应的订单。订单管理器会返回一个订单被完成的情况。如果订单完成不成功，那么任务返回执行失败；如果订单完成成功，那么清空背包，并且标记任务完成成功。

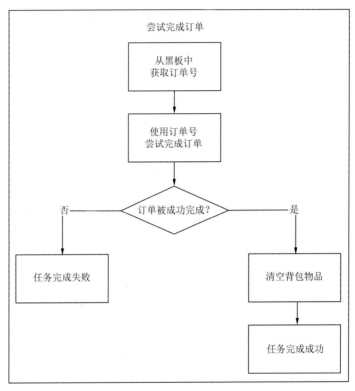

图 6.236

来看一下具体要怎么做。

首先，使用 BBK_OrderId 和 GetBlackboardValueAsInt 来从黑板条目中获得订单号。接下来使用基类的 GetOrderManager 函数，得到场景中的 OrderManager 实例，并调用它的 TryFinishOrder 函数。TryFinishOrder 函数是我们在 4.6.8 节中编写的一个函数，它会根据传进来的物品列表判断能否完成订单，如果能完成的话就会完成，并且在函数执行完毕后返回尝试完成的结果。函数的参数有：

- InOrderId 表示要尝试完成的订单号，我们会使用成员变量 BBK_OrderId 从对应的黑板条目中获取；
- InItems 表示用来完成订单的物品。

我们会先调用基类函数 GetPlayerBag 来获得玩家背包实例，并调用它的 GetAllItems 函数来获取所有的物品，然后将背包的所有物品作为 TryFinishOrder 函数的 InItems 参数，如图 6.237 所示。

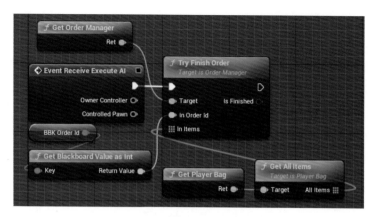

图 6.237

TryFinishOrder 函数会返回一个 Boolean 类型的值，表示订单是否成功被完成。接下来，我们用一个 Branch 节点来判断这个返回值。

如果订单完成成功（对应 Branch 的 True 管脚），那么我们需要清除物品然后结束任务。需要注意的是，为了观感上好看一点，我们会让背包能在背包界面中多存放一段时间。这是因为获取完最后一个物品后，由于又回到了行为树最开始的地方，所以机器人会马上尝试完成订单，如果订单被成功完成，并且马上就清除所有物品，那么在玩家看来就是最后一个物品还没来得及显示出来，背包就清空了，观感不好。

先拖动出一个 Delay 节点，并且设置它的参数 Duration（持续时间）为 1，表示延迟一秒钟。一秒钟后，Delay 节点的 Completed 管脚会被触发，在这个时候，我们再调用玩家背包实例的 ClearAllItems 节点来清除背包中的所有物品。在清除物品后，使用 FinishExecute 节点将这个任务标记，设置 Success 参数为 True，标记任务为成功完成。

如果订单没能被完成，那么直接执行 FinishExecute 节点，并把 Success 参数设置为 False，将任务标记为执行失败，如图 6.238 所示。

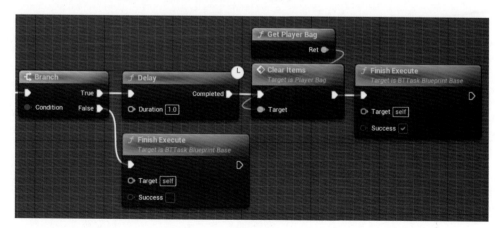

图 6.238

这样一来，如果这个任务是被挂载在 Selector 下，Selector 就会因为这个任务失败而去执行下一个子节点了。

6.9.2 清除背包中多余的物品

订单是有完成时间限制的，如果在规定时间内未被完成，订单就会失效。机器人一旦检测到订单失效，就会尝试获取新的订单，而对于新的订单来说，原有背包内的物品可能是多余的，不需要的。如果发现当前背包中出现了新订单不需要的物品（比如上一个订单中含有切碎的苹果，新的订单不需要了），那就需要将背包中的物品全部废弃，重新制作订单。

1. 创建任务节点

我们创建一个任务节点来做这件事，如果检测到背包中有订单不需要的物品，就将背包清空。在 Tasks 目录下创建任务节点"BTT_TryClearInvalidOrderItems"（见图 6.239），继承于 BTT_OrderOperationBase。

如图 6.240 所示，这个任务节点需要两个变量：

● BBK_SelectOrderId 类型为 BlackboardKeySelector，表示当前被选中的订单号所在的黑板条目。这个参数需要由节点使用者在行为树中指定，所以要设置成 Instance Editable 让节点使用者设置。

● SelectedOrder 类型为 Order，用来保存当前被选中的订单。

图 6.239

图 6.240

任务节点需要响应 Execute AI 事件。如图 6.241 所示，事件的响应逻辑很简单。

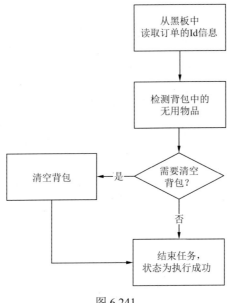

图 6.241

2. 获取订单实例

首先，我们创建函数 UpdateOrder 来查找并获取到当前的订单实例，如图 6.242 所示。在函数中，使用变量 BBK_SelectOrderId 和 GetBlackboardValueAsInt 节点从黑板中获得订单号，然后调用基类的 GetOrderManger 函数来获得订单管理器实例，使用这个订单号从订单管理器中使用 FindOrderById 函数来获取对应的订单实例。订单实例获取后，保存到成员变量 SelectedOrder 中，如图 6.243 所示。

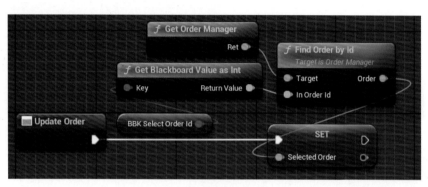

图 6.242　　　　　　　　　　　　　　　　　图 6.243

3. 判断是否需要清空背包

既然节点的作用是"在必要的时候清空背包"，那么什么时候该清空背包呢？我们会创建一个函数来做这个判断。

创建函数"ShouldClearBag"（见图 6.244），设置为 Pure。这个函数会返回一个 Boolean 类型的值，表示是否应该清空背包，如图 6.245 所示。

图 6.244　　　　　　　　　　　　　　图 6.245

在函数中，我们需要比对订单需要的物品和背包中已有的物品——遍历背包中的物品个数，与订单所需物品的个数进行比较，在下面两种情况下，需要清空背包，函数返回 True：

- 背包中某个类型的物品个数多于订单需要该物品的个数；
- 背包中出现了订单中根本不需要的物品。

否则，不需要清空背包，函数返回 False。

为了比较背包和订单所需的物品个数，我们需要先统计它们的物品和数量。

创建两个 ShouldClearBag 函数的局部变量"ItemCountMapOrder"和"ItemCount MapBag"，这两个局部变量的类型都是 Map。Key 类型为 EItemType，Value 类型为 Integer，分别用来表示订单和背包中对物品及其数量的统计，如图 6.246 所示。

接下来，我们分别调用当前在操作的订单实例 SelectedOrder 的 GetAllItemCount Map 来给 ItemCountMapOrder 变量赋值；然后通过基类函数 GetPlayerBag 中获得的玩家背包实例再调用背包实例的 GetAllItemCountMap 函数，并将数据写入 Item CountMapBag，如图 6.247 所示。

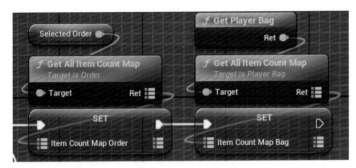

图 6.246   图 6.247

如图 6.248 所示，对物品和数量的关系统计后，我们使用 ForEachLoop 节点来遍历背包物品的统计表 ItemCountMapBag。在 ForEachLoop 的循环体中，对于每一个物品类型，分别尝试从 ItemCountMapBag 和 ItemCountMapOrder 中使用 Find 节点尝试获取对应的数量。接下来，使用 Branch 节点判断是否可以从订单中获取到对应的数量，如果获取不到，说明背包中出现了订单不需要的物品，应该清空背包，所以函数可以直接返回 True。如果可以从订单中查找到对应物品的数量，那么比较两个数量的大小，如果订单中物品的数量小于背包中的，说明背包中出现了多余的物品，需要清空，所以函数需要返回 True。

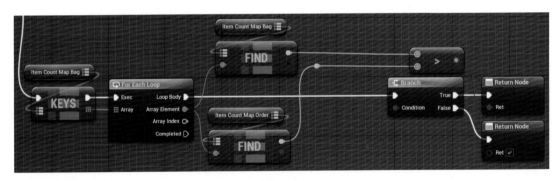

图 6.248

最后，我们将创建一个 Sequence 节点作为 ShouldClearBag 函数的第一个节点，并将 Then 0 和 Then 1 管脚连接到两个步骤对应的逻辑上，如图 6.249 所示。

4. 事件响应

回到 EventGraph，根据 6.9.2 节中确定的思路，按照图 6.250 拖动出事件响应逻辑。

其中需要注意的是，由于我们会将任务 BTT_TryClearInvalidOrderItems 作为 Sequence 节点的子节点，并且不管有没有清空背包，都要继续执行下一步（获取订单所需物品），所以我们要求这个任务一定是要执行成功的，这样 Sequence 才会执行下一个子节点。因此在蓝图中，两个 FinishExecute 的函数都要将 Success 参数设置为 True。

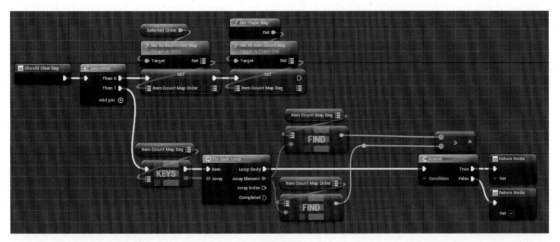

图 6.249

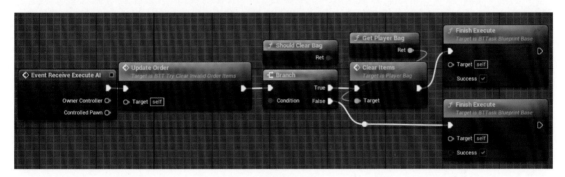

图 6.250

6.9.3　构建行为树

创建完上面的两个节点之后，我们就可以构建出最终的行为树了。

行为树中改变最大的部分如图 6.251 所示。

与原来一样，每次运行行为树，搜索经过最顶层的 Selector 时，都会先判断当前的订单是否合法，如果遇到不合法的订单，会将订单号更新到黑板中。

Selector 下新增了一个 BTT_TryFinishOrder 任务，并命名为"尝试完成订单"。如 6.8.1 节所述，这个节点会尝试完成订单，需要设置参数 BBK_OrderId 的值为黑板条目 SelectedOrderId，用来指定当前的订单号。如果完成了订单，会标记任务为执行成功，Selector 会因此执行完成，行为树从头开始搜索，又可以获取到下一个订单。如果无法完成订单，那么任务会被标记为执行失败，Selector 会继续执行下一个节点。

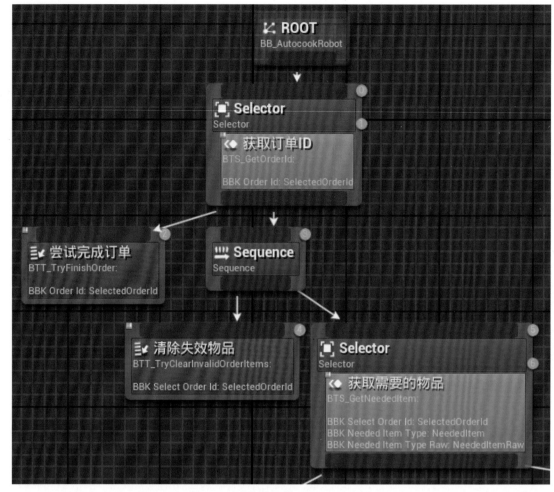

图 6.251

Selector 的下一个子节点是 Sequence，它有两个子节点：

- 第一个子节点是 6.8.2 节中新增的任务节点 BTT_TryClearInvalidOrderItems，它会检查背包中是否有不需要的物品，如果有的话就会清空背包。同样的，需要设定节点的 BBK_SelectedOrderId 参数，用来指定当前的订单号。不管背包有没有被清空，这个任务节点都会被标记为执行成功。它的父节点得知它执行成功后，就会继续执行下一个子节点，也就是获取需要的物品。
- 第二个子节点是在 8.7 节中构建的那部分行为树，作用是获取订单需要的物品。

简单点来说，在行为树的每一次运行中（指的是行为树从运行第一个节点开始，到运行完最后一个节点结束），机器人都会先尝试用背包中的物品去完成订单，如果完成的了，那么重新开始行为树，搜索新的订单并继续操作；如果完成不了，那么首先会尝试根据条件清空背包，然后获取一个订单所需要的物品。获取完一个物品之后，就会进入下一次行为树的运行，会检测订单是否能被完成，这样不断地循环下去。

6.9.4　最终的运行效果

运行游戏，最终我们可以看到机器人先获取新的要处理的订单，然后根据订单所需要的物品不断地在场景中跑动到不同的操作台，并进行各种操作，以获得对应的物品。等机器人获取到完成订单所需的物品后，就会提交订单，并赚取到订单对应的分数。如果正在处理中的订单过期了，并且机器人在获取物品之前已经检测到背包中有不需要的物品，那么机器人会清空背包中的所有物品，并重新开始获取所需要的食材。

第7章 动画

在前面的内容中，我们学习了 UE5 的蓝图编写、UI 搭建、AI 设置，成功地构建好了游戏世界的基础逻辑、编写了 UI 界面，还赋予了机器人智能，让它能够在场景中自动完成订单。

我们编写了游戏的运行逻辑，也让机器人移动了起来，但也只是让机器人能够从一个位置移动到另一个位置。那么，问题来了，虽然我们指定了机器人要移动，但是它的双腿是怎么动起来的呢？

要想让角色的身体部位动起来，就需要使用到游戏制作中非常重要的一个知识——角色动画。

机器人能够随着我们指定的位置移动并播放对应的奔跑动画，是因为我们的项目来自 UE5 官方的 TopDown 项目。在这个项目中，已经设置好了相关的角色动画设置，使得机器人能够随着它的移动状态而切换要播放的动画，在移动的时候播放走路或奔跑的动画，在跳跃的时候播放跳跃的动画。

那么，在 UE5 中究竟角色动画是怎么一回事呢？在本章中，我们会先学习 UE5 角色动画的基础知识，接下来搞清楚原本项目中的机器人是如何播放角色动画的。

在学习角色相关的理论知识后，我们会开始做一番实践。

机器人在跑到操作台之后，会停下来操作物品。这时它只会傻傻地站在原地，看起来表现不太好。为了让机器人此时看起来确实正在操作，我们将会导入一个机器人正在操作的动画，并改动机器人的动画播放逻辑，让它播放这个动画。

↘ 7.1 从角色到动画蓝图

我们首先来了解一下动画的相关知识，以及 UE5 中常用的与角色动画设置相关的命令和工具。

7.1.1 动画基础知识

动画的本质究竟是什么？有了动画之后，究竟要怎么在游戏中将它播放出来？
我们先简要地回答这两个问题，来导入接下来的内容。

1. 动画的本质是什么？

在要了解动画之前，我们先要了解另一个问题：如何在游戏中表现一个"人"？

如图 7.1 所示，在游戏中，为了模拟一个人的结构，我们经常会为它创建一幅骨架。这幅骨架包括了把一个人运动起来的大多数骨骼（Skeleton），包括了人的大腿小腿、大臂小臂、五根手指、五根脚趾、头骨，还有简化的几节脊椎等。

有了骨骼之后，我们就能够通过控制骨骼的位置和旋转让角色动起来。假设我们想要角色在一开始的时候是图 7.1 所示的姿态（姿势也称为"Pose"），在一秒后是举起左手的姿势（见图 7.2），那么我们就可以在动画制作软件中，分别在这两个时间点标记这两个姿势，用专业术语来说，就是在这两个时间点"插入关键帧"。一般来说，动画制作软件会自动帮我们进行两个关键帧之间的"补帧"——在 0 ~ 1 秒这段时间内，角色的手会自动从低处慢慢移动到高处，如图 7.2 所示。

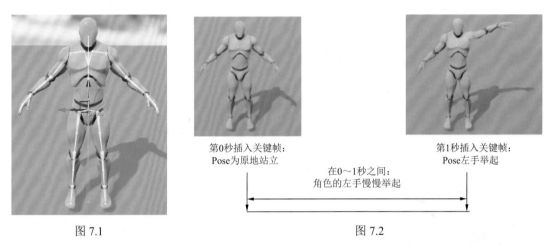

第0秒插入关键帧：
Pose为原地站立

第1秒插入关键帧：
Pose左手举起

在0~1秒之间：
角色的左手慢慢举起

图 7.1

图 7.2

那么我们就可以给动画下一个定义：所谓动画，就是一段数据。这段数据规定了角色（或者别的物体）在多个具体时间上要摆出的姿态，并且在这些姿态之间的时间中，角色的姿态会自动进行插值过渡。只要设置的时间和对应姿态够多，就可以表现出一段很复杂的动画。

我们将上面提到的这段数据导出来，就是一个"动画数据文件"。现在的动画文件格式有很多种，其中最常见的一种是 FBX 文件，如图 7.3 所示。FBX 文件是 Autodesk 公司推出的用于跨平台的免费 3D 创作和数据交换的格式，目前大多数的动画和建模制作工具都支持这个格式。

使用 Maya、3ds Max、Blender 等 3D 制作软件都可以实现上面提到的动画制作功能，并且最终导出一个动画文件。

UE5 原生支持直接将一个 FBX 文件导入。FBX 中可能会只包含角色的外观效果，也可能会包含动画数据。如果我们导入包含动画数据的 FBX 文件，会在 UE5 中得到一个动画资源（见图 7.4），然后我们就可以在游戏中使用和播放这个动画了。

2. 如何在游戏中将动画播放出来

那么，在导入了动画资源之后，如何让角色跑起这段动画呢？这就是本节我们要学习的主要内容。

如图 7.5 所示，我们的角色是由 Character 类控制的，而这个类上会有一个组件，叫作"SketetalMeshComponent（骨架蒙皮组件）"，控制着角色的骨骼和外貌。而如果想控制它运动起来，就要用到一个叫作"动画蓝图"的特殊蓝图类，在这个动画蓝图类中，我们就可以编写和动画播放相关的逻辑，根据场景中或者角色的某些状况，有条件地播放某个动画。

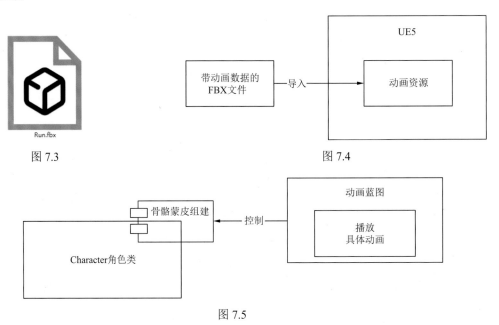

图 7.3   图 7.4

图 7.5

7.1.2 角色类——Character

既然讲到角色动画，那就不得不先介绍一下 UE5 中负责角色逻辑的 Character 类。Character 是 UE5 中负责人形角色逻辑的类，我们在前文中有简单提到过——它继承于 APawn 类，但是多了一些人形角色相关的功能。除了上一章讲到的 AI 相关的功能外（由 AIController 提供此功能），Character 类还包括了最基础的物理碰撞、角色动画播放和角色移动三个功能。

我们以游戏中的 TopDownCharacter 类来讲解（这个类继承于 Character 类）。现在，按 Ctrl+P 组合键，打开 TopDownCharacter 类。

先来看看编辑器左上角的 Components 视图。如图 7.6 所示，视图被白色细线分为了两部分，第一部分是上方的 SceneComponent 树，以 CapsuleComponent 为树根；第二部分是下方的 CharacterMovement 移动组件，用来控制角色的移动。

白色线框中的三个组件分别提供了 Character 的三个重要功能。

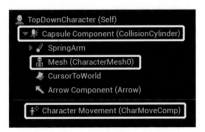

图 7.6

1. CapsuleComponent（胶囊组件）

先来看看角色的 SceneComponent 树中的根节点 CapsualComponent。"Capsule Component"其实是组件的名字，不是它的类型，它的实际类型是 CapsuleCylinder（胶囊碰撞体）。CapsuleCyclinder 是一个胶囊形状的碰撞体，用来处理角色的碰撞。

如果你单击 Viewport ▣ Viewport，然后选中 Components 界面中的 CapsuleComponent，你会发现角色身上就会出现一个高亮的胶囊体（见图 7.7），这个就是角色的胶囊碰撞体。

在 Components 视图中选中组件后，查看细节面板。我们可以通过改变组件的"CapsuleHalfHeight（胶囊体半高）"和"CapsuleRadius（胶囊体半径）"属性，来改变胶囊体的形状和大小，如图 7.8 所示。

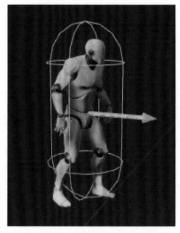

图 7.7　　　　　　　　　　　　　　　　图 7.8

碰撞体是游戏物体在物理世界里的一个代表。在游戏开发中，碰撞体最基础的应用是防止角色走到障碍物里面去，当角色走到障碍物附近的时候，会因为和障碍物之间产生碰撞而无法穿透障碍物。

2. SkeletalMeshComponent（骨架蒙皮组件）

组件树中的"Mesh"类型为 SkeletalMeshComponent（骨架蒙皮组件）。简单来说，你所见到的角色的外表，就是由这个组件提供的。我们会在 7.1.3 节中详细介绍它。

3. CharacterMovementComponent（角色移动组件）

组件中的"CharacterMovement"类型为 CharacterMovementCompnent（角色移动组件），负责让角色能够自然地移动。而且它会利用上面说到的胶囊体碰撞体，避免角色移动到障碍物之中。

选中角色移动组件，可以在细节面板中看到各种属性设置。其中，与角色走动相关的属性有（见图 7.9）：

● MaxStepHeight 最大可以跨上的台阶，如果台阶超过这个高度，就会被识别为障碍物，角色无法跨上去。

- GroundFriction 地面的摩擦系数，用来设置角色移动速度的衰减。

- MaxWalkSpeed 和 MaxWalkSpeed Crouched 分别是角色的最大行走速度和最大下蹲行走速度，单位是 cm/s。修改这个值就能改变角色在陆地上行走的最大速度。举个例子，假如你觉得 Autocook 游戏中机器人走到每个操作台的速度太

图 7.9

慢，导致订单经常过期失效，那么可以提高 MaxWalkSpeed 的值，让机器人走路速度更快一些。

7.1.3 骨架蒙皮及编辑器

SkeletalMeshComponent 继承于 MeshComponent（蒙皮组件）。在 UE5 中，它负责创建和控制一个 SkeletalMesh（骨架蒙皮）实例。

那么，什么是骨架蒙皮呢？骨架蒙皮常常用来表示一个带骨骼物品的外观，它由两部分组成：表示外表的蒙皮，以及表示内在的骨骼。

其中，骨骼是一系列具有层级关系的对象，它往往代表着一个可控制旋转、位移、缩放的一根"骨头"，我们的骨骼动画就是基于修改骨骼的 Transform 而实现的。而蒙皮可以简单地理解为将肌肉和皮肤附着在骨骼上的一种映射，使用了蒙皮之后，角色的肌肉和皮肤会随着骨骼的运动而运动。

接下来我们来看看 TopDownCharacter 的骨架蒙皮是哪一个，以及它是长什么样的。

在 TopDownCharacter 的 Components 视图中，单击选中 Mesh 组件 🏃 Mesh (CharacterMesh0)。然后在右边的细节面板中，找到组件使用的"SkeletalMesh（骨架蒙皮）"属性，表示骨架蒙皮组件所使用到的骨架蒙皮资源，如图 7.10 所示。单击 SkeletalMesh 旁边下拉框下方的 BrowseTo 按钮 🔍，可以快速地定位到资源所在的位置在"Content/Mannequin/Character/Mesh"（见图 7.11），名称为"SK_Manequin"。

图 7.10

图 7.11

双击 SK_Mannequin 打开 SK_Mannequin 资源，来到了骨架蒙皮的编辑界面。通过单击右上角的一组按钮，可以将骨架蒙皮编辑器快速地切换为相关的其他编辑器。这组

按钮中，从左到右分别对应骨骼、蒙皮、动画、动画蓝图、碰撞体几种编辑器，如图 7.12
所示。

图 7.12

1. 骨骼编辑器

接下来，单击骨骼编辑器按钮 ，跳转到骨骼编辑界面。

在骨骼编辑器中，我们可以查看和编辑角色的骨骼数据。

在编辑器左侧的 Name 面板显示的是角色的骨骼层级。如图 7.13 所示，在角色的顶
层骨骼层级中，值得我们关注的主要骨骼如下：

- root 角色骨骼的根节点。
- pelvis 轴心，一般指的是骨骼的趾骨。在大多数情况下，角色的趾骨都会作为 root
  节点的唯一一个子节点。
- spine_01 连接趾骨的第一根脊椎骨，在 spine_01 下又会连接 spine_02 和 spine_03，
  它们都代表着角色的脊椎骨。
- neck 和 head 表示角色的颈椎和头部。
- clavicle_l 和 clavicle_r 分别代表角色的左肩和右肩，连接在 spine_03 上。
- upperarm 和 lowerarm 分别表示角色的上臂和下臂，上臂连接在肩上，小臂连接
  在大臂上。
- hand hand 是手掌的根骨骼，hand 上的子骨骼就分别代表角色的五根手指。
- thigh_l 和 thigh_r 指的是大腿。
- calf 指的是角色的小腿。
- foot 指的是角色的脚掌。

在 Name 面板中单击选中某一根骨骼，在右侧的 Viewport 中会对应高亮显示。比如
选中 Head 骨骼，就可以看到 Viewport 中角色的头骨被点亮，如图 7.14 所示。

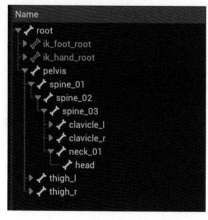

图 7.13

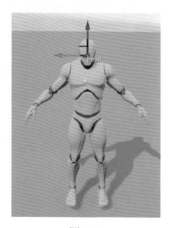

图 7.14

或者我们也可以在 Viewport 中同时显示所有的骨骼。单击 Viewport 上方的 "Character" 按钮，选择 "Bones" 中的 "All Hierachy（所有继承）"，就可以将角色的骨骼全部显示出来，如图 7.15 所示。剩下的几个节点分别是：

图 7.15

- Selected Only 只显示被选中的骨骼，这个是默认选项；
- Selected and Parents 显示被选中的骨骼及其所有父骨骼；
- Selected and Children 显示被选中的骨骼及其子骨骼；
- Selected and Parents and Children 显示被选中的骨骼及其所有父骨骼和子骨骼；
- None 不显示骨骼。

其实，骨骼和蒙皮并不是一一对应的关系，所以我们可以用别的蒙皮来预览骨架。单击细节面板中的 "Preview Scene（预览场景）"（见图 7.16），我们就可以在这里修改各种预览选项。可以看到下方会出现一个 "Preview Mesh(Skeleton)" 选项（见图 7.17），通过设置这个选项，就可以修改预览的蒙皮。单击设置旁边的下拉框，可以看到现在游戏中还存在另一个蒙皮 SK_Mannequin_Female（见图 7.18），我们选择它，就可以看到场景中的预览机器人变成了女性外观，如图 7.19 所示。

图 7.16

图 7.17

图 7.18

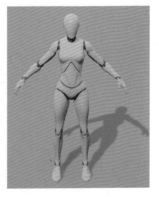

图 7.19

我们还可以在 Preview Scene 选项中看到有一个设置叫作 "Preview Controller"，如图 7.20 所示。目前来说，选择第一个选项 Default 和第二个选项 Reference Pose 都会使机器人摆出"T Pose"。T Pose 顾名思义，就是双腿并拢，双臂张开，做出好像字母 T 的姿态。而第三个选项 Use Specific Animation 则可以让我们用一个动画来预览骨架。选择第三个选项，下方就会出现一个 Animation 的选项（见图 7.21），我们可以在这个选项中设置不同的动画来观察骨架。单击 Animation 的下拉框，我们可以选择最下方的 Walk 动画，然后就可以看到机器人在 Viewport 中播放了走动动画，如图 7.22 所示。

| 图 7.20 | 图 7.21 | 图 7.22 |

2．蒙皮编辑器

单击蒙皮编辑器按钮 ，跳转到蒙皮编辑器。

蒙皮控制的是角色的外观，所以当然对于它来说，最重要的属性就是蒙皮的材质。在左侧的资源细节面板中，我们可以看到角色的材质信息，如图 7.23 所示。我们在 2.5.5 节制作物品卡片的时候，有提到过材质。材质是用来决定物体外观的一种参数加算法的对象。单击材质旁边的 BrowseTo 按钮 ，就可以找到材质所在的路径。

图 7.23

蒙皮的预览同样有预览设置。和骨骼的预览一样，我们可以单击细节面板中的"Preview Scene"来修改预览场景的设置。其中，Preview Controller 选项和骨骼编辑器一样是选择预览姿态用的，可以用来播放特定动画。

除此之外，下方还有一个光照设置 Lighting（见图 7.24），其实骨骼编辑器中也有这个选项。在 Lighting 选项中，有很多子选项。

我们可以通过设置 Use Sky Lighting 的值，控制是否使用天空光照。当这个值为 False 的时候（不勾选的时候），你会发现 Viewport 中会暗了下来，如图 7.25 所示。

图 7.24

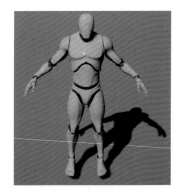

图 7.25

Directional Light Intensity 则表示的是光源的亮度。如果我们将它的数值调高，光源就会变量。比如将这个值从 1 修改到 5，就会发现 Viewport 中的预览场景亮了许多，如图 7.26 所示。我们还可以通过 Directional Light Color 来修改光源的颜色。比如在这里，我将它修改成了黄色，结果预览场景就会变成如图 7.27 所示的样子。

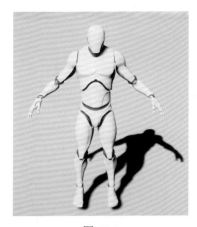

图 7.26

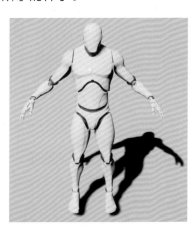

图 7.27

3. 动画编辑器

单击右上角第四个按钮 就可以打开对应的动画蓝图编辑器。在动画编辑器中，我们可以预览动画的播放效果，并对动画的属性进行修改。

在动画编辑器的右下角，是目前这个骨架对应的动画列表，如图 7.28 所示。双击列表中的某一项，就能预览对应的动画。

（1）混合空间编辑器

其中，第一个动画"ThirdPerson_IdleRun_2D"比较特殊，它不是一个单一的动画，而是一个混合空间，负责根据某些参数去播放不同的动画。混合控件内有一条轴，代表着从 0 ～ 375 的速度，在这个速度范围内，混合空间会自动播放不同速度下对应的单一动画，如图 7.29 所示。不同的动画在混合控件中显示为一个采样点 。我们在 7.2.5 节中会详细介绍混合空间。

图 7.28

图 7.29

（2）动画播放控制

在我们这个项目中，除了第一个动画是混合空间以外，其他的动画都是一些单一的动画。

我们可以双击列表底部的 ThirdPersonWalk，也就是角色的行走动画。打开后，可以发现下方的编辑界面和混合空间不太一样，如图 7.30 所示。其中，左下角是动画的播放控制按钮组，你可以单击按钮来正序或逆序播放动画、暂停播放、跳到第一帧和最后一帧。其中，图 7.30 左下角的白色框是动画的正序播放按钮。

单击动画播放之后，就会发现 7.30 中上方标记的白色框中的箭头会开始移动，这个箭头代表着当前的播放进度，你也可以直接拖动这个箭头来控制播放进度。

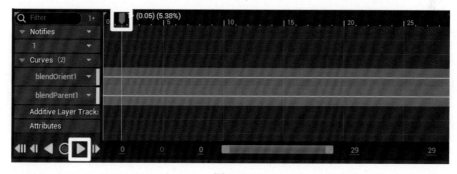

图 7.30

（3）动画曲线

图 7.30 中间的部分是动画曲线。什么是动画曲线呢？我们可以为动画定义这样一条曲线数据，并在动画播放的时候在代码中获取当前播放进度对应的曲线值。

在曲线中我们可以提供很多信息给游戏。比如说我们可以假设在播放角色走路动画的过程中，它的心情会忽好忽坏地变化。

我们来试试创建这条代表心情的曲线。如图 7.31 所示，单击 Curves 标签旁边的"Curves"按钮，选择"Add Curve"，然后在弹出的菜单中就可以选择添加"Create Curve"来创建一条曲线。随后，会弹出一个弹窗，让我们给曲线命名。我们可以将曲线的名字命名为"mood"。

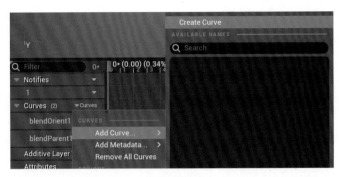

图 7.31

可以看到创建出来后，mood 曲线完全是平的，所以接下来我们要来编辑它的数据。双击图 7.32 中的 mood 曲线，就可以打开曲线编辑器。

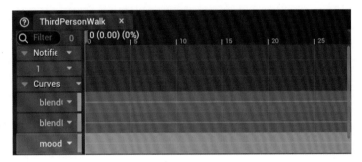

图 7.32

我们想要让曲线在第零帧的时候为 0，在中间的时候达到最高点，并在结束的时候回到 0。如果你对动画制作有一定的了解，就会知道我们一共需要创建三个关键帧。

我们在第零帧，最后一帧和动画的中间位置分别在曲线上右击，然后选择"Add Key"，就可以在那个时间创建一个关键帧（见图 7.33），三个关键帧创建后，曲线上会有三个控制点■。接下来我们就可以自由地拖动这些控制点了。保持第一个和最后一个控制点不动，向上拖动中间的控制点，就可以得到如图 7.34 所示的曲线。

图 7.33

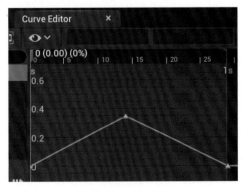

图 7.34

如果你觉得曲线太直了不够平滑，那么我们可以修改关键帧的插值类型。分别在第一个和第二个控制点上右击，在弹出的右键菜单中，可以看到原本的插值类型是 Linear（线性），所以曲线是线段型的。我们把这两个控制点都改成 Auto 后（见图 7.35），可以看到曲线就变成了很圆滑的样子，如图 7.36 所示。

图 7.35

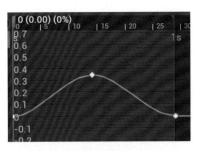

图 7.36

4．动画蓝图编辑器

单击第四个按钮 可以跳转到动画蓝图编辑器，关于动画蓝图编辑器，我们会在后面细述，这里先不展开来讲。

5．物理资源编辑器

最后再讲讲物理资源编辑器。我们可以为每一个骨架蒙皮资源创建一个对应的物理资源，在这个物理资源中，可以给角色的每一部分套上一个碰撞体，使得在游戏中可以对角色的碰撞有更加精确的感应和控制。

单击物理资源按钮 ，可以打开蒙皮的物理资源编辑器。观察 Viewport 中的角色，你会发现每一根"主要"骨骼都被一个胶囊碰撞体包裹了起来，如图 7.37 所示。

编辑器左侧是碰撞体的父子关系（见图 7.38），与骨骼的父子关系一致。单击选中某一个胶囊碰撞体，它就会在 Viewport 中高亮显示。

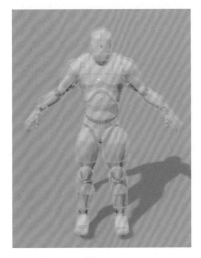

图 7.37

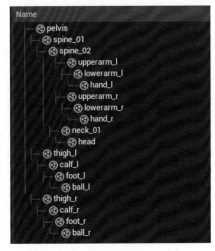

图 7.38

选中一个碰撞体节点后，我们可以在细节面板中修改它的碰撞体设置。以头部节点 head 为例，我们可以在 BodySetup 的 Primitives 中看到当前节点上的所有碰撞体（见图 7.39），每一种碰撞体都是一个数组。可以看到现在节点仅仅是 Capsules 数组有一个元素，代表着该节点目前只有一个胶囊碰撞体。展开 Capsules 数组，并单击 Index00，就可以看到这个胶囊体的设置。比如说我们可以将胶囊体的半径从原来的 9.43 调整到 15（见图 7.39），这样一来，头部的胶囊碰撞体很明显就变得比原来大了一圈，如图 7.40 所示。

图 7.39

图 7.40

↘ 7.2 动画蓝图

在 7.1.3 节中我们提到了一下动画蓝图编辑器。那么动画蓝图究竟是什么呢？

动画蓝图的本质也是一个蓝图类，它继承于 AnimInstance 类，作用是通过编写蓝图逻辑，控制角色的动画播放逻辑。

7.2.1 动画蓝图编辑器

我们可以通过两种方式来打开角色的动画蓝图。

第一种方式是回到打开的骨架蒙皮编辑器，单击右上角的第四个按钮 来打开对应的动画蓝图编辑器。也就是 7.1.3 节提到的方式。

第二种方式，回到 TopDownCharacter 类的编辑界面，在左上角的 Components 视图中选中 Mesh，然后看右边的细节面板。在 Animation 选项下，可以看到 AnimationMode（动画模式）一项选的是"Use Animation Blueprint（使用动画蓝图）"，这说明当前的动画播放模式是交给一个动画蓝图类来控制，如图 7.41 所示。下方的 AnimClass 选中的是具体的动画蓝图类"ThirdPerson_AnimBP"，单击 BrowseTo 按钮 就可以跳转到动画蓝图的所在位置。找到位置之后，双击打开动画蓝图。

图 7.41

现在我们来看看动画蓝图编辑器。

蓝图编辑器如图 7.42 所示。与普通的蓝图编辑器想比，最明显的区别就是动画蓝图编辑器左上角多了一个动画预览界面。而蓝图相关的视图被移动到了左下角的"My Blueprint"中。在 MyBlueprint 视图里，有一些我们比较熟悉的选项，比如EventGraph、Functions、Macros 和 Variables。

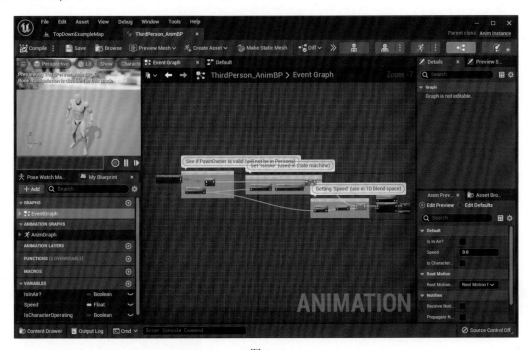

图 7.42

不过如果你细心观察，还能看到一个全新的选项卡"ANIMATION GRAPHS"，双击其中的 AnimGraph，你就能看到动画蓝图中最重要的特性——动画图，如图 7.43 所示。

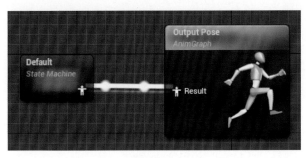

图 7.43

7.2.2　机器人是怎么跑起来的

接下来让我们来分析一下原来项目中机器人的动画逻辑是怎么样的，以此来学习动画蓝图的使用方法。

首先，机器人需要播放的动画有原地站立、走动、奔跑、跳跃等几种。

为了决定什么时候应该播放什么动画，我们需要一直搜集角色的状况。其中，角色的移动速度会决定机器人是要站立、走动、还是奔跑。而机器人是否处于空中，决定了机器人是否要播放跳跃动画。我们会将这些需要的信息作为动画蓝图的成员变量。

在动画蓝图中，我们常使用蓝图事件的 UpdateAnimation 事件来搜集信息。在事件的响应逻辑中，我们会将信息搜集并处理后，设置到对应的成员变量中。

搜集完信息之后，接下来就是根据这些变量来决定播放什么动画。播放动画要使用到动画蓝图中的动画图。动画图是一个状态机，它会判断变量的值来决定跳转到不同的动画状态，而不同的动画状态又会播放不同的动画。

上面提到的整个流程如图 7.44 所示。

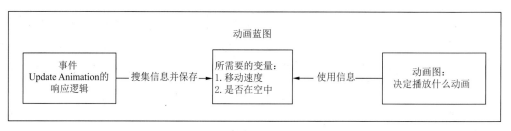

图 7.44

下面就让我们来具体看看整个动画流程是如何实现的，都用到了什么样的功能。

7.2.3　Variables——添加变量

首先，我们需要搜集角色的各种信息，并且将信息储存到变量中。如图 7.45 所示这两个变量是：

图 7.45

- IsInAir Boolean 类型的变量，表示角色是否在半空中；
- Speed 表示角色当前的移动速度，不同的移动速度需要匹配不同的移动动画。

7.2.4　EventGraph——对游戏数据的操作

创建完变量之后，我们还需要在游戏中搜集数据，并且根据游戏数据来更新这些变量的数值。

由于游戏中的信息一直在变化，所以我们会响应类似于 Actor 中的 Tick 事件。与之类似的事件在动画蓝图中是 UpdateAnimation 事件。在动画被播放的每一帧中，这个事件都会被触发。

　　我们来看看动画蓝图类 ThirdPerson_AnimBP 是如何响应 UpdateAnimation 事件的。如图 7.46 所示，简单来说，响应逻辑由于需要获取角色的信息，所以会先获取动画蓝图控制的 Pawn 实例，Pawn 实例就是所控制的角色对象。获取成功后，需要判断这个 Pawn 实例是否合法，如果合法的话，获取角色的移动组件，并且获得 IsInAir 的变量值。接下来再从 Pawn 实例中获取角色的速度并设置到 Speed 变量中。

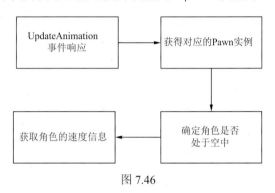

图 7.46

　　来看看具体要怎么设置蓝图。

　　动画蓝图实例会被一个 Pawn 实例所持有，这个 Pawn 实例就是它的 Owner（拥有者）。所以如果我们想要获取动画实例所控制的角色实例，那么可以使用节点 TryGetPawnOwner。TryGetPawnOwner 会返回一个 Pawn 类型的实例。如果我们是让一个 Character 类来使用这个动画蓝图，那么这个 Pawn 就会是 Character 本身。如果有必要获取你的 Character 上的一些信息，那么可以使用 Cast 节点来将它转型成你的 Character 类型。

　　TryGetPawnOwner 得到的结果可能是空，所以我们还需要用一个 IsValid 节点来进行合法性判断，只有在结果合法的时候，才能进行下一步，如图 7.47 所示。

图 7.47

　　接下来，我们会从 Pawn 实例上拖动出一个 MovementComponent 变量节点，这个节点表示的就是 Pawn 的移动组件。移动组件上会有很多我们需要的信息，分别是角色是否在空中的状态，以及角色的移动速度。

首先，我们需要知道角色是否在半空中。MovementComponent 的 IsFalling 标志位表示角色是否在下落，当角色在下落时，其实也就说明它正在半空中，所以我们可以直接将 IsFalling 写入到 IsInAir 成员变量中，如图 7.48 所示。

图 7.48

接下来我们需要知道速度的大小。直接从 Pawn 实例中使用 GetVelocity 节点来获得一个速度的向量。注意，这个速度是一个向量，类型是 Vector，包含了速度在 X、Y、Z 三个方向上的分量。由于我们想要获得的是速度的大小，所以需要使用 Vector 的 VectorLength 节点，这个节点会返回向量的大小。获得大小后，将这个大小的值写入到成员变量 Speed 中，如图 7.49 所示。

图 7.49

7.2.5　AnimGraph——动画状态机的设计

通常来说，我们会在 EventGraph 中响应蓝图事件来获取和操作游戏中的数据，动画的播放控制逻辑则会放在 AnimGraph 中制作。

1. 动画 Pose 输出

双击 AnimGraph，在编辑器中间会打开一个 AnimGraph 面板。

如图 7.50 所示，可以看到目前只有两个节点。一个是右边的 "Output Pose" 节点，有点像一个函数的 Return 节点，表示当前帧最终的动画 Pose（姿态）输出。左边的则是一个

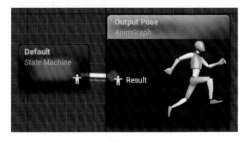

图 7.50

StateMachine（状态机）节点，负责 Pose 的计算。

　　当然，状态机只是产生动画 Pose 的一种方式，我们也可以不使用动画状态机，而是用其他方案来播放动画，比如我们可以选择播放一个动画。断开 StateMachine 和 OutputPose 节点的连接，从 OutputPose 节点的 Result 管脚向空白处拖动，打开节点搜索框。在节点搜索框的"Animation"分类下，可以看到每个动画都会对应一个 Play 节点，如图 7.51 所示。

　　选择某个 Play 项，就可以创建播放对应动画的节点。举个例子，在这里我们可以选择播放动画 ThirdPersonJump_Loop，这个动画是角色在空中的下落动画，如图 7.52 所示。

图 7.51

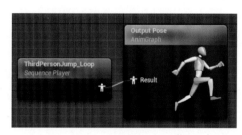

图 7.52

　　更改节点后，你会发现动画蓝图左上角的预览界面上出现了一个黄色的标签，提醒你如果要预览最新效果，需要单击 Compile，如图 7.53 所示。单击 Compile 进行编译后，就可以在预览场景中发现角色一直在播放下落动画了，如图 7.54 所示。

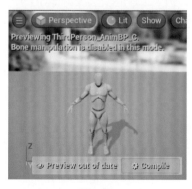

图 7.53

图 7.54

2. 状态机

　　让我们把前面创建的 Play 节点删除，并且重新将 StateMachine 节点连接到 Output Pose 节点上。接下来，看看 StateMachine 节点的内部是怎样的。双击 StateMachine

节点，就可以看到动画状态机的内部了，如图 7.55 所示。

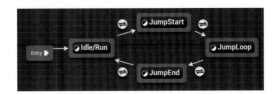

图 7.55

最左侧的节点"Entry（入口）"是状态机的入口。

Idle/Run 状态是 Entry 的下一个状态，负责控制角色的站立或者移动动画。在状态机进入 Entry 状态后，会马上进入 Idle/Run 状态。

右侧的三个状态 JumpStart、JumpLoop 和 JumpEnd 则是与角色跳跃动画相关的状态。

3. 动画状态机实现角色的跳跃动画

在上面我们讲过，JumpStart、JumpLoop 和 JumpEnd 这三个状态控制着角色与跳跃动画播放相关的逻辑。那么具体是如何实现的呢，让我们来具体看看。

（1）跳跃动画的三个阶段

首先，我们提出一个问题：为什么跳跃动画的播放需要分为三个状态呢？

这是由于一个跳跃的动画过程其实分为了三个阶段：

第一个阶段——起跳动画。对应 JumpStart 状态，角色从地面上站着或者移动的姿态切换到跳跃状态时，会播放这个动画。这个动画的第一帧是一个看起来在地面上准备起跳的姿势（见图 7.56），而播放到最后一帧，则是一个在空中下落的姿势，如图 7.57 所示。

第二个阶段——在空中下坠的动画，对应 JumpLoop 状态。这是一个能够不断循环播放的动画。只要角色还没有着陆，就会一直播放这个动画。为了动画能够完美地循环播放，有一个硬性要求就是动画的第一帧和最后一帧一定是同一个 Pose 的。我们可以打开 JumpLoop 对应的动画 ThirdPersonJump_Loop 看一下，在动画的开始和最后都会是图 7.57 所示的姿态。

图 7.56

图 7.57

第三个阶段——着地动画，对应 JumpEnd 状态。角色从滞空状态回到着陆状态的时候，就会进入第三个阶段。所以第三个阶段的动画是需要在第二个阶段的动画之后播放的。因此，打开第三个阶段对应的动画 ThirdPersonJump_End，可以看到它的第一帧和第二阶段的最后一帧都是如 7.58 所示的姿态。由于第三个阶段负责的是着陆的动画，所以你可以看到随着动画的播放，到最后一帧的时候，动画的姿态又会变成着陆的样子，如图 7.59 所示。

图 7.58   图 7.59

那么为什么要区分这三个状态呢？直接将这三段动画合并成一段不是更方便吗？

这是因为在游戏中，我们希望动画能够适应：

● 角色不同的跳跃能力；

● 角色从不同的高度下落。

随着角色的跳跃能力变强，或者往下跳的起始高度变高，它的滞空时间就会相对应的变长。如果我们用一个完整的跳跃动画来播放，就有可能会出现角色明明还在半空中，但是整个跳跃动画却已经播放完的情况，此时角色在半空中就会一直处于下落动画的最后一帧的姿态，如图 7.60 所示。

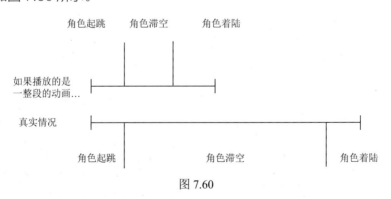

图 7.60

所以我们会将整个跳跃动画拆分成三部分。在角色起跳的时候，就播放起跳动画。在角色滞空的时候，会循环播放动画 ThirdPersonJump_Loop。角色脚着地之后，就会播放着陆动画。这样的好处是不管角色的滞空时间有多长，都可以比较合适地根据角色的滞空状态播放不同的动画。

上面说到的三个阶段的动画会分别由三个状态机的状态来控制，分别是 JumpStart、

JumpLoop 和 JumpEnd。

（2）状态间的切换逻辑

那么，这几个状态之间的切换逻辑是怎么样的呢？

我们先来看看角色是如何从平地上的移动状态切换到起跳状态的。双击 Idle/Run 状态节点到 JumpStart 状态节点之间的按钮🔵，就可以编辑两个状态之间的跳转条件。

如图 7.61 所示，可以看到有两个节点。右边的 Result 节点是跳转条件的输出节点，它有一个 CanEnterTransition 管脚，表示能否进行状态跳转。在 Idle/Run 到 JumpStart 的跳转中，CanEnterTransition 由动画蓝图的成员变量 IsInAir 的值决定。也就是说，当 IsInAir 的值为 True 时，就可以从 Idle/Run 切换到 JumpStart 状态。

图 7.61

再来看看从 JumpStart 到 JumpLoop 状态的跳转条件是怎样的。同样，双击两个状态中间的跳转按钮来查看跳转条件的逻辑。

我们希望在播放完起跳动作之后，就可以马上切换到下一个状态了，所以我们需要检测起跳动作是否要播放完毕。我们可以获取当前动画的播放进度来判断动画是否快要结束。为了获取动画的播放进度，可以使用 TimeRemainingRatio 节点。这个节点会返回动画播放的剩余时长占整个动画时长的比率。比如当动画已经播放了 90% 的时候，节点就会返回 0.1。

在动画接近快播放完毕，也就是 90% 的时候，就可以切换到下一个状态了，所以我们会在后面连着一个"＜"号的比较节点，参数设置为 0.1。表示当动画播放剩余时间小于 10%（也就是 0.1）的时候，相当于动画的播放超过了 90%，此时可以发生状态跳转，反之不可以。

最后，将比较节点的结果传给 Result 节点，就完成了状态切换逻辑的编写，如图 7.62 所示。

图 7.62

TimeRemaining(Ratio) 函数常常在动画状态转换条件中，用来让动画播放到一定时间后，自动退出状态。

接下来看看 JumpLoop 到 JumpEnd 的跳转条件。只要角色从滞空变回了着地，就

可以跳出循环播放的状态，进入着陆状态。如图 7.63 所示，在转换条件中，我们使用了
IsInAir 成员变量，并在它后面跟着一个 Not 节点，然后
设置给 CanEnterTransition。当 IsInAir 为 False 的时
候，表示当角色不在半空中，此时就可以发生跳转，反
之不可以。

图 7.63

　　最后再看看 JumpEnd 状态回到 Idle/Run 状态的跳转条件。和 JumpStart 跳转到
JumpLoop 的条件一样，JumpEnd 只是一个从滞空恢复到着陆的衔接动作，只需要播放
一次，所以也是用一个 TimeRemaining(Ratio) 节点来得到剩余时间的占比，当动画快要
播放完毕的时候，退出状态即可，如图 7.64 所示。

图 7.64

（3）状态内如何播放动画

　　讲完了状态间的跳转条件，我们再来看看状态内部是如何播放动画的。以 JumpStart
状态节点为例，双击状态节点就可以看到节点中的逻辑。在状态中，有一个节点是
OutputAnimationPose。OutputAnimationPose 是一个状态中的输出节点，可以看到它
有一个参数是 Result，左边是一个小人的 Icon，表示它是该状态需要得到的动画 Pose。

　　如果状态比较简单，就像 JumpStart 状态，一般是直接在状态逻辑中播放一个动画即
可。右击空白处，打开节点搜索框并搜索动画的名称"ThirdPersonJump_Start"，然后
选择"Play 'ThirdPersonJump_Start'"，就可以得到一个播放该动画的节点。

　　我们将这个节点连接到 OutputAnimationPose 节点的 Result 参数上，就能完成
JumpStart 状态的制作，如图 7.65 所示。

　　与 JumpStart 一样，JumpLoop 和 JumpEnd 只是播放了不同的动画，我们只需
要拖动出动画播放节点，分别播放动画"ThirdPersonJump_Loop"（见图 7.66）和
"ThirdPersonJump_End"（见图 7.67）即可。

　　其中，JumpLoop 状态的动画播放设置有些特殊——如果角色一直在下坠状态，需要
循环播放下坠动画。单击 ThirdPersonJump_Loop 动画的播放节点，在右边的细节面板
中，需要将"Loop Animation（动画循环播放）"设置为 True，如图 7.68 所示。

图 7.65

图 7.66

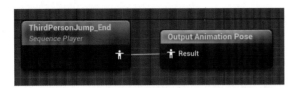

图 7.67

图 7.68

3. 动画和混合

跳跃的三个动画状态播放逻辑都相对简单，实质上，状态中都只是调用了一个 Play 节点来播放单——个动画。但是机器人的 Idle/Run 状态就要更复杂一点。在这个状态中，会根据角色不同的速度决定使用站立、走路还是跑步动画。

使用我们在 7.1.3 节中介绍的混合空间，就可以实现根据某个参数来决定要播放的动画的功能。我们使用的示例项目本来就已经做好这些逻辑了，所以在这里我只是介绍它是怎么实现的，读者不必动手也可以看到最终的效果。当然，你也可以把原有示例工程中的功能删掉，自己再尝试动手将它还原。

在状态中使用混合空间之前，我们需要先创建一个混合空间。在空白处右击，在弹出的菜单中选择"Animation"→"Blend Space 1D"，就可以创建一个一维的混合空间，如图 7.69 所示。一维的混合空间可以让我们根据某个参数对采样动画进行混合，来得到新的动画姿态。

在开始解释混合空间的概念之前，我们得先知道什么是动画混合——简单地说就是将两个动画以一定的比例进行混合。举个例子，现在有两个动画分别是 A 和 B，此时我们想播放一个动画，这个动画介于 A 和 B 之间——其中，这个新动画中有 20% 是 A 动画，80% 是 B 动画，这个过程就叫作动画混合。20% 和 80% 就是动画 A 和 B 的混合系数，如图 7.70 所示。

图 7.69

图 7.70

（1）混合的应用——混合空间

动画混合可以用在各种场景。其中一种场景就是接下来我们要讲的将不同移动速度的动画混合成一个新速度的动画。

按住 Ctrl+P 组合键搜索和打开示例工程中原本的混合空间资源"ThirdPerson_

IdleRun2D"。在混合空间的资源编辑器中，最底部的就是混合空间的采样轴。

从图 7.71 中我们可以得到几个信息：

- 混合的参数的名字是 Speed；
- Speed 的取值范围是 [0, 375]；
- BlendSpace 当前总共包括了三个动画。

图 7.71

其中，横轴的名字和取值范围在编辑器左侧的资源面板中可以设置。在资源面板中，我们可以展开"Axis Settings（轴设置）"→"Horizontal Axis（横轴）"选项（见图 7.72）。在选项中，Name 参数表示横轴的名字，此时它的值是"Speed"。"Minimal Axis Value"和"Maximal Axis Value"参数分别代表轴的最小值和最大值，决定了轴的取值范围，所以现在轴的取值范围被限制在了 0 ～ 375 之间。

如果想要更改采样动画对应的动画资源，我们可以在图 7.71 所示的小白点上右击，然后在 Animation 选项中修改为需要的动画资源（见图 7.73）。也可以在左侧的资源面板中，展开"BlendSamples（混合采样）"选项，展开对应的动画的设置，同样的可以在 Animation 中修改对应的动画资源。

图 7.72

图 7.73

如果你把光标悬停在采样轴的三个小白点上，就可以看到这三个动画（可以称为采样动画）分别是 ThirdPersonIdle、ThirdPersonWalk 和 ThirdPersonRun，分别对应不同移动速度下的动画。

我们还可以修改采样在 Speed 轴中的位置。我们可以在采样轴视图中直接拖动采样点，更改它在采样轴上的位置。也可以在右键菜单或者资源设置界面中直接修改"Speed"参数的值。你可以试试将 ThirdPersonWalk 采样的 Speed 值修改成 200，就可以相对应地发现它在轴上的位置发生改变。

> **提示**
>
> 从图 7.73 中可以看到在 BlendSpace1D 的上方还有一个选项是"Blend Space"，它代表的是二维的混合空间。在二维的混合空间中，你可以有两个控制的参数（分别是纵向轴和横向轴）。其他的使用方式和一维的混合空间基本一致。

我们可以通过修改当前 Speed 的值来预览对应的混合动画效果。如图 7.74 所示，将光标放在采样轴的"X"上，按住 Ctrl 键，就会显示当前的预览值。保持按住 Ctrl 键，就可以拖动预览采样的值。你可以使用不同的预览值来查看不同的混合效果，可以看到当预览值越接近一个采样点，混合出来的动画效果就会越接近那个采样点所使用的动画资源。随着预览速度从 0 变为 375 的过程中，上方动画预览窗口中的人会逐渐从站立变为行走，最后变为奔跑。

图 7.74

除此之外，我们还可以给混合空间增加新的动画采样点。编辑器右侧是当前骨架蒙皮对应的动画列表（见图 7.75），我们可以方便地从中拖动一个新的动画到左侧的轴采样视图中来增加一个新的采样。比如说我们可以将 ThirdPerson_JumpLoop 动画直接拖动到视图中作为一个新的采样点，如图 7.76 所示。

图 7.75

图 7.76

再回过头来看动画蓝图的 Idle/Run 状态。这个状态的逻辑其实与其他状态很相似，只不过其他状态播放的是单一动画，这个状态播放的则是资源 ThirdPerson_IdleRun2D。在空白处右击，在弹出的节点搜索框中就可以找到资源 ThirdPerson_IdleRun2D 的 Play 节点。由于这个混合空间 Speed 轴的值需要被确定，所以节点会把 Speed 作为参数暴露

出来。在这里，我们会将在 EventGraph 中获取的角色速度 Speed 设置给节点，如图 7.77
所示。

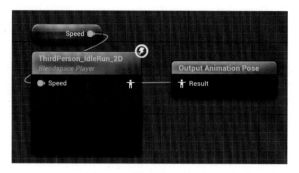

图 7.77

（2）混合的应用——动画切换

动画混合的另一个使用场景是将两个完全不同的动画之间的衔接变得更自然。

当我们从一个站立的动画切换到跳跃的动画时，如果站立动画当前那一帧的姿态和跳
跃动画的第一帧姿态不同，在播放的时候观看的人就会感觉人的姿态发生了突变，看起来
非常不自然。

如图 7.78 所示，ThirdPerson_Idle 动画的某一帧和 ThirdPerson_JumpStart 的第一
一帧的姿态看起来差距特别大。

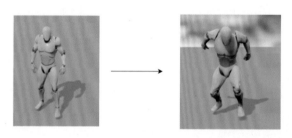

图 7.78

为了避免角色在切换动画的时候，姿态发生突变，我们也会使用到动画混合的技术。
一般来说，我们会规定两个动画过渡的时间，在这段时间内（比如 0.2 秒），当前播放这
个动画的播放权重会渐渐从 100% 下降到 0%，将要播放的新动画的权重会渐渐从 0% 过
渡到 100%，如图 7.79 所示。所以在这段时间内，角色的姿态会缓慢地过渡到要播放的动
画，避免了姿态突变。

图 7.79

在 UE5 的动画状态机中，状态与状态之间的切换就支持配置一段过渡的时间。让

我们回到图 7.80 所示的界面，单击从 Idle/Run 状态到 JumpStart 状态之间的转换条件按钮，在细节面板中，就可以找到与动画混合相关的选项"Blend Settings"，其中，"Duration"就是过渡时间的配置。这里的 Duration 为 0.2，表示从 Idle/Run 的姿态跳转到 JumpStart 姿态的过程中有一个混合，时间是 0.2 秒。

图 7.80

这也就解释了为什么我们在编写 JumpStart 状态的跳出逻辑的时候，为什么是判断动画的播放时间是否为大于 90%，而不是需要等待整段动画播放完毕后再退出的原因。因为我们还需要在混合的时间内，继续播放 JumpStart 剩余的那 10% 的动画。

↘ 7.3　实战：角色操作动画

学习完了 UE5 角色动画架构的基础知识，我们现在还是要通过实践来巩固一下。

先来描述一下现在游戏 Autocook 中我们遇到的问题吧。

目前 Autocook 游戏里，机器人需要走到对应的操作台前停下，然后才能开始操作。在操作的过程中，机器人看起来就像是傻站在原地一样（见图 7.81），玩家完全看不出机器人正处于操作状态，这样给玩家的反馈就会比较差。

为了解决这个问题，我们希望机器人在进行操作的过程中，能够播放一个操作中的动画（见图 7.82），这样就能够很自然地展示机器人的操作状态了。

图 7.81

图 7.82

接下来，我们就来看看如何实现这个功能。

7.3.1　导入动画

在编写动画的播放逻辑之前，我们需要先将这个操作中的动画导入到 UE5 编辑器中。

首先，我们来创建一个存放动画资源的文件夹。在路径"Content/TopDownBP"下创建文件夹"Animations"（见图 7.83），并双击进入该文件夹。

从本书配套资源 \Autocook 素材 \Chapter7 中，找到文件"ThirdPersonOperating.fbx"（这是一个 FBX 文件），然后把它拖动到编辑器的 ContentDrawer 里，如图 7.84 所示。

图 7.83

图 7.84

编辑器会弹出一个 FBX 文件的导入选项弹窗，如图 7.85 所示。在这个弹窗中，包含了这几个部分的选项和信息：

- 最上面的"Mesh"→"Skeleton"表示的是动画所对应的骨架设置。
- "Animation"选项是动画相关的设置。
- "Transform"是导入到项目之后，给动画设置的初始 Transform。我们可以设置动画对象的初始位置和转向。
- "Miscellaneous"是一些杂项设置。其中，"Convert Scene"选项会将 FBX 文件的坐标系统转换为 UE5 的坐标系统。
- 最底部的"Fbx File Information"显示的是这个 FBX 文件的信息。在这里显示了：File Version 是文件版本；File Creator 和 File Creator Application 是创建文件的软件；File Units 是文件中的长度单位；File Axis Direction 是文件中表示世界坐标向上的单位，这里写着 Y-UP，表示 Y 轴正方向为文件的向上方向。

在这个弹窗中，我们首先得设置动画资源对应的骨架资源。单击 Skeleton 右边的下拉框，并且选中机器人的骨骼，如图 7.86 所示。

图 7.85

图 7.86

在 Animation Length 选项中，我们选择第一个"Exported Time"。FBX 文件中的动画会有一个动画的定义时长，如果选中 Exported Time，就会用 FBX 文件定义的这个动画时长来导入动画。如果我们想要自定义导入的动画时间范围，那么我们可以选中"Set Range"选项，如图 7.87 所示。这时，展开 Animation 选项中的"Advanced（高级选项）"，就可以看到有一个设置叫作"Frame Import Range（导入帧的范围）"，我们可以在这里定义要导入的动画长度，如图 7.88 所示。

至于其他的选项，暂时不用改，保留默认设置就好。接下来，单击下方的"Import All"按钮来进行导入。导入后，ContentDrawer 就会出现动画资源，如图 7.89 所示。

图 7.87

图 7.88

图 7.89

双击打开动画资源 ThirdPersonOperating，就可以在 Viewport 中看到机器人在做操作动作了，如图 7.90 所示。由于是新创建的资源，所以还需要我们进入动画编辑器后，单击"Save"按钮或者按 Ctrl+S 组合键进行资源的保存。

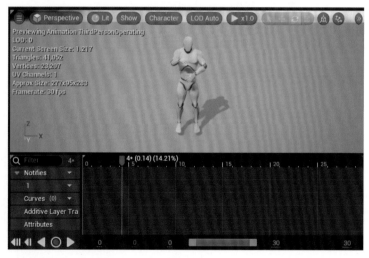
图 7.90

7.3.2　动画播放方案一：替换 BlendSpace 中的 Idle 动画

想要让机器人在操作的时候播放上面导入的 ThirdPersonOperating 动画，我们可以使用两种方案来实现。

其中，第一种方式非常简单粗暴。

7.2.5 节中介绍过在机器人的动画蓝图中，Idle/Run 状态会播放一个混合空间的动画。

在这个混合空间内，会根据角色当前的速度来采样不同的动画，并进行混合。

想象一下，在现在的游戏里，机器人在游戏中会一直忙忙碌碌，永远都不会停下来。他目前只会有两种移动状态，一种是跑向操作台，而另一种就是一旦机器人站到操作台前之后，就会开始进行操作。所以我们可以认为当机器人的移动速度为 0 的时候，肯定是站在操作台前面进行操作，不存在傻站着什么都不做的情况。

既然我们已经确定了速度为 0 的时候，角色必定是在操作状态，那么最简单的改法就是直接将混合空间中的速度为 0 的采样动画改成 ThirdPersonOperating 动画。

来看一下具体要怎么操作。按 Ctrl+P 组合键，搜索并打开混合空间的资源"Third Person_IdleRun_2D"。

在横轴编辑界面的 Speed 值为 0 的采样点上右击，在弹出的右键菜单中，单击 Animation 的下拉框，选中 ThirdPersonOperating 动画（见图 7.91），然后单击左上角的"Save"按钮保存。

按住 Ctrl 键，将 Speed 的预览值拖动到 0，就可以看到当前的角色正在播放操作动画。

图 7.91

现在进入游戏，你会发现机器人跑到操作台前之后，由于它的速度变为 0，所以混合空间会采样到 100% 的操作动画。

7.3.3　动画播放方案二：创建和使用 Operating 状态

想要让机器人在操作物品的时候播放操作状态，我们还有第二种实现方案，并且第二种方案要比较合理一些。我们会在动画蓝图的动画状态机中创建一个表示"操作中"的状态 Operating，在机器人正在操作物品的时候，从 Idle/Run 状态转入 Operating 状态，然后在 Operating 状态中播放操作中的动画。在机器人操作物品结束后，再从 Operating 状态跳转回 Idle/Run 状态，切出操作中的动画。

注意，如果你已经尝试过了方案一，在尝试方案二之前需要将方案一所做的修改退回——也就是将混合空间 ThirdPerson_IdleRun_2D 里 Speed 为 0 时的采样动画恢复为 ThirdPersonIdle。

1. 为 TopDownCharacter 添加 IsOperating 变量

在 7.2.4 节中我们讲到过，动画蓝图中的动画图负责选择和播放某一个动画，而选择动画的条件一般来自动画蓝图中的某个成员变量，而这个成员变量又往往会在 EventGraph 中被更新。由于机器人在操作物品的时候才需要播放操作动画，所以我们现在需要从游戏中获得的信息就是"机器人是否正在操作物品"。

那么这个信息又来源自哪里呢？目前为止，我们并没有编写相关的逻辑来记录机器人是否正在操作物品。所以我们还得编写逻辑来记录机器人是否在操作物品这个信息。

为了方便，我们希望能够直接在机器人的角色类身上保存这个信息，这样获取起来最为方便。

所以，我们首先需要创建一个变量来记录它。按下 Ctrl+P 组合键，搜索并打开蓝图类 TopDownCharacter。打开蓝图类编辑器后，为它创建一个成员变量 IsOperating，类型为 Boolean，用来表示角色是否正在操作中，如图 7.92 所示。

图 7.92

2. 修改 BTT_OperateItem 任务

我们要在什么时机设置 TopDownCharacter 中 IsOperating 变量的值呢？那就要看角色是什么时候开始操作，又是什么时候结束操作的了。在进入操作的时候，将 IsOperating 的值设置为 True，结束操作的时候，将 IsOperating 的值设置为 False。

机器人操作状态的进入和退出，是由行为树中的 BTT_OperateItem 任务节点决定的。回顾一下这个任务节点的逻辑，它会在启动任务执行的时候（对 Execute AI 事件的响应），使用操作台来启动一个操作。启动操作之后，操作台会不断查询时间（见 6.8.3 节），并在规定的时间之后结束操作。在 BTT_OperateItem 任务的 Tick 事件中，我们会不断地查询操作台是否已经结束操作，如果是的话就退出任务。

所以，我们可以在 BTT_OperateItem 的开始任务和结束任务这两个时机，分别将 TopDownCharacter 的 IsOperating 变量设置为 True 和 False。

按 Ctrl+P 组合键，搜索并打开 BTT_OperateItem 类。

在 EventGraph 中找到对事件 ExecuteAI 的响应。由于要设置到机器人角色类的变量，所以我们需要先获取到 TopDownCharacter 的实例。事件 ExecuteAI 的节点有一个参数"ControlledPawn"，这个参数代表运行这个任务节点的行为树所控制的 Pawn。现在这个情况下，我们可以肯定这个 Pawn 就是 TopDownCharacter 实例，所以我们可以大胆地使用"Cast To TopDownCharacter"节点，将 Pawn 实例转换为它的子类实例

TopDownCharacter。

　　类型转换之后，我们得到了 TopDownCharacter 实例，接下来使用 SET 节点将 IsOperating 变量设置为 True 即可，如图 7.93 所示。为了保险，你也可以在类型转换节点的 Cast Failed 管脚上连接一个 FinishExecute 节点，并将 Success 参数取消选择，表示任务运行失败。

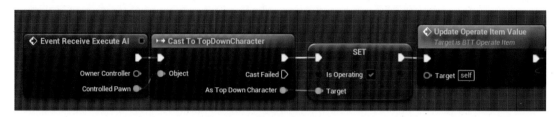

图 7.93

　　然后在 UpdateOperateItemValue 的前面获取事件的 ControlledPawn 参数，这个参数表示当前行为树正在控制的 Pawn，实际上在这个场景中由于行为树控制的是 TopDownCharacter，所以我们可以直接使用 CastToTopDownCharacter 函数将它的类型直接转换成 TopDownCharacter，然后将它的 IsOperating 变量设置为 True，表示角色正在操作中。

　　接下来，我们需要在任务节点结束执行的时候，将 TopDownCharacter 实例的 IsOperating 变量设置回 False。

　　找到任务节点中对 Tick AI 事件的响应。之前我们已经有一个逻辑是判断当前操作台是否还在工作中，如果已经不工作，那么代表操作结束，使用 FinishExecute 节点来结束任务。我们在 FinishExexute 节点的前面，同样地获取事件的参数 ControlledPawn，使用 "Cast To TopDownCharacter" 节点将其转换为 TopDownCharacter 实例，然后将它的 IsOperating 变量设置回 False，如图 7.94 所示。

图 7.94

3. 为动画蓝图增加成员变量和获取信息

　　回到动画蓝图 ThirdPerson_AnimBP 的编辑界面。

　　在动画蓝图中，我们一般都会在 EventGraph 中获取游戏的信息并且保存到成员变量中，然后在动画图中使用这些变量。

　　首先，由于我们需要将角色的 IsOperating 属性保存到动画蓝图，所以要先为动画蓝图创建一个成员变量来存放它。创建成员变量 IsCharacterOperating，类型为 Boolean（见图 7.95），表示角色是否在操作中。

接下来，在动画蓝图的 EventGraph 中，找到对事件 UpdateAnimation 的响应，在响应的最后添加新的逻辑。我们会先获取 TopDownCharacter 的实例，然后读取并修改它的 IsOperating 变量。

具体来说，想要获得 TopDownCharacter 的实例，我们得先使用 TryGetPawn Owner 节点，这个节点会返回动画蓝图所控制的 Pawn 实例。然后，我们用一个"Cast To TopDownCharacter"节点来将 Pawn 实例转换为 TopDownCharacter 实例。转换后，读取实例的 IsOperating 变量，然后直接写入到 IsCharacterOperating 变量中。

这样一来，动画蓝图就会每帧获取最新的 IsOperating 变量并设置到成员变量中，如图 7.96 所示。

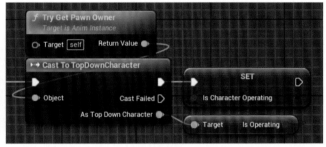

图 7.95　　　　　　　　　　　　　　　　图 7.96

4. 添加动画蓝图状态

接下来，我们来编写动画的播放逻辑。我们会在状态机中创建一个表示操作的状态，然后在这个状态中播放操作中的动画。

回到 ThirdPerson_AnimBP 的编辑界面，双击打开 AnimationGraph 中的状态机。

由于目前 Autocook 游戏中角色并不会有跳跃的逻辑，所以现在我们暂时不需要跳跃相关的状态了，可以将这些状态先删除掉。将 JumpStart、JumpLoop 和 JumpEnd 三个状态选中后按 Delete 删除掉即可，如图 7.97 所示。

接下来，就可以创建新的状态了。在状态机编辑页面的空白处右击，在弹出的菜单中选择"Add State"来创建一个新的状态（见图 7.98），然后将它命名为"Operating"，表示操作中的状态，如图 7.99 所示。

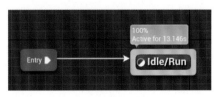

图 7.97　　　　　　　　　　图 7.98　　　　　　　　图 7.99

接下来我们来编写 Operating 状态的逻辑，让状态能够播放对应的动画。

双击 Operating 状态，在空白处右击并搜索动画的名称 ThirdPersonOperating，选择"Play 'ThirdPersonOperating'"（见图 7.100），就会出现一个播放该动画的 SequencePlayer 节点。然后我们将 SequencePlayer 节点的输出作为 Output AnimationPose 节点的输入就可以了，如图 7.101 所示。

图 7.100

图 7.101

5. 添加状态的切换逻辑

Operating 状态被创建出来之后，我们还得将它和 Idle/Run 状态连起来，并编写它的状态切换条件。

从 Idle/Run 状态的白色边缘按住鼠标拖动一条状态转换线连接到 Operating 状态，然后再反过来，从 Operating 状态往 Idle/Run 拖动一条状态转换线，如图 7.102 所示。

图 7.102

首先，让我们双击从 Idle/Run 状态跳到 Operating 状态上的箭头。

当角色处于操作状态中的时候，可以从 Idle/Run 状态切换到 Operating 状态。由于 UpdateAnimation 事件的响应逻辑中，每帧都会更新 IsCharacterOperating，所以我们直接拿这个成员变量来用就行了。当 IsCharacterOperating 为 True 的时候，表示可以从 Idle/Run 状态跳转到 Operating 状态，如图 7.103 所示。

图 7.103

再回到状态机编辑界面，双击从 Operating 状态跳到 Idle/Run 状态的箭头。当角色不处于操作状态的时候，就可以从 Operating 状态切换为 Idle/Run 状态。所以我们需要先为 IsCharacterOperating 变量拖动出一个 Not 节点，再将 Not 节点的返回值作为 Result

节点的输入即可，如图 7.104 所示。

图 7.104

最后，我们编译和保存动画蓝图。进入游戏，就能看到机器人在操作物品的时候播放了操作动画。

7.3.4　两种方案的对比

方案二比起方案一有个细节处理得比较好，就是方案一只要是停下来就会播放操作动画，太过于生硬。不知道你还记得吗？我们在完成订单之后，会让机器人多延迟一秒再退出完成订单的任务，实际上这个时候机器人就应该播放 Idle 动画呆站在原地什么也不做，而不是播放操作中的动画。如果使用方案一，是无法区分出什么时候应该呆站着，什么时候应该播放操作中的动画的。所以角色在提交订单之后，竟然会在原地播放一秒钟的操作动画。这个表现是错误的。

使用了方案二之后，你会发现在机器人提交订单之后的那一秒中，机器人会正确地播放 Idle 动画，看起来就没有异样了。

第 8 章　Unreal Engine 5 中的 C++ 开发

通过前面几章的学习，你已经成为一个 UE5 的入门级开发者，具有了做出一个属于自己的游戏原型的能力。注意，我们这里说的是游戏原型，因为如果真的要完整地做出一个游戏，还需要掌握更多的 UE5 知识。从本章开始，我们会更加深入地了解 UE5 引擎。

↘ 8.1　认识 Unreal Engine C++

在正式学习如何在 UE5 中使用 C++（UE5 中的 C++ 一般简称为 UC++）进行开发的知识之前，先让我们一起来认识一下 UE5 中的 C++。

8.1.1　什么是 Unreal Engine C++ 以及为什么要用它

任何一个 UE 游戏开发者学习完蓝图之后，如果还想要继续精进引擎知识，怎么都逃不开要学习 C++ 在 UE 中的使用。这其中的缘由，起码包括以下几点：

第一，有些函数接口蓝图中并没有，你想用就必须要通过 C++。UE5 原生提供的功能大多数都是用 C++ 实现的，而蓝图是一门脚本语言，它是对这些 C++ 代码更高等级的封装。也就意味着蓝图的接口几乎可以说是 C++ 接口的子集（见图 8.1），某些函数和变量并没有被导出到蓝图。如果你会使用到这些没有被导入到蓝图的功能，就必须使用 C++。

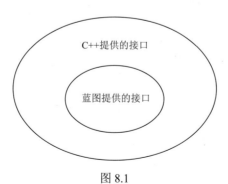

图 8.1

第二，C++ 运行效率比蓝图高。前面说了，蓝图实际上是基于 C++ 代码封装而成的一套脚本语言，相对于 C++ 这种编译型语言来说，蓝图的运行效率相对要低。如果你有一些计算密集型的游戏逻辑，使用 C++ 来实现会比使用蓝图实现的效率高得多。

第三，C++ 代码有时候更简洁，也更容易管理。虽然蓝图对于新手来说更加友好，但是一旦蓝图中的逻辑多了，就会用到数量异常大的节点，节点之间的连线又会错综复杂。这时的蓝图可读性和可维护性就会变得很低。

第四，C++ 对版本管理更加友好。在使用虚幻编辑器时，蓝图版本管理可以实现 Diff 等功能，让你用图的形式看出本地文件的变更。然而，蓝图的 Diff 功能还是不够理想，合并起来也让人很头疼——团队中多人编辑同一个蓝图的时候，会导致很难合并。为了避免合并蓝图文件，大多数开发团队会选择在某个人编辑蓝图之前将蓝图文件锁住，防止别人同时修改，如图 8.2 所示。而 C++ 代码文件是以文本的形式存在的，目前各个主流的版本控制软件（如 SVN、Git、Perforce 等）对文本的 Diff 和合并功能已经非常成熟，完全可以多人同时编辑同一个 C++ 文件，只要在出现冲突的时候使用版本控制软件自带的合并功能就可以轻松地进行文件的合并，合并后即可提交新的版本，如图 8.3 所示。

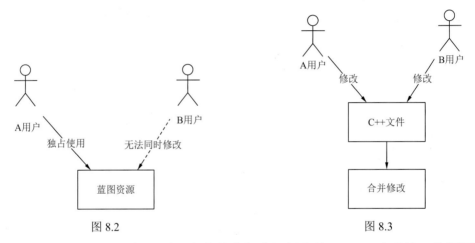

图 8.2   图 8.3

当然，还有最重要的一点。UE5 本身的大部分逻辑是使用 C++ 实现的。你想要深入地了解 UE5 的实现原理，就必须要读懂 UE5 的源码，在这种情况下，就一定要学习如何在 UE5 中使用 C++。

你可能注意到标题写的是 Unreal Engine C++ 而不是 C++，因为在 UE 中使用 C++ 和使用原生 C++ 还是有一些区别的。UC++ 是 UE 对原生 C++ 做的一些包装，可以说是原生 C++ 的父集，支持更多的功能和特性。

原生 C++ 的内容太多了，这里不会将 C++ 的入门知识作为本书的内容，而是会假设读者已经一定程度上掌握了原生 C++，并只会介绍一些 UC++ 与原生 C++ 不同的地方。所以如果读者对原生 C++ 不太熟悉，建议先学习完 C++ 的基础，再回来学习本章的内容。

8.1.2　同时使用 Unreal Engine C++ 和原生 C++

如果你不需要任何 UC++ 提供的功能，也可以在你的代码中使用原生 C++，因为原生 C++ 是 UC++ 的子集，两种方案之间是不冲突的，可以同时使用。在某些需要高性能的场景或者其他不适用 UC++ 的地方，尽情地使用原生 C++ 吧。

8.1.3　准备 Unreal Engine C++ 的开发环境

在开始 UC++ 的开发之前，我们需要先准备好开发环境。

1.　安装 Visual Studio 2019

本书在写作时，UE5 支持的 Visual Studio 版本是 2019 版和 2022 版，如果读者阅读这本书的时候已经支持了更高的版本，也可以使用新的版本，安装方式应该是大同小异的。这里我们以 2019 为例说明如何在 Windows 系统上布置 Visual Studio 的 UE5 开发环境。

首先，如果你还没安装 Visual Studio，那么需要去 Visual Studio 的下载网站找到 Visual Studio 2019 下载器。对于 Windows 系统的下载网址是：

https://my.visualstudio.com/Downloads?q=visual studio 2019&wt.mc_id=omsftvscom~older-downloads

单击页面中的"Download"按钮来下载 VS（下文都会将 VisualStudio 简称为 VS）下载器，如图 8.4 所示。

图 8.4

下载完文件后，双击它打开。这个可执行文件是一个 VS 安装器，在打开的窗口中找到并单击"使用 C++ 的游戏开发"，在右侧再选择"Unreal Engine 安装程序"，如图 8.5 所示。

图 8.5

接下来，单击最上方的"语言栏"，在列表中去掉中文的选择，然后选择英语，如图 8.6 所示。选中英语作为 VS 的语言有两个好处：

- 统一术语，学习英语术语对以后查资料有好处。
- 在 VS 显示报错信息的时候，可以避免乱码。由于我们一般使用的是 Windows 中文版，默认编码是 GBK，所以在 VS 输出编译的报错信息的时候，有可能会出现乱码。将中文语言包替换成英文后，能够有效地避免这个问题。

将这些选项都确定好之后，再单击"安装"按钮，VS 下载器就会自动下载必要的文件，并且自动安装到指定路径。在 VS 安装后，可能需要重启电脑。重启电脑过后再打开 VS 2019，会提示要登录账号。你可以选择跳过登录或者使用自己的账号登录，如图 8.7 所示。

图 8.6

图 8.7

2. 设置默认编码为 UTF-8

如果你使用的 Windows 系统是中文的，那么 VS 中文件的默认编码就会是 GBK（GB2312），这会导致 UE5 中代码里的中文显示到编辑器中会变成乱码。

UE5 要求代码应该是 UTF-8 编码，所以我们需要将 VS 的默认编码改成 UTF-8。

我们可以通过在 VS 的应用商店中搜索"Force UTF-8(NO BOM)"插件来安装，也可以通过其他的途经来安装。这里就不展开介绍了。

3. 将 UE5 的源码开发工具设置为 VS

最后，我们需要将 UE5 的源码编辑器更改成 VS。

打开 UE 编辑器，回到场景编辑器，单击上方菜单栏中的 Edit，然后选择"Editor Perferences"来打开编辑器偏好设置，如图 8.8 所示。在打开的窗口上方的搜索栏中搜索"Source Code Editor"，然后单击下方搜索到的 Source Code Editor 下拉框，选择你安装的 VS 对应的版本，比如我们这里选择的是 Visual Studio 2019，如图 8.9 所示。

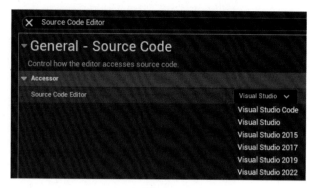

图 8.8

图 8.9

↘ 8.2　第一个 Unreal Engine C++ 类

代码的知识如果光靠讲理论，很难讲清楚，所以在本节，我们会以一个 UC++ 类为例子来讲。

8.2.1　创建 AHelloUE5 类

首先，让我们在项目中创建一个新的类，继承于 AActor，名为 AHelloUE5。

注意，在入门篇中我们只讲到蓝图的逻辑，讲类名的时候会忽略它的前缀，但是在讲 C++ 的本章中，我们叫类名的时候不会忽略它的前缀。其中，Actor 和它的派生类们的命名全都会以 A 开头。

1. 创建类

打开 UE5 编辑器。单击菜单栏上的 Tools，然后选择"New C++ Class"来创建一个新的 C++ 类，如图 8.10 所示。

编辑器会弹出一个父类选择窗口，和创建蓝图类的父类选择窗口类似，我们将会在这个窗口里面选择类的父类。你可以直接从 Common Classes 下面的列表中选择一些最常用的类作为父类，如图 8.11 所示。

图 8.10

也可以单击"All Classes"按钮 All Classes ，面板中就会出现所有可以作为父类的类。我们可以在列表中选择一个类作为父类，如图 8.12 所示。

为了方便测试，我们选择 Actor 作为父类——AActor 子类的实例都能被摆放在场景中。选中 Actor 作为父类后，单击"Next"按钮进入下一步。

如图 8.13 所示，Name 选项即表示类的名称，我们在那里输入类的名字"HelloUE5"（在类的创建界面中不需要输入类名前缀，UE 会为我们在 C++ 中自动生成对应的前缀），然后单击"Create Class"按钮   创建类。

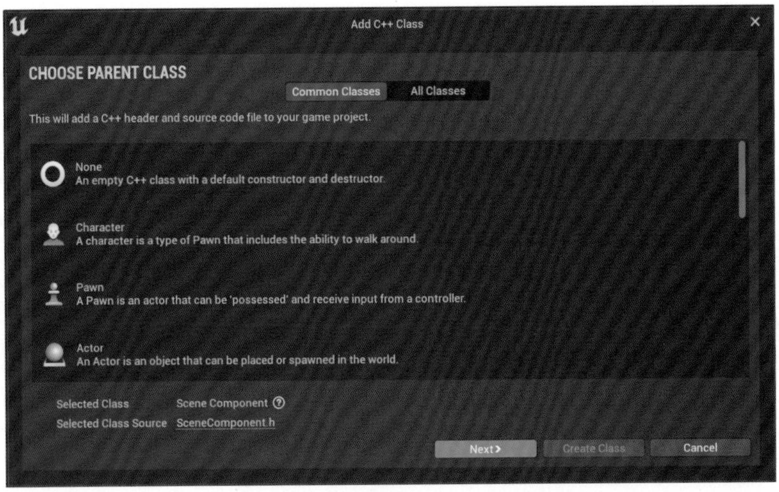

图 8.11

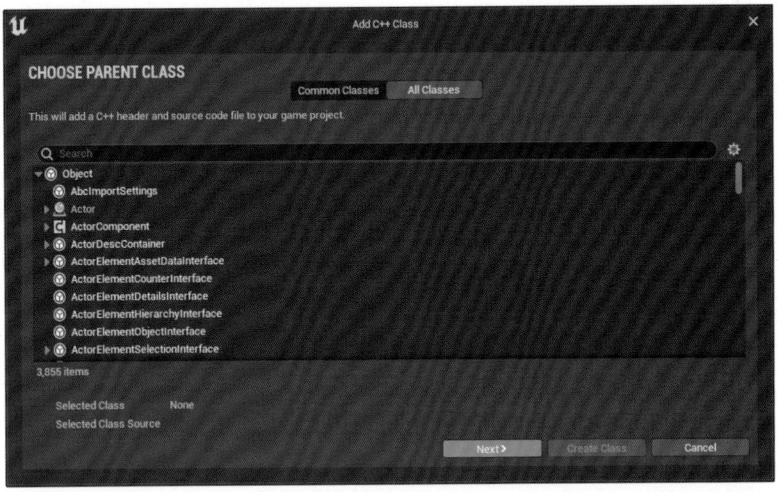

图 8.12

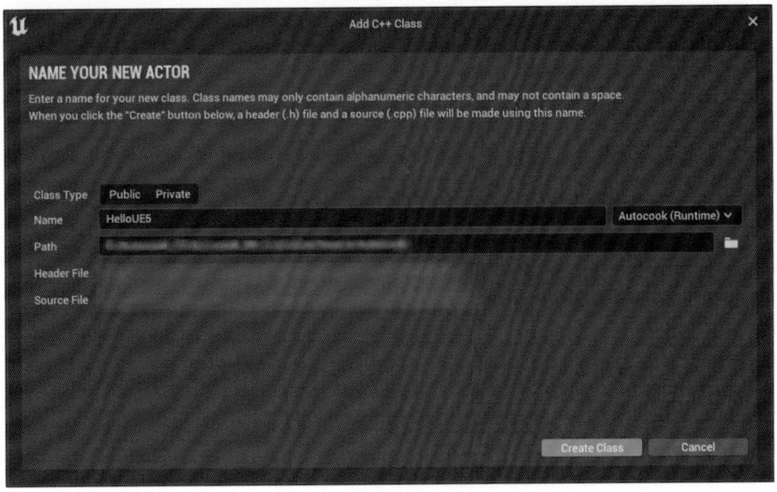

图 8.13

单击创建类之后，会弹出一个信息对话框，这是因为我们正在一个完全没有 C++ 类的蓝图工程中创建第一个 C++ 类。在对话框中，它的内容是："你已经成功添加了'HelloUE5'类，但是在这个类显示在 ContentBrowser 之前，你必须要重新编译'Autocook'模块。生成项目文件失败"，如图 8.14 所示。

接下来，有可能会弹出一个对话框问你要不要马上编辑这个 C++ 文件。若是出现了此对话框，那么先选择"NO"。

2. 生成 VS 项目

在一个没有添加过 C++ 代码的项目中添加第一个 C++ 文件后，往往就会弹出如图 8.15 所示的错误对话框，它告诉我们说在编辑器中无法完成这些 C++ 代码的编译，需要我们从外部对代码进行编译，再进入编辑器。

图 8.14　　　　　　　　　　　　　　图 8.15

接下来，我们会使用 VS 对新添加的 C++ 代码进行编译。

但是在使用 VS 进行编译之前，我们需要先为游戏的 C++ 项目生成 VS 的 Solution 解决文件。生成 Solution 之后，就可以直接使用 VS 打开了。

单击菜单栏中的 Tools，然后选择"Generate Visual Studio Project（生成 Visual Studio 工程）"，如图 8.16 所示。

如果你的电脑中各种开发环境都设置得当，那么这个时候就会成功生成 Solution 文件。成功生成 Solution 之后，这个按钮就会变成"Refresh Visual Studio 2019 Project（刷新 Visual Studio 2019 项目）"，如图 8.17 所示。

图 8.16　　　　　　　　　　　　图 8.17

3. 解决 Solution 生成的错误

但是大多数情况下，第一次并不能那么顺利地生成 Solution。特别是当我们是在一台新的电脑上首次生成 UE5 的 Solution，编辑器可能会弹出问题警告框。

这些问题大多数是因为在布置开发环境的时候，VS 漏装了某些 UE5 C++ 开发必要的组件。这个时候，就需要我们重新打开 VS，来手动安装这些组件。等布置完开发环境后，再重新生成项目。

当然，如果你在生成 Solution 的时候没有报错，那么可以跳过本小节。

接下来，我们介绍一下在一个新电脑上第一次生成 Solution 时遇到的问题，以及它的解决方案，供大家参考。

一个典型的报错如图 8.18 所示。这个对话框表示刷新项目的时候发生了错误，查找不到任何合适的框架版本。其中，它需要的框架是 "'Microsoft.NETCore.App'，version '3.1.0'"。但是现在电脑中只找到了 5.0.14 版本的 .NETCore 框架。

.NET 是 Windows 系统上的一个开发框架，UE5 生成项目的时候需要用到它。

所以接下来我们就得在 VS 中手动安装这个 .NETCore 3.1.0 框架。

图 8.18

首先，我们需要打开 VS。启动的时候不需要创建或者打开任何项目，我们可以单击启动页右下角的 "Continue without code"，如图 8.19 所示。进入 VS 后，单击选择上方的 "Tools"，然后选择 "Get Tools and Features（获取工具和功能）"，如图 8.20 所示。

在弹出的窗口中，我们单击 "单个组件"，由于我们电脑中缺的组件是 .NETCore 3.1.0，所以我们需要选中下方的 ".NET Core 3.1 运行时"，如图 8.21 所示。

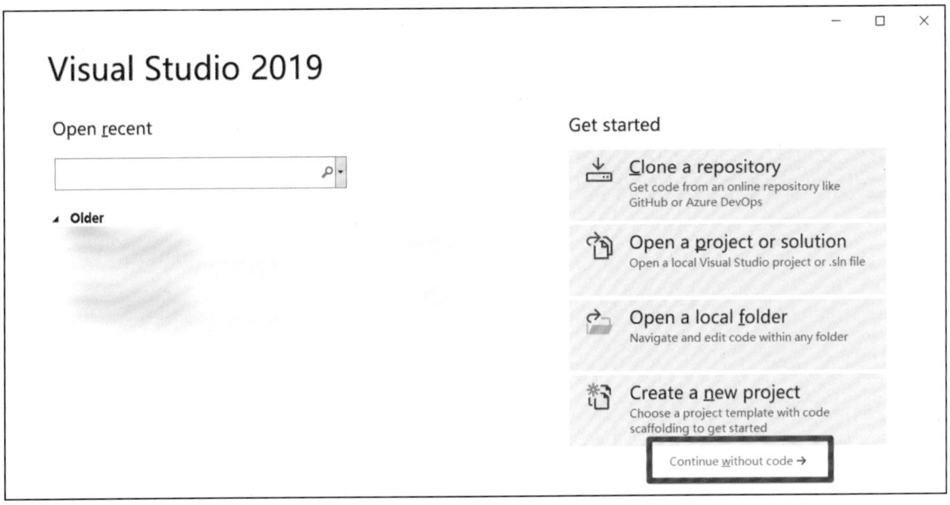

图 8.19

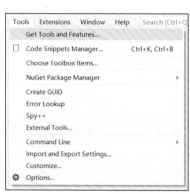

图 8.20

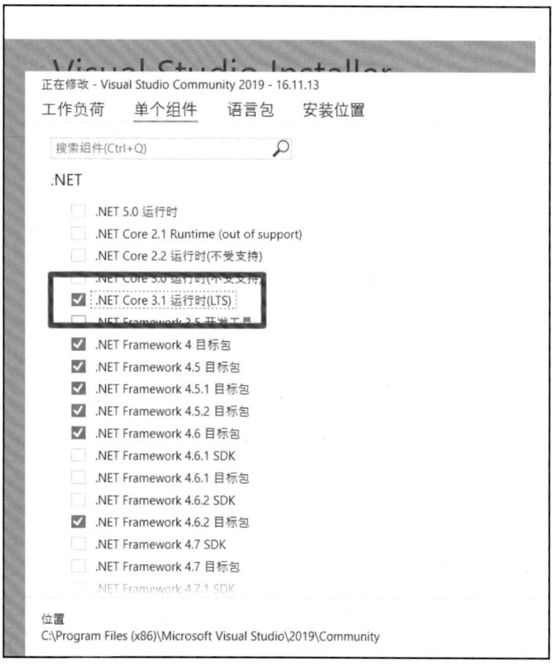

图 8.21

选中后，单击"修改" ![修改(M)] 按钮进行组件的安装。单击"修改"之后，如果你的 VS 仍然运行着，安装程序会提示 VS 正在运行中，单击"继续"来关闭 VS 即可。

这就是缺失组件的处理方法。如果你的错误提示的是其他的组件缺失，也可以在"单个组件"下方的搜索栏中搜索对应的组件并且安装。

4. 生成 Solution 文件并打开

解决完 VS 组件缺失的问题后，回到 UE5 编辑器，我们有两种方式来生成 VS 项目。

第一种还是单击菜单栏中的 Tools，然后选择"Generate Visual Studio Project"（这次应该能够成功生成了）。

第二种是在项目文件的根目录下，你可以找到一个类型是"uproject"的文件，这个文件代表了 UE5 内的一个项目。在 Autocook 游戏中，这个 uproject 文件与项目同名，名字为"Autocook.uproject"，如图 8.22 所示。在 Autocook.uproject 文件上右击，选择在弹出的菜单中"Generate Visual Studio project files"来生成 solution 文件，如图 8.23 所示。

图 8.22

图 8.23

在右键菜单中除了上面提到的"Generate Visual Studio project files"命令外，还

有另外两个命令：

- Launch game 是启动游戏。
- Switch Unreal Engine version，如果你的电脑上安装了多个版本的 UE，可以通过这个命令切换到不同的 UE 版本。选择该命令后会弹出一个引擎版本选择对话框，在下拉框中可以选择需要的版本。如果下拉框中找不到想要的版本，也可以单击旁边的 "..." 按钮来定位到 UE 的安装目录，如图 8.24 所示。

图 8.24

成功生成项目文件后，你会发现 uproject 文件的同个目录下就会出现 sln 文件，如图 8.25 所示。

回到 UE5 编辑器。单击菜单栏的 Tools，然后选择 "Open Visual Studio"，如图 8.26 所示，就可以在 VS 中打开工程文件。在 VS 打开后会开始索引文件，我们需要等待一段时间。

图 8.25

图 8.26

5. 从 Visual Studio 编译和启动 UE5 编辑器

接下来，我们就可以从 VS 编译和启动 UE5 编辑器。

在此之前，我们需要先了解一下项目配置的启动配置和平台。单击 VS 上方 Debug 按钮旁边的两个下拉框，就可以选择启动的配置和平台。如图 8.27 所示，启动配置有五种：DebugGame 是在 Debug 模式下直接启动游戏；DebugGame Editor 是在 Debug 模式下启动 Editor；Development 是在 Development 模式下直接启动游戏；Development Editor 是在 Development 模式下启动 Editor；Shipping 是游戏发布模式。

图 8.27

其中，Debug 和 Development 的主要区别在于 Debug 模式下编译器做的优化更少，断点调试的时候能够看到更多的细节，但是相对应的会降低一些运行效率。所以当我们遇到了什么棘手的问题，想要断点调试的时候，最好使用 Debug 模式启动。

Shipping 模式则是游戏最终发布出去的模式，编译器会尽可能地做出优化，提高代码的运行速度。

在启动模式右边的则是要编译运行的平台，由于我们是运行在 Windows 64 位系统上，所以在这里选择 Win64。如果你的系统不是 Windows 64 位，那么需要选择相对应的平台。

现在，让我们来编译和启动 UE5 编辑器（如果你的 UE5 编辑器还打开着，那么可以手动将编辑器关掉）。选择 DebugGame Editor 模式 + Win64 平台的配置（如图 8.28 所示，选择你系统对应的平台即可），单击"Local Windows Debugger"按钮，VS 就会开始编译项目，编译成功后，编辑器会被自动启动。现在需要的就是等待。

图 8.28

6. 搭建测试场景

等待一段时间后，UE5 编辑器就会被启动。

我们刚刚添加的类能够在编辑器中显示出来。打开 ContentDrawer，在"Content"项的下方会多了一个"C++ Classes"项。单击它的 Autocook 子文件夹，在右侧就可以看到我们刚才创建的 HelloUE5 类，如图 8.29 所示。

图 8.29

刚刚创建的 AHelloUE5 继承于 AActor，所以可以被摆放在场景中进行测试。

为了方便测试，我们再创建一个专门用来测试 C++ 的场景。打开 ContentDrawer，在"Content/TopDownBP"路径下创建目录 CPPTest。在 ContentBrowser 上右击，在弹出的菜单中选择"Level"来创建一个新场景（见图 8.30），将这个新资源命名为"CPPTestMap"，如图 8.31 所示。

双击 CPPTestMap，打开这个场景。以后我们都会在这个场景中进行测试。

图 8.30

图 8.31

重新打开 ContentDrawer 中的"C++ Classes"，我们可以直接将刚才创建的 AHelloUE5 拖动到场景中，如图 8.32 所示。

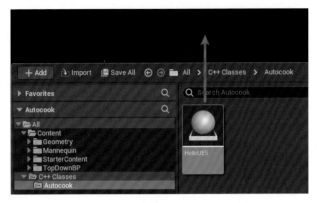

图 8.32

C++ 创建的 Actor 子类是没有 DefaultSceneRoot 的，所以无法挪动该实例在场景中的位置。对比下来，如果单击选中蓝图创建的继承于 Actor 的类，可以在细节面板中看到 Transform 的相关选项，如图 8.33 所示。而对于 HelloUE5 的实例，如果你单击它并查看细节面板，是看不到 Transform 相关的选项的。

图 8.33

7. 再次打开 VS 工程

我们也可以不通过 UE5 编辑器，而直接使用 Solution 文件来打开项目。

UE5 项目对应的 VS 解决方案被保存在与 uproject 文件相同的目录，也就是项目的根目录，与项目同名，叫作 Autocook.sln。以后我们就可以直接双击这个 Solution 文件，使用 VS 打开对应的项目。

8. 打开和查看代码源文件

让我们回到 VS 的编辑界面，来看看如何找到刚才创建的 C++ 文件。

在 VS 中，找到 "Solution" 面板。单击展开 Solution 面板中的文件夹，就可以看到刚才创建的类 HelloUE5 的头文件和源文件，如图 8.34 所示。

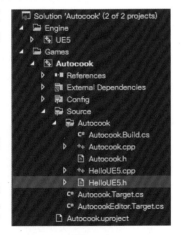

图 8.34

8.2.2　初窥 AHelloUE5 类

一切准备就绪，现在我们可以正式学习一个 UC++ 类是怎么实现的了。

在 C++ 中，我们经常会将一个类的声明和实现分开在头文件和 CPP 文件中。首先，让我们来看看 AHelloUE5 的头文件是如何实现的。

打开文件 HelloUE5.h，也就是声明了该类的头文件。你会看到代码 8.1。

【代码 8.1】

```
#pragma once
#include "CoreMinimal.h"
#include "GameFramework/Actor.h"
#include "HelloUE5.generated.h"
UCLASS()
class AUTOCOOK_API AHelloUE5 : public AActor
{
    GENERATED_BODY()
    public:
    // Sets default values for this actor's properties
    AHelloUE5();
protected:
    // Called when the game starts or when spawned
    virtual void BeginPlay() override;
public:
    // Called every frame
    virtual void Tick(float DeltaTime) override;
};
```

8.2.3　UClass 的定义

我们知道，原生 C++ 中是没有反射信息一说的（不考虑 RTTI 的情况下），所以如果想要让 UE 认得我们编写的自定义类型，就得编写一套规则来注册类的信息到 UE。

UE 选择了为一个原生 C++ 类添加 UCLASS() 宏来对它做标记，并且配合其他的宏，生成类的信息。生成类的信息后，在启动游戏或者编辑器的时候，UE 就会将这些类信息搜集起来。

被 UCLASS 和其他宏包装一番之后，这个类就会成为一个"UClass"，也就是"UE Class（UE 类）"。

在 UC++ 中，定义一个 UClass 与定义一个原生 C++ 类相比，起码有三个区别：

● 在定义 UClass 类体的头文件中，需要包含一些必要的特殊头文件；

● 在定义 UClass 类体的上一行，需要添加 UCLASS() 宏；

● 在 UClass 类体中，需要添加 GENERATED_BODY() 宏。

1. 包含特殊的头文件

在定义 UClass 类体的头文件中，需要包含一些必要的头文件并且是特殊的头文件。包含的头文件包括了三种，如图 8.35 所示。

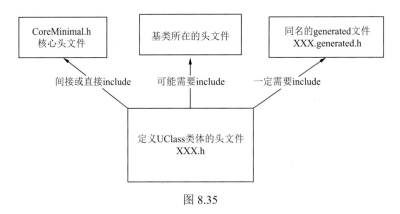

图 8.35

第一种，"CoreMinimal.h"头文件。CoreMinimal.h 中包括了 UC++ 开发所需的一些最基础的类。每一个定义 UClass 类体的头文件都需要直接或者间接地使用到这个头文件。其中，"Core"表示核心。如果你去看这个头文件，会发现这个头文件其实帮我们include 了很多其他的基础模块，如图 8.36 所示。

```
#include "CoreTypes.h"

/*----------------------------------------------------------------
    Forward declarations
----------------------------------------------------------------*/

#include "CoreFwd.h"
#include "UObject/UObjectHierarchyFwd.h"
#include "Containers/ContainersFwd.h"

/*----------------------------------------------------------------
    Commonly used headers
----------------------------------------------------------------*/

#include "Misc/VarArgs.h"
#include "Logging/LogVerbosity.h"
#include "Misc/OutputDevice.h"
#include "HAL/PlatformCrt.h"
#include "HAL/PlatformMisc.h"
#include "Misc/AssertionMacros.h"
#include "Templates/IsPointer.h"
#include "HAL/PlatformMemory.h"
#include "HAL/PlatformAtomics.h"
#include "Misc/Exec.h"
#include "HAL/MemoryBase.h"
#include "HAL/UnrealMemory.h"
#include "Templates/IsArithmetic.h"
#include "Templates/AndOrNot.h"
```

图 8.36

第二种，"GameFramework/Actor.h"。由于我们的 AHelloUE5 需要继承于父类AActor，所以我们需要包含 AActor 的类体所定义的头文件，也就是 GameFramework/Actor.h 文件。注意，如果我们的类是直接继承于 UObject 类的，那么这一步可以省去，因为 CoreMinimal.h 头文件已经包括了 UObject 类的定义。

如何找不到定义我们所需要类的头文件呢？我们可以在搜索引擎上查找该类的名字。还是以 AActor 类为例，搜索之后，可以找到官方对 AActor 的 API 文档：https://docs.

unrealengine.com/5.0/en-US/API/Runtime/Engine/GameFramework/AActor/ 。 其中，可以在"Reference"中找到"Include"一项，它告诉我们如何去包含这个头文件，如图 8.37 所示。

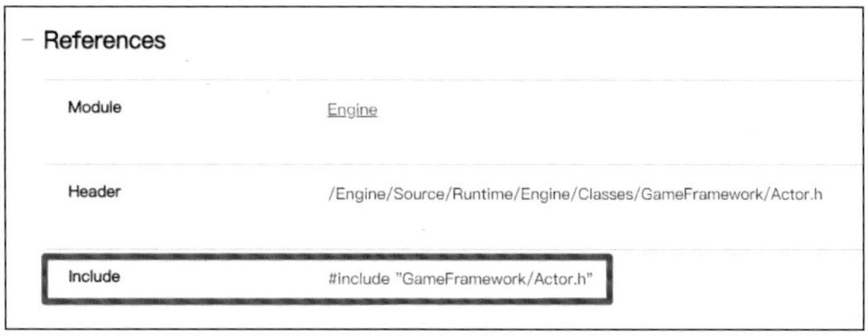

References

Module	Engine
Header	/Engine/Source/Runtime/Engine/Classes/GameFramework/Actor.h
Include	**#include "GameFramework/Actor.h"**

图 8.37

第三种，"HelloUE5.generated.h"。这个头文件的前面一段必须是要和当前 UClass 所在的头文件同名，而后半段固定是"generated.h"。

如果你刚创建了 AHelloUE5，还没有开始编译，你会发现找遍整个电脑都找不到这个文件。这是因为这个文件是在编译之前 UE5 为我们自动生成的文件。在这个头文件中，包含了各种 UClass 需要的额外信息。在声明了 UClass 和 UStruct 的头文件里面，一定要将对应名字的 generated 头文件包含进来，并且作为"最后一个"include 的头文件。

2. 类体的编写

确定需要 include 什么头文件之后，我们再来看看应该如何声明一个 UClass。

首先，一个 UClass 必须直接或者间接地继承于 UObject。在这个例子中我们继承了 AActor，其实就是间接地继承于 UObject。至于为什么一定要 UObject 作为 UClass 的祖先类，是因为 UObject 提供了很多必要的基础功能，比如反射、GC 和网络同步等。

其次，为了让 UE5 的工具链能够在处理和生成代码的时候认得这是一个 UC++ 类，还要在 C++ 类体的上一行添加 UCLASS() 宏。这个宏的实现原理我们在这里暂时不讲解，你可以认为就是这个 UCLASS 宏，让 UE5 认得了这个类是一个 UClass。

最后，还需要在类体中的第一行添加 GENERATED_BODY() 宏。UE5 对类的信息进行扫描后会生成一些特殊的代码，这些特殊的代码就是通过 GENERATED_BODY 宏来插入到类中的。我们在后面会再解释插入的这些代码都是些什么内容。

上面提到的三点与原生 C++ 类的关系如图 8.38 所示。

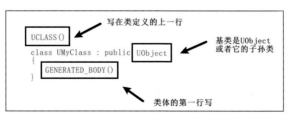

图 8.38

3. UCLASS 宏

在上面提到的定义一个 UClass 需要注意的三点中，唯一有操作空间的就是 UCLASS 宏了。

（1）UCLASS 说明符

UCLASS 宏的作用是向 UE5 说明该类是一个 UClass，需要搜集一些必要的信息。我们可以在 UCLASS 宏中加入一些说明符，用来描述这个类的特性。

UCLASS 宏支持的说明符有很多，下面介绍几种常用的说明符。

- Abstract（抽象）：标记为抽象后，在蓝图中无法直接将该类实例化。如果该类是一个继承于 AActor 的子类，那么无法被放置到场景中。注意，这只是对该类的限制，它的派生类不受此限制。
- Blueprintable（可蓝图化）：添加该标记后，可以将该类作为蓝图类的父类。
- BlueprintType（蓝图类型）：使用该标记，可以让该类作为蓝图中的变量类型，也可以作为蓝图类的父类。
- Const（常量）：该类的所有属性和函数都会被标记为 const。这个标记会被子类继承。
- Deprecated（丢弃）：表示该类是被丢弃的，并且该类实例将不会被序列化。这个标记会被子类继承。
- Transient（瞬态）：该类和它所持有的对象都不会被保存到磁盘上。

让我们来实践一下。我们希望上面创建的 AHelloUE5 类可以作为蓝图类的父类，那么就需要在 UCLASS 宏中使用说明符 BlueprintType，这个说明符能够将 UClass 变成一个蓝图类型，可以作为蓝图类的父类，也可以成为蓝图类的变量。

我们来试试在 UCLASS() 中加入 BlueprintType（见代码 8.2），然后编译启动 UE5 编辑器。

【代码 8.2】

```
UCLASS(BlueprintType)
class AUTOCOOK_API AHelloUE5 : public AActor{
    GENERATED_BODY()
    // 中间省略...
}
```

> **提示**
>
> 如果你的 UE5 编辑器正处于打开状态，那么单击 VS 的重新启动按钮 ⟳ 就可以触发编译并且重新启动 UE5 编辑器。

启动编辑器后，接下来让我们来继承于 AHelloUE5 创建一个新的蓝图类。

在 Content/TopDownBP/CPPTest 路径下创建蓝图类。在选择父类的窗口中，单击 "ALL CLASSES"，跳转到显示所有类的列表。在所有类型的列表里，搜索不带前缀的 C++ 类名 "HelloUE5"，并选择它作为父类，如图 8.39 所示。将创建出来的蓝图类命名为"BP_HelloUE5"（见图 8.40），其中，BP 表示 Blueprint。

双击 BP_HelloUE5，打开蓝图类编辑器。首先，我们需要在蓝图编辑器中单击一次"Save"按钮来保存这个蓝图资源。

图 8.39

图 8.40

打开蓝图类编辑器后，注意观察左上角的 Components 视图，可以发现对比原生的 HelloUE5 类，子类 BP_HelloUE5 多了个 DefaultSceneRoot，如图 8.41 所示。意味着如果它被拖动到场景中，我们可以改变它的位置。

试一下。我们将类 BP_HelloUE5 从 ContentBrowser 中拖动到场景里，然后按 Ctrl+S 组合键保存场景。单击场景中的 BP_HelloUE5，你会发现它是可以被移动的（见图 8.42），在细节面板中可以直接修改它的坐标。

图 8.41

图 8.42

（2）类元数据说明符

UCLASS 宏除了上面提到的说明符之外，还支持指定元数据（meta data）。元数据指的是一组额外需要保存的数据，它在 UCLASS 宏中的使用方法见代码 8.3。

【代码 8.3】

```
UCLASS(meta=(key=value, key=value))
```

meta 其实是一个 Map，其中的配置都是以键值对的形式存在，配置方式是 key=value。

元数据支持的类元标签包括了：

- DisplayName="Blueprint Node Name" 我们可以通过 DisplayName 来设置类在 UE5 编辑器中显示的名字。有时候我们在 C++ 编程中给类起的名字可能让蓝图使用者理解起来可能会有些困难，这个时候我们就可以通过 DisplayName 来给类添加别名。
- ShortToolTip="Short tooltip" 和 ToolTip="Hand-written tooltip" 这两个都是对该类的提示。你可以在这两个配置中添加对类的解释，当使用者在编辑器中把光标移动到该类的选项上时，就会显示这些提示。

注意，如果需要在元数据中将某个条目的值设置为中文，那我们必须保证代码的编码是 UTF-8，最终看到的效果才不会是乱码。

实践一下，在这里我们可以给 Class 设置一个别名和目录，将 UCLASS 宏进行修改（见代码 8.4）。

【代码 8.4】

```
UCLASS(BlueprintType, meta=(DisplayName=" 你好虚幻五 ", ShortToolTip=
" 第一个测试类 "))
```

编译之后打开 UE5 编辑器。我们再尝试创建一个蓝图类，打开父类选择面板后，在 ALL CLASSES 下方的搜索框中搜索"HelloUE5"。可以看到在 HelloUE5 类的后面出现了一个括号，写着 DisplayName 对应的名字。把光标放到这个类的菜单上，可以看到浮现出了一个提示框，如图 8.43 所示。

图 8.43

8.2.4 UFunction

在 UClass 中，我们可以定义两种成员函数。一种是原生 C++ 的函数，但是这种函数无法被 UE5 识别到，对于 UE5 来说是透明的，也就意味着蓝图无法识别和使用这些函数。另一种函数叫 UFuntion，也就是 UE 函数，能够被 UE5 识别到。

接下来我们要添加一个 SayHello 的 UFunction，并让它能够被编辑器和蓝图调用。

将代码 8.5 加入 HelloUE5.h 头文件里 AHelloUE5 的类体中。

【代码 8.5】

```
UFUNCTION()
void SayHello();
```

然后在 HelloUE5.cpp 源文件中，增加函数体（见代码 8.6）。

【代码 8.6】

```
void AHelloUE5::SayHello()
{
    UE_LOG(LogTemp, Log, TEXT("Hello UE5."))
}
```

可以注意到，这个 SayHello 函数和原生 C++ 函数的最大的不同之处在于在函数的定义前加了一句 UFUNCTION()。与 UCLASS 宏的使用场景类似，想要让一个原生 C++ 类的成员函数成为 UFunction，需要在函数体里函数的前一行添加 UFUNCTION() 宏，如此一来 UE5 就能识别到这个函数。UFUNCTION() 与 UCLASS() 宏类似，可以添加各种说明符，用来定义 UFunction 的各种特性。

而在 SayHello() 的函数体中，我们用了 UE_LOG 这个宏来打印"Hello UE5"到游戏的 Output 窗口。

在 UFUNCTION 宏中，我们同样可以加入各种说明符来定义 UFunction 的行为。

1. BlueprintCallable 说明符

首先让我们来看看 UFUNCTION 中的 BlueprintCallable 说明符。

添加代码 8.5 和 8.6 后，编译工程并打开编辑器。

在前文中，我们创建了蓝图类 BP_HelloUE5，继承于 AHelloUE5。在编辑器中按 Ctrl+P 组合键打开资源搜索框，搜索并打开 BP_HelloUE5 类。打开页面后，由于该蓝图类内没有任何自定义内容，所以我们需要单击"Open Full Blueprint Editor"按钮来打开完全的蓝图编辑界面，如图 8.44 所示。

图 8.44

我们可以尝试在 BP_HelloUE5 中搜索父类函数 SayHello，你会发现找不到这个函数，如图 8.45 所示。

这是因为我们没有在 UFUNCTION 宏中指定将这个函数暴露给蓝图。修改 HelloUE5 头文件中 SayHello 的 UFUNCTION 宏，加入说明符 Blueprint Callable（蓝图可调用），这个说明符表示该函数可以被蓝图调用（见代码 8.7）。

图 8.45

【代码 8.7】

```
UFUNCTION(BlueprintCallable)
```

再次编译项目，我们打开 BP_HelloUE5，在 EventGraph 中找到 Event BeginPlay 事件，此时在右键菜单中就可以搜索到 SayHello 函数节点了，选择节点连接到 BeginPlay 事件节点之后（见图 8.46），编译和保存蓝图。

回到场景编辑器，单击播放按钮来开始游戏。保证 BP_HelloUE5 类的实例在场景中，游戏开始后 BeginPlay 就会发生响应，SayHello 函数被调用，信息会被打印到 OutputLog 中。

单击编辑器下方的"Output Log"弹出面板，这里的 Log 太多了，我们可以在上方的搜索框中搜索"Hello UE5"，就可以找到 SayHello 的打印信息，如图 8.47 所示。

图 8.46

图 8.47

2．CallInEditor 说明符

接下来介绍一下 CallInEditor 说明符。

你可能会觉得这个 CallInEditor 看起来非常眼熟。在蓝图开发的时候，如果我们将一个蓝图函数设置为 Call In Editor（见图 8.48），就可以在游戏运行期间，选中它，并在细节面板中调用这个函数。

在 C++ 中，我们通过设置宏说明符 CallInEditor 也可以达到一样的效果。修改 SayHello 函数的 UFUNCTION 宏中的说明符，加入 CallInEditor 说明符（见代码 8.8），然后重新编译项目。

启动编辑器后运行游戏，选中场景中的 BP_HelloUE5，就可以在细节面板中看到按钮 SayHello 了（见图 8.49）。单击按钮，就可以调用 SayHello 函数。

【代码 8.8】

```
UFUNCTION(BlueprintCallable, CallInEditor)
```

图 8.48

图 8.49

3．BlueprintPure 说明符

同样的，BlueprintPure 说明符的作用对应着蓝图类中的 Pure 选项。

写蓝图函数的时候，可以通过将函数设置为 Pure 来将它变成一个 Pure 函数。变成 Pure 函数之后，函数节点将不再有执行管脚，如图 8.50 所示。在 C++ 中定义的函数，通过在 UFUNCTION 中添加 BlueprintPure 说明符，也可以达到这个效果。

图 8.50

在 BlueprintPure 添加到 UFUNCTION 宏之后代码如下：

【代码 8.9】

```
UFUNCTION(BlueprintCallable, BlueprintPure)
```

4．函数元数据说明符

与 UCLASS 宏一样，UFUNCTION 宏也可以设置 meta 信息。

在 C++ 中，我们一般给函数起名都是用的英文，但是如果你想要函数在蓝图中能够显示一个更友好的中文名，我们可以通过 meta 来做到。

其中，比较常用的函数元标签包括了：

● DefaultToSelf 适用于蓝图函数，将节点所调用的对象默认设置为 self。

● HideSelfPin 适用于蓝图函数，隐藏 Self 管脚。

- DeprecatedFunction 声明该函数已经废弃。
- DevelopmentOnly 声明该函数只能在 Development 模式下运行。
- KeyWords="Set Of Keywords" 设置一组关键字，关键字用于在蓝图的节点搜索框中进行搜索。假设我们给一个函数设置了 meta=(KeyWords="MyFunc")，那么当我们在节点搜索框中搜索 "MyFunc" 的时候，就可以搜索到该函数。
- ShortToolTip="Short tooltip" 和 ToolTip="Hand-written tooltip" 与类元数据说明符一样，用于描述函数。
- Category="Category" 用来声明函数所属的类别。

我们尝试来给 GetIntValue 设置一个别名。给函数 GetIntValue 的 UFUNCTION 宏设置 meta 参数。在 AHelloUE5 的类体中添加代码 8.10，并在 CPP 实现文件中添加代码 8.11。

【代码 8.10】

```
UFUNCTION(BlueprintCallable, BlueprintPure, meta=(DisplayName=" 获取整
形数据 ", Category=" 自定义函数 "))
    int32 GetIntValue();
```

【代码 8.11】

```
int32 AHelloUE5::GetIntValue()
{
    return 0;
}
```

编译项目并打开编辑器。打开 BP_HelloUE5 蓝图类，在蓝图的 EventGraph 空白处右击打开节点搜索框，搜索 "GetIntValue"，此时可以在节点搜索框中找到函数的别名 "获取整形数据"，并且属于的类别是 "自定义函数"（见图 8.51）。单击选中函数，看到节点的名字也是 "获取整形数据"，如图 8.52 所示。

图 8.51

图 8.52

8.2.5　UProperty

对于一个类的组成来说，除了函数之外，另一个重要的部分就是成员变量了。在 UClass 中，成员变量如果想要被 UE5 识别到并纳入 UE5 的管理体系中，须得将它表示为 UProperty，也就是 UE 属性。

同样的，想要把成员变量变成 UProperty，必须在成员变量的前一行加上 UPROPERTY() 宏来进行标记。

1．属性说明符

单单使用这个宏而不带任何参数的话，只能是将变量纳入 UE5 管理，在蓝图中还是会访问不到被标记的成员变量。如果想让蓝图能够操作指定的成员变量，可以在 UPROPERTY 宏选择加入下面这两个说明符：

- BlueprintReadOnly（蓝图只读），也就是在蓝图中只能够读取这个变量，而不能写入它。具体表现为在节点搜索框中只能找到这个属性的 Get 方法，搜不到 Set 方法。
- BlueprintReadWrite（蓝图读写）。使用这个说明符进行标记后，可以在蓝图中自由地读取和写入该变量。

让我们创建一个属性来试试，创建变量"MyValue"，类型为整型 int32（关于类型，我们会在 8.3 节中再详细介绍）。

在 AHelloUE5 的类体中加入代码 8.12。

【代码 8.12】

```
// HelloUE5.h
UPROPERTY(BlueprintReadWrite)
int32 MyValue;
```

编译代码后打开编辑器，在 BP_HelloUE5 中的 EventGraph 中，就可以搜索并选中 MyValue 的 Get 和 Set 节点，如图 8.53 所示。

上面两个说明符只能够让我们在蓝图中访问到属性，但是如果你在游戏中选中了实例，想要在细节面板中看到属性的值，还得加上其他的说明符才可以。属性是否显示在细节面板中是由另外两个说明符控制的：

图 8.53

- VisibleAnywhere 被标记的属性能够在细节面板中显示，但是不能被修改。
- EditAnywhere 被标记的属性能够在细节面板中显示，并且它的值可以在细节面板中被修改。

我们来试试给 MyValue 加上 EditAnywhere 说明符。修改 AHelloUE5 中 MyValue 成员变量上的 UPROPERTY 宏（见代码 8.13）。

【代码 8.13】

```
// HelloUE5.h
UPROPERTY(BlueprintReadWrite, EditAnywhere)
int32 MyValue;
```

编译项目后，打开编辑器，并在场景编辑器中运行游戏。

由于我们将 MyValue 标记为 EditAnywhere，所以选中场景中的 BP_HelloUE5，在细节面板中就可以找到 MyValue 了。MyValue 当前的值是默认值 0，如图 8.54 所示。你可以直接修改它的值并按回车键确定，确定之后，它的值就会被修改到。你也可以自己写一个函数来打印 MyValue 的值，用来确定它发生了变化。

图 8.54

2．属性元数据说明符

与 UFUNCTION 类似，UPROPERTY 也可以添加元数据说明符。常用的属性元标签包括了：

- DisplayName="Property Name" 属性在蓝图中显示的名称；
- Category="Category" 给属性设置分类。

我们试试将 MyValue 的名字改为"我的值"，修改 AHelloUE5 中 MyValue 的 UPROPERTY 宏（见代码 8.14）。

【代码 8.14】

```
// HelloUE5.h
UPROPERTY(BlueprintReadWrite, EditAnywhere, meta=(DisplayName=" 我的值 "))
int32 MyValue;
```

打开蓝图编辑器，再打开节点编辑器。使用属性在 C++ 层原来的名字"MyValue"已经无法在节点搜索框中找到对应的 Get 和 Set 节点了，如图 8.55 所示。这个时候就得使用它的新名字"我的值"来进行搜索，如图 8.56 所示。

图 8.55　　　　　　　　　　　　　　　图 8.56

而通过添加 Category 元标签，我们也可以给属性分组。比如我们可以将 MyValue 的目录名字设置为"自定义目录"，修改 MyValue 的 UPROPERTY（见代码 8.15）。

【代码 8.15】

```
// HelloUE5.h
UPROPERTY(BlueprintReadWrite, EditAnywhere, meta=(DisplayName=" 我的值 ",
Category=" 我的目录 "))
int32 MyValue;
```

编译后打开编辑器，打开 BP_HelloUE5 的蓝图类编辑器，在节点搜索框中搜索"我的值"，可以看到它的分类变成了"我的目录"，如图 8.57 所示。

回到场景编辑器并运行游戏。在场景中选中 BP_HelloUE5，可以在细节面板中看到"我的值"被归类到了目录"我的目录"中，如图 8.58 所示。

图 8.57　　　　　　　　　　　　　　　图 8.58

↘ 8.3 Unreal Engine C++ 中的基础类型

在介绍一门语言的时候，首先要介绍的当然就是它的基础类型都有哪些。UC++ 中的基础类型可以分为基元类型和其他基础类型。

8.3.1 基元类型

UC++ 中的基元类型与原生 C++ 大致相同，包括了以下几种：
- int32（32 位整型）和 uint32（无符号 32 位整型）；
- int64（64 位整型）和 uint64（无符号 64 位整型）；
- int16（16 位整型）和 uint16（无符号 16 位整型）；
- float（浮点数）和 double（双精度浮点数）；
- bool（布尔型）；
- char（字符）。

注意，在 UC++ 中，我们一般不会使用原生 C++ 中的 int 类型和 long 类型，而是会使用 int32 和 int64。

8.3.2 Unreal Engine C++ 中的字符串

讲完基元类型，再来讲代码中最常用的字符串类型。在编程中，我们会使用字符类型来表示单个字母或者汉字，使用字符串类型来表示多个字母或者汉字的序列。

1. 字符类型

在原生 C++ 中，我们使用 char 来作为字符类型。而在 UE5 中，为了支持中文等非 ASNI 码所能表示的字符，字符的类型定义在了宏 TCHAR 中。TCHAR 的类型会根据平台而定，有可能是 wchar_t（Windows 平台），也有可能是 char16_t（移动平台）。

2. 字符串类型

在原生 C++ 中，我们使用 char 指针或者 char 数组来保存一个字符串（见代码 8.16）。

【代码 8.16】

```
char* str = "HelloWorld";
```

而在 UE5 中，由于 TCHAR 的具体类型有可能在不同平台上而不同，所以 UC++ 为我们封装好了一个宏 TEXT() 用来创建 TCHAR 数组。使用方法如代码 8.17。

【代码 8.17】

```
TCHAR* Str = TEXT("Hello UE5");
```

3. 字符串对象 FString

在原生 C++ 中，我们会使用 std 库的 string 类来构建一个 string 对象。string 对象提供了丰富的字符串操作方法，使用起来非常方便。

类似原生 C++ 里的 std::string，UE5 也封装了一个字符串类 FString，用来提供丰富的字符串相关的接口。

我们来看看 FString 都提供了些什么功能。

（1）FString 的构造

首先，我们来学习一下如何构造一个 FString 对象。

最简单的构造方法是使用一个 TCHAR 数组来创建 FString，如代码 8.18。

【代码 8.18】

```
FString Str = TEXT("Hello UE5");
```

在上面的这段代码中看起来简单，但其实包含了两个步骤：

第一步，用 TEXT() 宏创建了一个 TCHAR* 的右值。

第二步，FString 的构造函数中，有一个构造函数的参数就是 TCHAR*，所以这句话实际上是将一个 TCHAR 数组作为参数，隐式调用了 FString 的构造函数，得到一个 FStirng 的对象。

当然，我们也可以显示调用这个构造函数，如代码 8.19。

【代码 8.19】

```
FString Str(TEXT("Hello UE5"));
```

上面的这两段代码是等效的。

除此之外，FString 常用的构造方式还有两种：

第一种，传入另一个 FString 作为参数，用来创建这个 FString 对象的拷贝。比如在代码 8.20 中，我们创建了字符串 A，并以 A 的内容为原型创建了 B。

【代码 8.20】

```
FString A = TEXT("A");
FString B(A);
```

第二种，不带参数。这是默认的构造函数，能够得到一个空的 FString 对象，里面不包含任何字符串，如代码 8.21。

【代码 8.21】

```
FString EmptyString;
```

（2）从 FString 中获得 TCHAR 数组

对一个 FString 使用 * 号符可以获得它使用的 TCHAR 数组，如代码 8.22。

【代码 8.22】

```
FString Str = TEXT("Hello");
```

```
TCHAR* TCharStr = *Str;
```

在某些情景下，我们只能使用 TCHAR 数组作为参数，而不能使用 FString。

举个例子，在 UC++ 中，我们可以使用静态函数 FString::Printf() 来格式化字符串。格式化字符串的方法和原生 C++ 中的 printf 方法类似。如代码 8.23，FString::Printf 函数的第一个参数是格式，其余的参数是这个格式所使用的参数。

【代码 8.23】

```
String Str = FString::Printf(TEXT(格式), 参数 ...);
```

在第一个参数格式中，我们需要提供一个格式文本，通常使用 TEXT 宏来提供。在格式文本中，我们可以使用下面这些符号来表示参数的类型（包括但不限于）：

● %s 字符串类型，可以接收一个 TCHAR 指针作为参数。
● %d 整型，可以接收一个 int32 的值作为参数。
● %.xf 浮点数，其中的"x"表示保留小数后几位，比如".2f"表示保留小数点后两位。接收一个 float 或者 double 类型的值作为参数。

由于 %s 参数接收的值类型是 TCHAR 指针，而不是 FString，所以我们需要使用 * 来将 FString 转换为 TCHAR 指针。如代码 8.24，可以得到 NewStr 的值为"New Str: Hello UE5"。

【代码 8.24】

```
FString Str = TEXT("Hello UE5");
FString NewStr = FString::Printf(TEXT("New Str: %s"), *Str);
```

4. 字符串打印

在 SayHello() 的函数体中（见代码 8.6），我们用了 UE_LOG 这个宏来打印一句话到游戏的 Output 窗口。在 UC++ 中，我们经常会用这个宏来输出信息。这个宏接受三个或以上的参数：

第一个参数是 LogCategory（Log 的目录），可以理解为 Log 的类型，用来区分不同的类。为了方便，我们可以直接使用 UE5 提供的 LogTemp，也可以自定义一个新的 LogCategory。

第二个参数是 LogLevel，表示 Log 的等级。目前引擎官方支持的有 Log、Warning、Error 等几个等级，用来表示 Log 的紧急度。不同的 Log 等级会导致 Log 在窗口中会显示为不同的颜色，如图 8.59 所示。

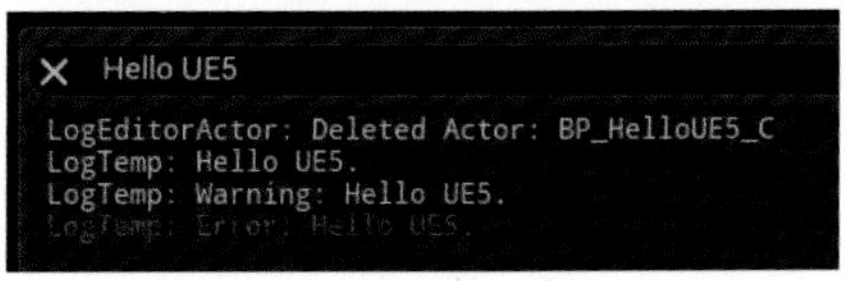

第三个参数是 Log 格式文本。在 UC++ 编程中，为了能够适应不同平台的字符类型，这个参数需要用 TEXT() 宏将字符串包裹起来。Log 的格式文本和我们在上一小节介绍的 FString::Printf() 中的格式文本相同，可以使用不同的符号来要求提供参数。

图 8.59

第四个参数是 Log 格式的参数。与 FString::Format() 一样，实际上 UE_LOG 可以接受无数个参数，UE_LOG 的第三个参数和接下来的参数会被传到类似于 sprintf 的函数中，对第三个参数的字符串进行格式化，最终拼装成一个新的字符串。举个例子，代码 8.25 会打印出"My name is 小明，and I'm 6 years old."文本到控制台。

【代码 8.25】

```
UG_LOG(LogTemp, Log, TEXT("My name is %s, and I'm %d years old.")),
TEXT(" 小明 "), 6)
```

8.3.3　容器类

容器类指的是 UC++ 中一系列能够包容元素的容器。包括了 TArray 数组、TSet 集合，还有 TMap 映射等等。这些容器类都是泛型类，它们的泛型类型就是元素的类型。比如说：

- TArray<int32> 是一个元素类型为 int32 的数组；
- TSet<int32> 是一个元素类型为 int32 的集合；
- TMap<int32, bool> 是一个 Key 类型为 int32，Value 类型为 bool 的映射。

关于容器类，我们会在 8.6 节中讲解。

8.3.4　UPROPERTY 支持的类型

我们在 8.2.5 节中介绍了 UProperty。在 UC++ 中，一个成员变量只有被标记为了 UProperty，才能被 UE5 识别到。但是 UProperty 不是支持所有类型的成员变量，目前 UPROPRERTY 支持的官方类型包括了：int32 和 int64 整型；bool 布尔型；float 和 double 浮点型；FString 字符串型；FVector, FRotator 等表示 Transform 的结构体。

除此之外，UProperty 还支持如下三种类型：

第一种，UClass 实例的指针。我们在上一节中介绍了一个类可以被标记为 UClass 类，标记为 UClass 类之后，UE5 就可以认得这个类。而 UClass 类的实例我们可以叫它 UObject，UProperty 支持 UObject 指针类型的变量。如代码 8.26，这里我们假定已经创建了一个 UClass，名为"UNewClass"，然后我们将 UNewClass 指针作为成员变量的类型。关于 UObject 指针的细节，我们将会在下一节中详细介绍。

注意，在原生 C++ 中，指针类型的成员变量必须有初始值，一般我们会设置它的初始值为 nullptr。但是将 UObject 指针设置为 UProperty 之后，UE 会自动将（没有设置初始值的）指针初始化为 nullptr。

【代码 8.26】

```
UPROPERTY()
UNewClass* MyData;
```

第二种，自定义的 UStruct。与定义 UClass 相似，我们还可以自定义一个

UStruct，也就是 UC++ 中的结构体。UStruct 类型也是被 UProperty 宏支持的。在代码 8.27 中，我们创建了一个 UStruct，名为"FMyData"，并创建了一个 FMyData 类型的成员变量，标记为了 UProperty。

关于结构体的详细介绍，见 8.5 节。

【代码 8.27】

```
UPROPERTY()
FMyData MyData;
```

第三种，元素类型为目前 UPROPERTY 支持的官方类型的容器类。比如 TArray <int32>，TArray<UNewClass*>，TArray。这里要注意的是，如果想要容器类能够作为 UProperty，须得满足：

- 对于 UObject 来说，容器类的元素类型只支持 UObject 对象的指针，不支持 UObject 对象。比如 TArray<UNewClass*> 是支持的，但 TArray<UNewClass> 不支持。
- 对于 FStruct 来说，容器类的元素类型只支持 FStruct 对象，不支持 FStruct 对象指针。比如 TArray<FMyData> 是支持的，但 TArray<FMyData*> 不支持。

当然不是说容器类的元素只能是上面提到的类型，容器类的元素支持各种类型，只不过如果想要让容器类成为 UProperty，才需要遵循以上规则。

一个容器类作为 UProperty 的例子如代码 8.28。

【代码 8.28】

```
UPROPERTY()
TArray<float> MyArray;
```

8.4 UObject 的使用

接下来我们讲讲 UC++ 中的 UObject，UObject 指的是 UClass 的实例，实例的类都直接或间接地继承于 UObject 类。这些类除非直接或间接地继承于 AActor，否则名字一律需要以大写字母"U"开头。

8.4.1 UObject 提供的功能

在 UC++ 中，最重要的就是 UObject 的使用。

UObject 提供了丰富的功能：

- 有一套内存管理机制，减少我们在内存管理上花费的精力。分配在堆上的 UObject 实例的内存可以被 UE 自动接管，并在合适的时候自动回收。
- 使得 UC++ 和蓝图能够完美地配合，能够把类的成员变量和成员函数导出到蓝图使用。

- 支持反射功能，可以根据名字获取类、成员变量和成员函数。
- 支持一些网络同步功能，能够将数据同步到服务器和其他客户端。

8.4.2　测试类的创建

接下来，为了学习和方便地测试后面的内容，我们现在再创建一个继承于 UObject 的类。

打开 UE5 编辑器，展开 ContentDrawer，在"C++ Classes/Autocook"路径下的空白处右击，在弹出的菜单中选择"New C++ Class"，如图 8.60 所示。在父类选择框中，单击"All Classes"标签来查看所有可选择的父类，并选择"Object"作为父类（见图 8.61），然后单击"Next"按钮进行下一步设置。

图 8.60

创建一个类继承于 UObject，名为"TestUObject"，如图 8.62 所示。

图 8.61

图 8.62

8.4.3　创建 UObject 实例

再讲讲 UC++ 中 UObject 实例的创建。

先来看看原生 C++ 中是如何创建类的实例的。在原生 C++ 中，一般我们可以有两种方式来创建一个类的实例。一是将类放在栈上，直接持有类实例（如代码 8.29 中的第二行）；二是将类放在堆上，使用 new 关键字来创建，并且持有指向类实例的指针（如代码

8.29 中的第三行）。

【代码 8.29】

```
class MyClass;
MyClass Instance;
MyClass* Pointer = new MyClass();
```

再来看看 UC++ 中如何创建 UObject 实例。

以创建一个 UTestUObject 类实例为例。也许你第一反应同样是使用 new 关键字加 UTestUObject 类的构造函数来实现，但是这在 UC++ 中不是最推荐的做法。

UE5 为创建 UObject 封装了一个函数 NewObject<T>，我们一般用这个函数来代替 new 关键字。泛型 T 是要创建的 UObject 的类型，根据泛型 T 的不同，这个函数会在堆上创建一个 T 实例，并返回它的指针。

使用方法如代码 8.30，其中，假设我们要创建的实例的类是 T，继承于 UObject。

【代码 8.30】

```
T* NewInstance = NewObject<T>(Outer);
```

在代码 8.30 中，可以看到 NewObject<T> 函数有两个比较常见的参数：

泛型 T 表示要被实例化的类型。

UObject* Outer 与蓝图里 "Construct Object From Class" 节点的 Outer 参数对应，表示被创建实例的拥有者。

NewObject<T> 函数有很多重载，在这些重载中，还有其他参数没有被列出来的，有兴趣的读者可以自己研究下。

现在我们来实践一下。回到 AHelloUE5 类的编辑页。在 HelloUE5.h 的类体中加入一个新的 UFunction "TestUObject"，如代码 8.31。

【代码 8.31】

```
UFUNCTION()void TestUObject();
```

接下来切换到 HelloUE5.cpp 文件，添加代码 8.32。在代码 8.32 中，我们使用 NewObject 来创建一个 UTestUObject 类实例。函数的第一个参数是 Outer，也就是持有者，这里我们传入 this 作为持有者，也就是 AHelloUE5 这个实例本身。

【代码 8.32】

```
void AHelloUE5::TestUObject()
{
    UTestUObject* TestObject = NewObject<UTestUObject>(this);
}
```

8.4.4　UObject 实例的持有

在 8.4.3 节中，我们成功地创建了一个 UTestUObject 的实例并将其赋值给了一个临时变量。那如果我们想将这个实例作为成员变量保存下来该怎么做呢？

在原生 C++ 中，我们可以直接在类中创建一个对应类型指针的成员变量来保存引用就行了，如代码 8.33。

【代码 8.33】

```cpp
class AHelloUE5 : public AActor
{
    // ... 省略其他
    UTestUObject* TestObject;
}
```

但是在 UC++ 中，如果是指向 UObject 的指针，一般来说我们还需要给它加一个 UPROPERTY 的宏，如代码 8.34。

【代码 8.34】

```cpp
UPROPERTY()
UTestUObject* TestObject;
```

这样做最重要目的是避免 UObject 实例被垃圾回收（也称为"被 GC"）。

在本节的一开始有提到过，UC++ 有属于自己的一套 GC 方案。其中，所有 UObject 都是受 UE5 的 GC（Garbage Collection，垃圾搜集）系统管理的。如果想要一个实例不被回收，那就需要这个实例被标记为"被持有"。每一个 UObject 实例在 UE5 中都会有一个"引用计数"，表示它被其他地方引用的次数。当一个实例的引用计数大于 0 时，我们就可以说这个实例被持有。我们可以通过以下几个方式来增加实例的引用计数，防止实例被回收：

- 将实例作为成员变量，并且使用 UPROPERTY 修饰，也就是让一个 UProperty 来持有实例。如此一来就意味着"成员变量被类所持有"。这个方法最常用，也最简单。
- 调用 UObject::AddToRoot()，可以将实例添加到 GC 的根，也就是根持有着这个实例。GC 会维护一个实例树，实例树的最顶端就称为"根"。这个方法要谨慎使用，如果你只是调用了 AddToRoot()，而忘了在适当的时机调用 RemoveFromRoot() 的话，UObject 就会一直不被回收。
- 被容器类型 TArray、TMap、TSet（直接或间接地）引用（可能是作为元素，或者是直接或间接地作为元素的成员变量）。被容器类型引用会自动添加一个引用计数。

将 UObject 指针类型的成员变量变成 UProperty 之后，它的值会由 UE 接管。这意味着如果 UObject 被回收了，指针的值会被自动设置为 nullptr。如果我们没有将 UObject 指针的成员变量设置成 UProperty，那么有可能 UObject 实例随时会被销毁。而且由于成员变量不是 UProperty，UE 无法感知和控制它的值，所以在实例被销毁后，指针不会自动变为 nullptr，这个时候如果我们仍将它拿来判空，还是会得到它是非空的结果。但是即使此时指针非空，它指向的内存也是被回收了，所以如果我们访问这个指针，就会引发严重错误。

所以，在 UObject 指针的成员变量上，最好加上 UPROPERTY 宏，将它变成 UProperty。

8.4.5 获取类的信息

如果你用过 Java 和 C# 等更高等级的编程语言，可能试过在程序运行期间获取类的信息。这些类的信息非常丰富，包括但不限于：类的名字、类的成员变量、类的成员函数。

在 UC++ 中，如果我们使用了 UClass + UProperty + UFunction 这一套体系，那么 UE 也会帮我们搜集这个 UClass 类的信息，并在一个 UClass 类型的实例中。这里的 UClass 指的是有一个类，它的类名就叫 UClass，用来存储类的信息。我们有两种方式可以获取类的 UClass：

第一种方式是通过类名 ::StaticClass() 的静态函数获取，这个静态函数会返回一个 UClass 实例的指针。StaticClass() 是由 GENERATED_BODY() 宏动态插入到类体中的静态函数，返回的是类对应的类信息。调用这个函数后，我们可以用一个 UClass* 类型的变量来持有类的信息（如代码 8.35）。

【代码 8.35】

```
UClass* ClassInfo = UHelloUE5::StaticClass();
```

第二种方式是通过实例 ->GetClass() 函数来获取。GetClass() 函数会获取实例"实际对应"的类信息。这意味着不管持有该实例的类型是什么，都能够获取到实际对应的类信息。

如代码 8.36，这里假定我们创建了一个父类 UBase，以及一个子类 Derived 继承于 UBase。我们使用 NewObject 函数创建了一个 Derived 实例，然后使用父类指针 UBase* 来持有子类实例。在对父类指针指向的子类实例调用 GetClass() 函数的时候，GetClass() 函数会返回的是实例的具体类型 UDerived 对应的 UClass，而不是 UBase 的 UClass。

【代码 8.36】

```
UBase* Instance = NewObject<UDerived>(this); // 获取到的是 UDerived 的类信息
UClass* ClassInfo = Instance->GetClass();
```

获取到 UClass 之后，我们可以尝试打印类的名字。如代码 8.37，这里我们调用了 UClass 的 GetName() 函数，这个函数会返回一个 FString 类型的值，内容是类的名称。我们使用 * 号对 FString 转型成 TCHAR* 后就可以将它使用 UE_LOG 打印出来。

【代码 8.37】

```
UE_LOG(LogTemp, Log, TEXT("Class name is: %s"), *(ClassInfo->GetName()))
```

UClass 中除了类本身的信息，还包括了类中所有 UProperty 和 UFunction 的信息。拥有这些信息，我们的工作会更方便，比如：

- 使用属性的名字来获取 UProperty 对应的值；
- 使用属性的名字来设置 UProperty 对应的值；
- 使用函数的名字来调用函数，传入对应的参数。

获得类的反射信息之后，还可以做更多的事情，这些就等大家自己去挖掘了。

8.4.6　类的转型

在原生 C++ 中（C++11 标准或以上），我们会使用几种类型转换的函数，这些函数在 UC++ 中也被封装了一层。

其中，最常用的是 Cast<T>，它对应的是原生 C++ 中的 dynamic_cast<T>，用来动态转换类型。Cast<T> 的实现原理和 dynamic_cast<T> 的实现原理不同，不通过 RTTI 来实现，而是通过 UC++ 的类信息系统来实现。

举个例子。在代码 8.38 中，父类是 UBase，子类是 UDerived，我们使用父类来持有子类。到了需要的时候，我们可以使用 Cast<T> 将持有类型转换回来。如果转换成功，会返回相对应的指针，否则返回一个空指针。所以在使用之前，可以对 Cast<T> 返回的值判空。

【代码 8.38】

```
UBase* InstanceBase = NewObject<UDerived>(this);
UDerived* InstanceDerived = Cast<UDerived>(InstanceBase);
if(UDerived)
{
    // ... 做某些操作
}
```

除了 Cast<T> 外，比较常用的类型转换函数还有 StaticCast<T>。StaticCast<T> 对应 static_cast<T>，用来做静态转换。

8.4.7　类实例的销毁

由于 UObject 是纳入了 GC（垃圾回收）机制管理的，我们基本上是没有办法主动去删除一个 UObject 实例，也就是不能对实例调用 delete 来删除一个 UObject 实例（毕竟我们也没有用 new 关键字来创建它）。我们只能期望它在 GC 的时候被回收。

想要一个 UObject 实例被回收，就要保证它没有被任何地方直接或间接地引用。对应"类的持有"一节（8.4.4 节）中的增加引用的方法，如果我们希望 UObject 没有被持有，那就需要：

- 检查 UObject 实例没有被 UProperty 成员变量（直接或间接地）引用。如果 UObject实例被UProperty引用了,那么需要将这个引用设置为nullptr来释放引用。
- 检查 UObject 有没有被调用过一次或以上的 AddToRoot()。如果有，要调用同样次数的 RemoveFromRoot()。

- 检查 UObject 有没有被任何容器（直接或间接地）引用。如果有，需要将引用从容器中移除。

保证 UObject 实例没有被任何地方引用之后，我们可以尝试使用代码 8.39 立即发起一次 GC。

【代码 8.39】

```
GEngine->ForceGarbageCollection(false);
```

↘ 8.5 UStruct 的使用

讲完了 UC++ 中的 UObject，再来看看 UStruct 的使用。

8.5.1 结构体在原生 C++ 和 Unreal Engine C++ 中的区别

在原生 C++ 中，结构体（Structure）是一种很常见的数据结构。

在原生 C++ 中，结构体（Strut）和类（Class）没有本质上的区别。要说唯一的区别，就在于 Struct 默认所有成员变量和函数的权限都是 Public 的，而类的成员变量和函数默认权限是 Private 的。结构体和类都支持在栈或者堆上被创建，能够直接被持有，也可以通过指针来引用。

而在 UC++ 中，纳入 UC++ 体系的结构体叫作 UStruct。

UStruct 和 UClass 是有区别的。对于 UStruct，UE5 更加希望它是类似于 C 语言时代的 POD 类型（Plain Old Data），也就是只有数据，没有操作。在 UStruct 中，只支持添加成员变量 UProperty，但是不能像 UClass 一样添加 UFunction。注意，虽然不能添加 UFunction，但是 UStruct 本质上还是 C++ 中的 Struct，所以它是可以添加普通的成员函数的。

总结起来，我们在一个 UStruct 中可以包括：

- UPROPERTY 成员变量；
- 非 UPROPERTY 的成员变量（但是不会被纳入 UC++ 管理）；
- 非 UFUNCTION 的成员函数（无法被 UE 捕获到函数的信息）。

同时，UE5 中的 UStruct 一定要有一个默认的不带参数的构造函数。这意味着我们可以不写任何构造函数，让编译器自动生成一个默认构造函数；也可以自己手写一个不带参的构造函数。

8.5.2 创建 UStruct

接下来，我们来创建一个 UStruct。

与创建 UClass 不同的是，在 UE5 的编辑器中没有让我们以可视化形式创建新的 UStruct 的途径，所以我们需要手动创建。

首先我们要打开 VS，创建一个新的头文件。在 Solution Explorer 中，找到 Source 文件夹，右击空白处，在弹出的菜单中选择"Add"→"New Item"来增加一个文件，如图 8.63 所示。

图 8.63

在弹出的面板中，选择"Header File（头文件）"，然后将文件命名为"MyDataStruct.h"，如图 8.64 所示。

注意，我们还需要选择头文件所在的路径。通过窗口底部的 Location 选项，选择项目所在目录下的"Source\ 项目名"目录——在这里就是"Source\Autocook"，如图 8.64 所示。

图 8.64

创建 MyDataStruct.h 头文件后，写入代码 8.40。

【代码 8.40】

```
#pragma once
#include "CoreMinimal.h"
#include "MyDataStruct.generated.h"
USTRUCT(BlueprintType)
struct FMyDataStruct
{
    GENERATED_BODY()

    // 想要让蓝图识别到成员变量，一定要写成 BlueprintReadWrite 或 BlueprintReadOnly
    UPROPERTY(BlueprintReadWrite, EditAnywhere)
    int32 IntValue;
```

```
// 默认构造函数
FMyDataStruct() : FMyDataStruct(0) {}

FMyDataStruct(int32 InIntValue) : IntValue(InIntValue) {}
};
```

在代码 8.40 中，我们创建了一个结构体 FMyDataStruct。可以看到编写一个 UStruct 需要注意的问题和编写 UObject 类似：

- 头文件的第一行 #pragma once 是为了避免头文件被重复 include。
- 第二行是编写 UStruct 和 UObject 时的必要头文件 CoreMinimal.h（见 8.2.3 节）。
- 第三行中，包含了 MyDataStruct.generated.h 头文件。这个与 MyDataStruct 头文件同名的文件是 UE5 帮我们自动生成的，但是需要我们手动 include。MyDataStruct.generated.h 头文件中包含了一些要插入到结构体的额外信息。在译之前如果写入这句代码，可能 VS 会提示文件不存在，不用管它，在一次编译之后这个文件就会被生成。
- USTRUCT() 宏，用来标记结构体为 UStruct。与 UCLASS() 宏类似，也可以通过设置一些说明符来更改 UStruct 的特性，比如说添加 BlueprintType 说明符后，就可以将这个结构体暴露到蓝图。
- 结构体的名字应该以 F 开头。
- 在结构体中，与 UObject 一样，需要在结构体的第一行添加 GENERATED_BODY() 宏。这个宏用来在结构体中插入一些必要的信息。
- 结构体必须要有一个不带参数的构造函数。

编译项目后打开编辑器。由于我们在 USTRUCT 宏中添加了 BlueprintType 说明符，所以这个结构体应该可以在蓝图中使用。

任意打开一个蓝图，在蓝图类编辑器的空白处右击，在节点搜索框中搜索"MyDataStruct"，就可以找到 Make MyDataStruct 节点，这个节点会创建出一个 FMyDataStruct 实例，如图 8.65 所示。

图 8.65

8.5.3　UStruct 的创建与持有

与 UObject 不同的是，我们不会使用类似于创建 NewObject 的方式来创建一个实例并且获得指向实例的指针，而是直接使用构造函数创建一个 UStruct 实例，如代码 8.41。

【代码 8.41】

```
FMyDataStruct MyDataStruct;
FMyDataStruct MyDataStruct2(1);
```

当 UStruct 作为 UPROPERTY 时，与基础类型一样，使用的是非指针的形式，如代码 8.42。

【代码 8.42】

```
UPROPERTY()
FMyDataStruct DataStruct;
```

注意，不是说我们不可以用指针的形式来引用一个 UStruct 实例，而是如果要这么做了，就需要我们自己管理内存，new 和 delete 关键字必须同时存在。

8.5.4　获取结构体的信息

我们在讲 UObject 的时候提到过（见 8.4.5 节），可以使用类名 ::StaticClass() 来获取 UClass 指针类型的类信息，并尝试了打印类名。类似的，对于一个 UStruct，我们也可以使用结构体名 ::StaticStruct() 来获取结构体信息。

如代码 8.43，我们可以这样来打印结构体 FMyDataStruct 的名称。

【代码 8.43】

```
UStruct* StructInfo = FMyDataStruct::StaticStruct();UE_LOG(LogTemp,
Log, TEXT("Struct name: %s"), *(StructInfo->GetName()))
```

↘ 8.6　容器类

在前面介绍蓝图的时候，我们已经知道 UE5 中的三种常用容器类：Array、Map 和 Set，它们在 UC++ 中分别对应的类型是 TArray<T>、TMap<K, V> 和 TSet<T> 类。

注意，UC++ 中的容器类在命名上均以 T 开头。

8.6.1　可以作为 UProperty 的容器类

容器类不一定可以成为 UPROPERTY，是否可以成为 UProperty 取决于容器类的元素类型。简单来说，当容器类的元素类型可以成为 UProperty 时，该类型的容器类也可以成为 UProperty。比如：

- 元素是基元类型，比如 TArray<bool>、TArray<float>、TArray<int32> 等；
- 元素是 UObject 指针，比如 TArray<AHelloUE5*>；
- 元素是 UStruct 类型，比如 TArray<FMyDataStruct>。

当然，并不是说不支持成为 UProperty 的类型就不能成为容器元素了，它依旧可以成为容器类的元素，只不过这个容器就不能作为类的 UProperty 了。比如在下面这些情况下，TArray 无法成为 UProperty：

- TArray<UMyClass>，虽然 UMyClass 是 UClass，但是元素类型不是指针；
- TArray<FMyStruct*>，虽然 FMyStruct 是 UStruct，但元素类型是指针；
- TArray<FMyClass> 或 TArray<FMyClass*> FMyClass 不是 UObject，所以它的实例和指针作为元素类型时，都无法使 TArray 成为 UProperty（这里有一个误区，

命名以 F 开头的并不是只有 UStruct，而是原生 C++ 类也应该以 F 开头)；

- TArray<EMyEnum>，当元素是枚举类型，但该枚举类型不是 UENUM 时 (在 8.7 节中会详细讲 Enum)，TArray 无法作为 UProperty。

> **提示**
>
> 关于 UObject 的引用：如果 UObject 实例被作为容器类的元素，或者被容器类的元素间接引用，引用计数会 +1，可以防止 UObject 实例被 GC。

8.6.2　TArray 和 TSet 的使用

接下来我们来了解一下主要的几个容器类都是怎么使用的，先从 TArray 和 TSet 讲起。TArray 和 TSet 类似，区别在于 TSet 只能添加容器中不存在的元素。

1.　创建元素的类型

我们将会创建一个继承于 UObject 的类来作为容器的元素类型。打开 VS，在 Solution Explorer 中，找到 Source 文件夹，在空白处右击，在弹出的菜单中选择 "Add" → "New Item" 来增加一个文件。在弹出的面板中，选择 "Header File (头文件)"，然后将文件命名为 "MyArrayElement.h"。通过窗口底部的 Location 选项，选择所在目录下的 "Source\ 项目名" 目录——在这里就是 "Source\Autocook"。

然后在 MyArrayElement.h 文件中输入代码 8.44。

【代码 8.44】

```
#pragma once
#include "CoreMinimal.h"
#include "MyArrayElement.generated.h"
UCLASS()
class UMyArrayElement : public UObject
{
};
```

由于这个类完全是作为测试用的，没有任何静态变量或者成员函数，所以不创建对应的 CPP 源文件也行。

2.　TArray 的使用

我们来看看 TArray 的用法，你可以在任意的函数中试验以下代码：

（1）TArray 的创建

首先是 TArray 的创建。创建一个元素类型是 UMyArrayElement 指针的 TArray，如代码 8.45。

【代码 8.45】

```
TArray<UMyArrayElement*> MyArray;
```

（2）添加新元素

创建完 TArray 后，我们就可以向 TArray 里添加新的元素，使用的是 TArray
\<T\>::Add() 函 数。 在 代 码 8.46 中， 我 们 使 用 NewObject\<T\> 函 数 创 建 了 一 个
UMyArrayElement 实例，并将它的指针加入到了 MyArray 中。

【代码 8.46】

```
UMyArrayElement* Element = NewObject<UMyArrayElement>(this);
MyArray.Add(Element);
```

（3）移除元素

我们还可以使用 TArray\<T\>::Remove() 函数从 TArray 中移除某个元素，参数传
入要移除的元素就可以了。比如在代码 8.47 中，我们传入了 Element 作为参数，那么
MyArray 中所有的 Element 元素都会被从 MyArray 中移除。

【代码 8.47】

```
MyArray.Remove(Element);
```

如果我们想移除的是 TArray 中的最后一个元素，那么可以使用 TArray\<T\>::Pop()
函数，如代码 8.48。

【代码 8.48】

```
MyArray.Pop();
```

（4）获取元素个数

使用 TArray\<T\>::Num() 可以获取 TArray 的长度，如代码 8.49。

【代码 8.49】

```
int32 ArrayLength = MyArray.Num();
```

（5）获取和使用元素

使用 [] 符号和元素的下标，可以从 TArray 中获取下标对应的元素。如代码 8.50，这
里我们使用 0 作为元素下标，获取了 MyArray 中的第零个元素。

【代码 8.50】

```
UMyArrayElement* Element0 = MyArray[0];
```

当容器的元素类型为 Struct 时要特别小心。假设我们创建了一个 UStruct，名为
"FTestArrayElementStruct"，它的内容仅有一个 int32 成员变量，名为 Value（如代
码 8.51）。当我们把它作为数组元素的时候，需要注意引用的问题，我们将以代码 8.52
为例讲解这一问题。

在代码 8.52 中，你觉得 UE_LOG 最终打印出来的值是 1 还是 2 呢？正确答案是 1。
因为 FTestArrayElementStruct Element0 = StructArray[0]; 这句代码实际上是将结构
体实例从 StructArray 中获取出来，并作为复制构造函数的参数又创建了 Element0，所

以 Element0 和 StructArray[0] 其实并不是同一个实例。也就是说对于 Element0 的修改不会影响到 StructArray[0]。

【代码 8.51】

```
#pragma once
#include "CoreMinimal.h"
#include "TestArrayElementStruct.generated.h"
USTRUCT()
struct FTestArrayElementStruct
{
    GENERATED_BODY()
    int32 Value = 0;
}
```

【代码 8.52】

```
TArray<FTestArrayElementStruct> StructArray;
FTestArrayElementStruct Element;
Element.Value = 1;
StructArray.Add(Element);
FTestArrayElementStruct Element0 = StructArray[0];
Element0.Value = 2;
UE_LOG(LogTemp, Log, TEXT("%d"), StructArray[0].Value)
```

如果想要修改 StructArray 中元素的内容，我们可以采用两种方式，分别对应代码 8.53 中第一行和第二行。其中，第二种方式是使用了一个引用来指向 TArray 的第零个元素。

【代码 8.53】

```
StructArray[0].Value = 2;
FTestArrayElementStruct& Element0 = StructArray[0];
```

（6）遍历 TArray

最后，我们再来看看如何遍历 TArray 的元素。

第一种方法是使用下标来逐个获取 TArray 的元素。如代码 8.54 中，我们先使用 Num() 函数来获取元素的个数，然后使用一个 for 循环来计算元素的下标，再使用元素下标获取对应的元素。

【代码 8.54】

```
for(int32 Index = 0; Index < MyArray.Num(); Index++)
{
    UMyArrayElement* Element = MyArray[Index];
}
```

第二种方法是使用 for-each 来遍历 TArray，如代码 8.55。

【代码 8.55】

```
for(UMyArrayElement* Element : MyArray)
{
}
```

3. TSet 的使用

TSet 是一个集合，它要求容器内不能有重复的元素。TSet 的接口与 TArray 高度相似，包括了 Add、Remove 和 Num 等函数。这里就不再赘述。

8.6.3　TMap 的使用

TMap<K, V> 是一个保存映射关系的容器，它的元素是键值对，每个键值对里又有键（Key）和值（Value）两个子元素。在 TMap 中，键不能重复，但是值没有这个限制。

1. TMap 的创建

创建 TMap 的时候需要指定 Key 和 Value 的类型，比如我们想创建一个 Key 类型是 int32，Value 类型是 UMyArrayElement 指针类型的 TMap，如代码 8.56。

【代码 8.56】

```
TMap<int32, UMyArrayElement*> MyMap;
```

2. 添加键值对

我们可以使用 TMap 的 Add() 函数来添加键值对。调用 Add() 函数的时候需要两个参数，分别是 Key 和 Value 的值。举个例子，如果我们想向 MyMap 中添加 Key 为 1，Value 为 UMyArrayElement 实例的键值对，如代码 8.57。

【代码 8.57】

```
UMyArrayElement* Element = NewObject<UMyArrayElement>(this);
MyMap.Add(1, Element);
```

3. 获取键值对

我们可以使用 [] 符号来获取键值对中的 Value。但是在访问键值对之前，保险的做法是先调用 Contains() 函数来判断键值对存不存在。Contains 函数接受一个参数作为要查询的 Key，它会检查 TMap 中是否存在 Key 对应的键值对。

如果存在某个键值对，那么我们就可以使用 [] 符号来获取这个键值对，如代码 8.58。

【代码 8.58】

```
int32 Key = 1;
if(MyMap.Contains(Key))
{
    UMyArrayElement* Element = MyMap[Key];
}
```

4. TMap 的遍历

再来看看 TMap 要怎么遍历元素。

我们可以通过 Keys() 函数来获得 TMap 中的所有 Key。获得之后可以使用 for 循环来遍历它们，如代码 8.59。

【代码 8.59】

```
for(int32 Key : MyMap.Keys())
{
    // ...
}
```

如果想要遍历所有键值对，则可以使用 for-each 来遍历 TMap。for-each 的元素对象类型根据 Key 和 Value 的不同类型会有所不同，所以一般我们会用 C++11 的 auto 关键字来表示这个类型，并将键值对叫作"KVP"（也就是 Key-value Pair）。KVP 中会有两个成员变量，一个是 Key，表示键值对中的键；一个是 Value，表示键值对中的值。

代码 8.60 为遍历 TMap 键值对。如果我们不想让使用者修改到键值对的内容，那么还可以将代码进行修改，也就是将 KVP 变成 const，如代码 8.61。

【代码 8.60】

```
for(auto& KVP : MyMap)
{
    int32 Key = KVP.Key;
    int32 Value = KVP.Value;
}
```

【代码 8.61】

```
for(const auto& KVP : MyMap)
{
    int32 Key = KVP.Key;
    int32 Value = KVP.Value;
}
```

5. 删除键值对

使用 TMap 的 Remove() 函数可以删除对应的键值对，Remove() 函数接受一个参数，表示要删除键值对的 Key，如代码 8.62。

【代码 8.62】

```
int32 Key = 1;
MyMap.Remove(Key);
```

8.6.4 容器类的嵌套方案

最后，我们再来讲讲如何在 UC++ 中做容器类的嵌套。

在原生 C++ 中，我们可以使用元素类型 ** 或者元素类型 [][] 来表示一个二维数组（甚至多维数组）。以二维数组举例，在 UC++ 中，我们也可以使用 TArray\<TArray\<T\>\>这样的容器嵌套来表示一个二维数组，如代码 8.63。

【代码 8.63】

```
TArray<TArray<int32>> TwoDimensionArray;
```

但是 UC++ 中的嵌套容器有一个限制，就是嵌套容器不支持作为 UProperty。如果你将一个嵌套容器标记为 UProperty，构建项目的时候就会报错："Nested containers are not supported."。

那么我们可以通过什么样的方法来绕过这个限制呢？

这里的思路是：虽然容器的元素类型不允许是另一个容器，但是我们可以创建一个新的结构体，用这个结构体来包装另一个容器，使用这个新的容器来作为第二个维度，如图 8.66 所示。

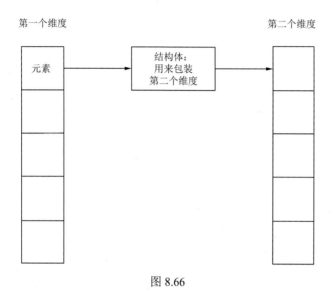

图 8.66

让我们来尝试实现一个可以作为 UProperty 的二维数组。在这里，假设我们需要写一个保存 int32 类型的二维数组。

首先，我们需要创建一个新的头文件"TestTwoDimensionArray.h"，放置在工程的 Source 文件夹中。

头文件 TestTwoDimensionArray.h 中的内容如代码 8.64。这个代码分为了两部分：第一部分是我们新创建的结构体，用来包装一个维度的 TArray；第二部分是一个用来测试二维数组的类，它创建了一个二维数组 MyData 并对二维数组进行了测试。

【代码 8.64】

```
#pragma once
#include "CoreMinimal.h"
#include "TestTwoDimensionArray.generated.h"
USTRUCT(BlueprintType)
struct FFirstDimension
{
    GENERATED_BODY()
```

```
    UPROPERTY(BlueprintReadWrite)
    TArray<int32> Data;

    int32& operator[](int32 Index)
    {
        return Data[Index];
    }

    const int32& operator[](int32 Index) const
    {
        return Data[Index];
    }

    void Add(int32 InElement)
    {
        Data.Add(InElement);
    }
};

UCLASS(BlueprintType)
class UTestTwoDimensionArray : public UObject
{
    GENERATED_BODY()
public:
    UPROPERTY(BlueprintReadWrite)
    TArray<FFirstDimension> MyArray;

    UFUNCTION(CallInEditor)
    FORCEINLINE void TestTwoDimensionArray()
    {
        MyArray.Add(FFirstDimension());
        MyArray[0].Add(123);
        UE_LOG(LogTemp, Log, TEXT("MyArray[0][0]: %d"), MyArray[0][0])
    }
};
```

在第一部分中，我们创建了一个名为"FFirstDimension"的结构体，并且在结构体中：

● 添加成员变量 Data，用来存储另一个维度的数据。

● 为了使 FFirstDimension 看起来本身就是一个数组，让使用者用起来更加舒服，我们还需要给它封装几个函数，包括了：为 FFirstDimension 添加一个 Add 函数。在这个 Add 函数的实现中，调用成员变量 Data 的 Add 函数。使用者可以直接调用 FFirstDimension 的 Add 方法，就能将数据 Add 到 Data 中，如代码 8.65。重载了 [] 运算符，直接返回 Data 的内容。如此一来，使用者就无须再写 MyData[0].Data[0] 这种代码，而是使用 MyData[0][0] 就可以获得数组中第 0 行第 0 列的元素。

【代码 8.65】

```
MyArray[0].Add(123);
```

经过这样一番包装后，我们就可以间接实现将一个多维容器作为 UProperty 了。

↘ 8.7　Interface 和 Enum

我们再讲一下 UC++ 中的 Interface（接口）和 Enum（枚举）。

8.7.1　Interface（接口）

如果你使用过原生 C++，可能知道在原生 C++ 中是没有接口的概念的。接口的概念存在于 Java 等语言中，它会提供一组对外的函数。一般而言，接口中只允许包含成员函数，不允许包含任何成员变量。

虽然原生 C++ 中没有接口的概念，不过在 UC++ 却实现了接口相关的框架，在 UC++ 中的接口称为 UInterface。为什么 UC++ 中需要接口呢？这是因为在 UC++ 中，为了避免菱形继承带来的各种问题，不允许 UClass 直接或间接地继承于多个 UClass。虽然我们无法在 UC++ 中使用多重继承，但是可以使用 UC++ 中的接口来实现类似的效果，如图 8.67 所示。

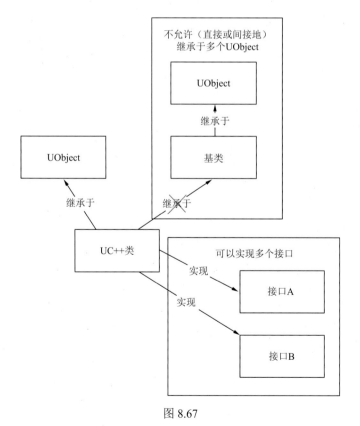

图 8.67

1. 创建 UInterface

那么 UC++ 是如何无中生有地在原生 C++ 中变出接口这个概念的呢？实际上，在 UC++ 中，接口也是由 C++ 类来实现的。

在 UC++ 中创建一个接口需要我们相对应地同时创建两个类。

第一个类以 I 开头，是真实的接口类，在这个类里面定义的是接口中需要提供的成员函数。在这个类中，需要我们 GENERATED_BODY 宏，以及编写接口包含的成员函数。这些函数不需要是虚函数，并且可以被三种形式实现，分别对应 UFUNCTION 中的三种说明符。

- BlueprintImplementation：接口函数由蓝图来实现。
- BlueprintNativeEvent：该接口函数有一个默认 C++ 实现，但也可以由蓝图实现。
- 无参数：该接口函数由 C++ 实现。

另一个类在命名上以 U 开头，除了名字前缀以外，其余部分要和 I 开头的类一致并继承于 UInterface 类，在这个类里除了 GENERATED_BODY() 以外什么内容都不用写。

2. 类如何实现接口

在 UC++ 中，一个 UClass 想要实现接口，需要继承于命名以 I 开头的那个类（也就是定义了成员函数的那个类）。实现接口的时候，首先需要复制接口中的函数定义到类体中，然后还需要写一个函数名 _Implementation() 的新函数，注意这个新函数是虚函数，并且它的函数参数应该与接口中对应的函数参数相同。

我们来实践一下。编写一个接口 IWalkable，表示走路的接口，拥有一个 Run 函数（该函数由 C++ 默认实现，但也可以由蓝图来实现）。然后，我们再写一个 Person 类来实现这个接口。

首先，我们需要在项目的 Source\Autocook 目录下创建头文件 "TestInterface.h"，然后输入代码 8.66。

【代码 8.66】

```
#pragma once
#include "CoreMinimal.h"
#include "GameFramework/Actor.h"
#include "TestInterface.generated.h"

UINTERFACE(BlueprintType)
class AUTOCOOK_API UWalkable : public UInterface
{
    GENERATED_BODY()
};

class AUTOCOOK_API IWalkable
{
    GENERATED_BODY()
public:
```

```
    UFUNCTION(BlueprintCallable, BlueprintNativeEvent)
    void Walk();
};

UCLASS(BlueprintType)
class AUTOCOOK_API UPerson : public UObject, public IWalkable
{
    GENERATED_BODY()
public:
    virtual void Walk_Implementation() override;
};
```

在代码 8.66 中：

● 我们创建了 IWalkable 和 UWalkable 两个类，虽然命名前缀不同，不过命名主体需要保持一致，都是 Walkable。

● 两个类的类体中都需要添加 GENERATED_BODY() 宏。

● 以字母 U 为命名前缀那个类 UWalkable 需要继承于 UInterface。

● 以字母 I 为命名前缀的那个类 IWalkable 需要定义接口的函数，在这里就是函数 Walk。函数 Walk 的 UFUNCTION 宏中，我们加入了 BlueprintNativeEvent 说明符，这个说明符规定了该函数在 C++ 中需要被定义，以实现一个默认的逻辑，在蓝图中，可以通过重载这个函数来覆盖 C++ 中默认的实现。

● 在实现类 UPerson 中，需要继承于以字母 I 为命名前缀的 IWalkable 类。

● 由于我们规定了 Walk 是一个 BlueprintNativeEvent，所以在 UPerson 类体中，我们不需要再写一次 Walk 函数，而是要添加另一个函数，这个函数的名字是"接口_Implementation"（不需要标记为 UFunction）。这个 Walk_Implementation 函数要保持函数签名和接口中的 Walk 函数一致，这里 Walk 不带任何参数，所以 Walk_Implementation 函数也不需要带任何参数。

接下来，我们来写 Walk_Implementation 函数的实现。在项目的 Source\Autocook 目录下再创建一个 C++ 源文件"TestInterface.cpp"，并输入代码 8.67。在文件 TestInterface.cpp 中，我们首先需要 include 进来 TestInterface.h 头文件，然后实现 Walk_Implementation 函数。

【代码 8.67】

```
#include "TestInterface.h"
void UPerson::Walk_Implementation()
{
    UE_LOG(LogTemp, Log, TEXT("Walk"))
}
```

3. 接口的持有和使用

在 Java 等语言中，我们可以直接用接口类型来持有实现的实例。比如在代码 8.68 的 Java 代码中，假设 IWalkable 是一个 Java 接口，Person 是实现了 IWalkable 的类。我们可以使用 IWalkable 来引用 Person 实例,还可以通过 IWalkable 接口来调用 Walk 方法。

【代码 8.68】

```
IWalkable Walkable = new Person();
Walkable.Walk();
```

而在 UC++ 中,接口需要通过 TScriptInterface<T> 来使用,其中的 T 是接口的类型。注意,只有通过 TScriptInterface<T> 来使用接口,才能将接口作为 UProperty。

我们来看看具体要如何使用 TScriptInterface<T>。

首先,使用接口前,我们需要先创建一个 TScriptInterface<T>,然后通过 SetObject 和 SetInterface 函数对实例进行绑定。在代码 8.69 中,我们创建了一个 TScriptInterface<IWalkable> 和 UPerson 实例,并将它们进行了绑定。

【代码 8.69】

```
TScriptInterface<IWalkable> Walkable;
UPerson* Person = NewObject<UPerson>(this);
Walkable.SetObject(Person);
Walkable.SetInterface(Cast<IWalkable>(Person));
```

绑定完成之后,我们就可以调用名字为的"Execute_ 原函数名"函数,比如在代码 8.70 中,我们调用了函数 Exexute_Walk。Execute_XXX 函数的第一个参数是执行函数的对象(一般我们会使用接口的 GetObject 函数来获取这个对象),其余的参数与原函数 Walk 保持一致。

【代码 8.70】

```
Walkable->Execute_Walk(Walkable.GetObject());
```

4. 在蓝图类中实现 UC++ 接口

在 UC++ 中定义的 UInterface 是可以在蓝图中被蓝图类实现的,接下来我们来看看具体要怎么做。编译项目后打开编辑器,我们来尝试让蓝图类也实现刚才定义的接口。

在路径"Content/TopDownBP/CPPTest"中创建蓝图类"BP_Person",继承于 Object,并双击打开。

进入蓝图类编辑器后,单击上方的 Class Settings 按钮 ![Class Settings]。可以看到在这里是与类本身相关的一些信息。在右侧找到 Interfaces 选项(见图 8.68),单击旁边的 Add 下拉框,就可以搜索到我们刚才创建的 Walkable 接口,选中它就可以继承于这个接口,如图 8.69 所示。

然后,蓝图编辑器的左侧就会出现 INTERFACES 视图,这里面有该蓝图类已经继承的接口。我们在"Walkable"上右击,在弹出的菜单中选中"Implement Event"(见图 8.70),Event Graph 中就会出现接口函数对应的事件节点,我们可以在其中实现这个接口函数,如图 8.71 所示。

图 8.68

图 8.69

图 8.70

图 8.71

接下来，我们再创建一个类来测试 BP_Person 和接口。在同一个目录下创建蓝图类
"BP_TestInterface"，继承于 Actor，然后双击打开蓝图编辑器。

我们来测试一下如何在蓝图类中使用接口引用实例。在 BP_TestInterface 类中创建
一个成员变量 Walkable。给变量选择类型的时候，可以在类型列表中搜索到 Walkable 接
口，我们选中它作为变量的类型，如图 8.72 所示。

| Walkable | 🎨 Walkable |

图 8.72

如图 8.73 所示，我们可以在任意地方（这里选择 Event
BeginPlay）创建一个 BP_Person 实例，然后将它赋值给接口 Walkable 变量。并且，
我们还可以通过接口直接拖动出 Walk 函数节点，对 Walk 函数进行调用。

图 8.73

8.7.2　枚举

在 UC++ 中，我们可以使用 UENUM 宏来将枚举变成 UEnum，变成了 UEnum 之
后的枚举会纳入 UE 的管理。使用了 UEnum 作为类型的变量才可以作为 UProperty 的
类型。

在枚举的命名上，所有的枚举命名都应该以 E 开头。

1. 定义 UENUM

首先让我们来看看如何才能创建一个 UEnum。创建 UEnum 需要使用到 UENUM 宏，
这个宏支持两种形式的 enum 定义。

接下来，我们将以定义一个颜色枚举为例进行讲解。

第一种定义 UEnum 的方法是 namespace-enum 式。在这种形式中，我们首先要创建一个新的命名空间。这个命名空间就是枚举的名字，必须以字母 E 开头。在命名空间中，我们再使用 enum 关键字来创建一连串的枚举值。最后，在 namespace 的上一行使用 UNUM 宏即可，如代码 8.71。

【代码 8.71】

```
UENUM(BlueprintType)
namespace ETestColor{
    enum
    {
        None,
        Red,
        Green,
        Blue
    }
}
```

第二种是 enum class 式。在 C++11 标准中，加入了 enum class 的支持，enum class 自己独享一个定义域。我们可以直接定义一个 enum class，然后在它的前一行中加入 ENUM 宏，如代码 8.72。

【代码 8.72】

```
UENUM(BlueprintType)
enum class ETestColor : uint8
{
    None,
    Red,
    Green,
    Blue
}
```

这里有几点需要注意：

- 在 UE5 的建议的标准中，所有的枚举的第一个枚举值应该都是一个无意义的默认值。第一个枚举值的取名看个人喜好，有人喜欢叫它"None"，也有人叫它"Default"。
- 在 ENUM 中使用 BlueprintType 说明符，就可以将枚举暴露到蓝图中。
- 如果你使用了 enum class 式来定义 UEnum，并且希望这个枚举是一个蓝图类型（BlueprintType），那么一定要继承于 uint8，才能编译通过。

2. 设置枚举的元信息

我们可以通过设置元信息来分别给枚举和枚举值添加别名。

操作比较简单，我们直接上实践吧。在项目的 Source\Autocook 目录下新建头文件"Color.h"，并输入代码 8.73。

【代码 8.73】

```
#pragma once
#include "CoreMinimal.h"
UENUM(BlueprintType, meta = (DisplayName = "颜色"))
enum class ETestColor : uint8
{
    None        UMETA(DisplayName = "无"),
    Red         UMETA(DisplayName = "红"),
    Green       UMETA(DisplayName = "绿"),
    Blue        UMETA(DisplayName = "蓝"),
};
```

在代码 8.73 中，我们给 UENUM 宏添加了 meta 说明符，并添加了元标签 DisplayName，将 ETestColor 枚举的别名设置成了"颜色"。另外，我们还在每个枚举值结束的逗号前面也加了元数据，同样，也使用元标签 DisplayName 设置了别名。

设置了枚举值的 DisplayName 元标签之后，如果我们在蓝图中使用这个枚举，下拉框里就会显示枚举值的 DisplayName。让我们进入编辑器看看。

编译项目并打开编辑器，在路径"Content/TopDownBP/CPPTest"下创建蓝图类"BP_TestEnum"，继承于 Actor，如图 8.74 所示。然后打开场景 CPPTestMap，将 BP_TestEnum 拖动到场景中，并且保存场景。

打开 BP_TestEnum 的蓝图类编辑器。创建一个变量"TestEnum"，在类型搜索框中直接输入 Enum 的别名"颜色"并设置为变量类型，如图 8.75 所示。编译蓝图后，在细节面板中找到默认值的设置，单击下拉框，就可以看到每个枚举类的别名，如图 8.76 所示。

图 8.74

图 8.75

图 8.76

3. UEnum 与 UClass 的不同

需要注意的是，定义 UEnum 与 UClass 的时候，有两点不同：

- 如果头文件里面只有 UEnum，没有 UClass、UInterface 或者 UStruct 的话，那么这个头文件不能包含"头文件名 .generated.h"头文件。因为在这种情况下，UE 不会帮我们生成"头文件名 .generated.h"头文件，如果我们包含了，就会发生编译报错。
- 枚举的第一行里面不用写 GENERATED_BODY()，因为不需要，也不能向枚举体中添加代码。

4. 打印 UENUM 值的名字

我们可以找到枚举中的每个枚举值对应的名字，这样在调试代码的时候，可以更加直观地看懂枚举的值。

下面，我们直接来写一个类测试。在我们前面创建的头文件 Color.h 中插入代码 8.74。

在代码 8.74 中，我们创建了一个类叫"ATestEnum"，继承于 AActor。因为要编写 AActor 的派生类，所以需要在头文件的开头 include 两个头文件，分别是 AActor 类所在的 "GameFramework/Actor.h" 和对应的自动生成头文件 "Color.generated.h"。我们还给 ATestEnum 类添加了一个 UFunction，名为 "PrintEnumName"，并使其能够在蓝图中被调用。

【代码 8.74】

```
#pragma once
#include "CoreMinimal.h"
#include "GameFramework/Actor.h"
#include "Color.generated.h"
UCLASS(BlueprintType)
class ATestEnum : public AActor
{
    GENERATED_BODY()
public:
    UFUNCTION(CallInEditor, BlueprintCallable)
    void PrintEnumName(ETestColor InColor);
};
```

接下来，在 Color.h 的同个路径下，再创建一个 C++ 源文件"Color.cpp"，写入代码 8.75。

在代码 8.75 中，我们会使用 FindObject<UEnum> 和枚举类的名称来找到对应的 UEnum 实例，类型为 UEnum 的指针。这个名为"UEnum"的类包含了 ETestColor 枚举的信息。

接着，调用 UEnum::GetNameByValue() 函数。这个函数可以根据 Enum 的值，返回对应的枚举值的名字。函数需要传入一个 int64 类型的参数作为枚举的值，所以我们需要使用 StaticCast 来将枚举值转换为 int64。GetNameByValue 最终会返回一个 FName 类型的枚举值名字，我们可以对 FName 实例使用 ToString() 函数，将其转换为 FString 类型。最后使用 UE_LOG 将这个名字打印出来。

【代码 8.75】

```
#include "Color.h"
void ATestEnum::PrintEnumName(ETestColor InColor){
    const UEnum* EnumPtr = FindObject<UEnum>(ANY_PACKAGE, TEXT
("ETestColor"), true);
    if (EnumPtr)
    {
    FString EnumName = EnumPtr->
GetNameByValue(StaticCast<int64>(InColor)).ToString();
```

```
            UE_LOG(LogTemp, Log, TEXT("Enum: %s"), *EnumName)
    }
}
```

编译项目后打开编辑器。打开蓝图类 BP_TestEnum，添加
一个新的函数"TestPrintEnumName"（见图 8.77），并设置
为 CallInEditor。在函数 TestPrintEnumName 中，我们创建了
一个 ATestEnum 的实例，然后调用它的 PrintEnumName 函数，InColor 参数选择枚举
值"绿"，如图 8.78 所示。

f **TestEnumName**

图 8.77

图 8.78

现在，打开关卡 CPPTestMap，运行游戏。找到关卡中的 BP_
TestEnum 并单击按钮"TestEnumName"，如图 8.79 所示。查看
Log 面板，可以看到打印出结果如下：

Test Enum Name

图 8.79

```
LogTemp: Enum: ETestColor::Green
```

↘ 8.8　Unreal Engine C++ 构建工具链与插件的编写

在前面几节中，我们学习了 UC++ 在使用上和原生 C++ 不同的地方。如果读者觉得
已经足够使用了，那么便可以止步于此。如果你好奇为什么两者会有这样的区别呢？那么
在本节中，你可以得到一个大概的回答。

想要搞清楚 UC++ 对代码进行了什么处理，就必须要了解 UC++ 的构建工具链。

在 UC++ 的工具链中，最重要的有两个，分别是 UHT 和 UBT。其中，UHT 的
全称是"UnrealHeaderTool（虚幻头文件工具）"，负责的是 UC++ 头文件的扫描和
generated 文件的生成。UBT 的全称是"UnrealBuildTool"，负责通过配置文件来组织
项目的结构和模块间的依赖关系，并且完成项目的构建。

8.8.1　UHT 和文件生成

1. UC++ 中的宏和 generated 文件的生成

在前面的学习中，我们了解到如果要编写一个 UC++ 类，并且在里面包含 UProperty

与 UFunction，我们最少需要用到 UCLASS、GENERATED_BODY、UFUNCTION、UPROPERTY 几个宏。

一个典型的 UClass 如代码 8.76。

【代码 8.76】

```
#pragma once
#include "CoreMinimal.h"
#include "MyClass.generated.h"
UCLASS()
class UMyClass : public UObject
{
    GENERATEAD_BODY()
public:
    UPROPERTY()
    int32 MyValue;

    UFUNCTION()
    void MyFunction();
}
```

如果你写过原生 C++，你可能会觉得在类、成员变量和成员函数的上边加宏，以及在类体中加 GENERATED_BODY() 宏是奇怪的写法。那么，这些宏究竟是怎么发挥作用的呢？

除了 GENERERATED_BODY 宏的作用是插入代码以外，其他的 UC++ 宏包括 UCLASS、UFUNCTION、UPROPERTY、USTRUCT、UENUM 全都可以叫作"标识用的"宏。这些宏的作用只是帮助 UHT 来识别对应的信息，并不会真正地参与编译。UHT 识别到标识用宏之后，就可以搜集到对应的信息。

如果我们的代码是纯手写的（也就是没有通过 UE5 编辑器生成一个新类），那么在生成项目文件或者编译之前，我们是找不到这个头文件对应的 xxx.generated.h 这个头文件的。

但是在单击编译代码之后，如果编译成功，我们就能够找到这个 generated.h 文件了，说明这个文件是 UE5 动态生成的。没错，这个文件就是由 UHT 生成的。

在单击编译代码的按钮之后，UE5 会在真正编译代码之前对代码做一些预处理。其中，UHT 会扫描整个项目工程中所有需要 generated.h 的头文件，并且为其生成或更新 generated.h 和 generated.cpp 文件。

那么哪些头文件需要 generated.h 呢？如果你的头文件中声明了 UClass、UStruct、UInterface 中任意一种元素，都需要包含对应的 generated.h。

注意，如果头文件中只包含了 UEnum，那么不需要为其生成 generated.h 和 generated.cpp 文件。

UHT 会从标志性宏（包括 UCLASS、UPROPERTY、UFUNCTION）中获得 UClass、

UProperty、UFunction 的信息，并生成对应的代码放到 generated.h 和 generated.cpp 中。如果你运行的平台是 Win64，那么可以在路径项目目录 \Intermediate\Build\Win64\UnrealEditor\Inc\ 中找到这些 geenerated 文件，如图 8.80 所示。这些标志性宏最终将不会参与编译。

« Autocook_09_CPP › Intermediate › Build › Win64 › UnrealEditor › Inc › Autocook

名称	修改日期	类型	大小
Autocook.init.gen.cpp	2022/7/31 10:15	C++ 源文件	2 KB
AutocookClasses.h	2022/5/11 20:25	C Header 源文件	1 KB
Color.gen.cpp	2022/5/20 9:08	C++ 源文件	11 KB
Color.generated.h	2022/5/20 9:02	C Header 源文件	5 KB
HelloUE5.gen.cpp	2022/7/31 10:15	C++ 源文件	11 KB
HelloUE5.generated.h	2022/7/31 8:45	C Header 源文件	4 KB
MyDataStruct.gen.cpp	2022/5/17 8:10	C++ 源文件	6 KB
MyDataStruct.generated.h	2022/5/17 8:10	C Header 源文件	2 KB
TestInterface.gen.cpp	2022/5/21 9:41	C++ 源文件	14 KB
TestInterface.generated.h	2022/5/21 9:41	C Header 源文件	13 KB
TestTwoDimensionArray.gen.cpp	2022/5/18 9:16	C++ 源文件	14 KB
TestTwoDimensionArray.generated.h	2022/5/18 9:21	C Header 源文件	5 KB
Timestamp	2022/8/3 9:25	文件	1 KB

图 8.80

再来看看 GENERATED_BODY 宏。

这个宏在每个头文件对应的 generated.h 中被定义。它的作用是将 generated.h 中生成的某些代码插入到类体中。所以实际上，你的类要比你自己手动定义的多出很多内容。比如我们常用的 StaticClass() 函数就是由 GENERATED_BODY() 宏插入到类体中的。

再举个例子，以我们在上一节中介绍的接口为例。我们在接口 IWalkable 中只是声明了一个 Walk 函数，但是在接口的实现类 UPerson 中却可以去重载一个我们未曾手动定义的 Walk_Implementation 函数，就是因为这个函数是 UHT 生成在对应的 generated.h 文件中，并且使用 GENERATED_BODY 宏插入到我们的类体中的。

如果你对 GENERATED_BODY 宏是如何插入代码以及插入了些什么代码感兴趣，可以读一下 generated.h 的代码以及 UE 源码中 GENERATED_BODY 的实现。

这里我们引读以下。

GENERATED_BODY 宏本身根据它被定义的文件,以及处于文件中的行数会被展开成另一个宏。这就是虽然我们在不同的类体和结构体中都是使用同一个宏 GENERATED_BODY,但是它们却可以插入不同代码的原因。因为这些 GENERATED_BODY 宏都会根据文件名和行数的不同被展开成不同的另一个宏。GENERATED_BODY 宏的定义在源文件"UE 源文件所在路径 \Engine\Source\Runtime\CoreUObject\Public\UObject\ObjectMacros.h"中,它的实现如代码 8.77。可以看到它会使用当前文件的 FileId 还有所在的行数,以及文本"_GENERATED_BODY"来组成一个新的宏。

【代码 8.77】

```
#define GENERATED_BODY(...) BODY_MACRO_COMBINE(CURRENT_FILE_ID,_,__
LINE__,_GENERATED_BODY);
```

知道了这个道理,就可以在 generated.h 中查找 GENERATED_BODY 关键字了,比如在上一节我们编写的 TestInterface.h 对应的 TestInterface.genetared.h 中找到类似于 FID_Autocook_09_CPP_Source_Autocook_TestInterface_h_18_GENERATED_BODY 的宏定义,因为 GENERATED_BODY 被写在 TestInterface.h 中的第 18 行。

接下来这个被展开的宏又是什么内容,请大家自己阅读一下各个 generated.h 和 generated.cpp 文件,这里不再讲解。

2. UHT 的运行错误信息

前文提过,在开始编译项目之前,UHT 会对 UC++ 中相关的宏进行解析并生成对应的代码,所以如果宏的使用方式有问题,或者有其他 UC++ 错误,就会在 UHT 处理的过程中报错。如果我们的代码编译失败了,可以先在 VS 的 output 面板中查看是否有 UHT 的报错信息。

8.8.2　UBT 和模块化

除了 UHT 以外,还有一个值得注意的工具叫作 UBT(UnrealBuildTool,虚幻构建工具)。UBT 的出现主要是为了让 UE 项目支持模块化开发,它负责根据项目中的构建配置文件来构建项目。

所谓模块化开发,简单来说就是把项目的代码分成一个一个的模块,这些模块分别编译成二进制的动态链接库。模块化的好处在于解耦,由于可以降低代码的耦合度,代码更容易管理,而且更容易移植到不同的项目中。

打开路径"项目所在目录 \Source",在这个文件夹里面的与项目同名的文件夹,就是其中的一个模块,如图 8.81 所示。这是游戏逻辑的模块,里面存放着这个模块对应的 C++ 代码。

图 8.81

根据模块代码生成的二进制文件，则放在"项目所在目录 \Binaries\ 对应平台"目录中，如图 8.82 所示。

图 8.82

1. C++ 代码的 public 和 private 目录

在模块 Source 下，有时候你会发现有两个子文件夹，分别是 Public 和 Private，如图 8.83 所示。注意，目前在 Autocook 项目中没有这两个文件夹，因为我们还没有创建对应的文件。

图 8.83

Public 里存放的是一些希望能被其他插件或者模块访问到的文件，一般来说是某些想要给其他模块使用的头文件。Private 里存放的则是一些不希望被外部访问到的头文件和 CPP 文件，在里面声明和定义的类不会被其他模块使用到。

事实上，不止是 Plugin 中的代码，在每一个模块中，我们都可以将代码分为 Public 和 Private 两部分来管理。在引擎代码中可以大量看到这种设计。

在编辑器中创建新的类的时候，我们可以选择类是需要公开，还是私有的。在 8.8.3 节中我们再来详细讲解。

2. 目标

目标（Target）是 UE5 构建中的一个重要概念，它控制着（游戏或应用）可执行程序编译时的环境参数。

在项目的 Source 目录下会有一个和模块同名的 target.cs 文件，用来对目标（Target）的编译环境进行配置。其中，最重要的配置就是要将目标编译成什么类型。

我们以项目中的 Autocook 模块为例。位于 Source 目录下的 Autocook.Target.cs 文件内容比较短，可以直接将代码贴上来，如代码 8.78。

【代码 8.78】

```
using UnrealBuildTool;
using System.Collections.Generic;
public class AutocookTarget : TargetRules
{
    public AutocookTarget(TargetInfo Target) : base(Target)
    {
        Type = TargetType.Game;
        DefaultBuildSettings = BuildSettingsVersion.V2;

        ExtraModuleNames.AddRange( new string[] { "Autocook" } );
    }
}
```

在代码 8.78 中，与目标类型相关的配置是：

```
Type = TargetType.Game;
```

这句话定义了目标的类型是 Game。其中，Type 的类型是枚举值 UnrealBuildTool. TargetType，有几个可选的值，包括了：Game 游戏模块；Editor 编辑器模块；Client 与 Game 类似，但是只代表客户端部分；Server 与 Game 类似，但是只代表服务端部分；Program（非游戏）程序。

3. 模块

构建模块是 UE5 编译过程中的另一个概念，它是构成 UE 的基本元素，每一个模块都代表着一系列的功能。模块的构建规则由模块同名的 build.cs 文件进行设定。举个例子，Autocook 模块的构建规则由 "Source/Autocook" 目录下的 Autocook.build.cs 文件设定。

我们经常会在这个文件中添加对其他模块的依赖。

在模块化编程中，不同的模块会被编译成不同的库，并根据需要参与到最终的编译中。

有时候我们会发现自己使用了 UE 中的某一个模块，在引入头文件的时候没有出现问题，并且可以正常编译。但是在链接的过程中出现了 "无法解决的外部符号（Unreaolved external symbol）" 问题。这是因为链接的时候没有让模块对应的库参与进来。

那么，如何解决这个问题呢？这就需要在模块目录下的 Build.cs 文件进行配置，将对应的模块添加到依赖中。

在此之前，我们要知道要使用的功能是属于哪一个模块的。我们可以通过两种方式进行查询：通过官方文档，或者自行在源码中查询。

如何在官方文档中查找到对应的模块呢？举个例子，比如说我们想要在 C++ 中使用行为树组件 UBehaviorTreeComponent。那么我们直接在 UE 的 API 文档中查找这个类，单击它的介绍文档（地址：https://docs.unrealengine.com/4.27/en-US/API/Runtime/ AIModule/BehaviorTree/UBehaviorTreeComponent/），就可以看到它所在的模块名称为 AIModule，如图 8.84 所示。

除了查询官方文档以外，另一种方式是查询引擎的源码。我们需要遵循以下步骤：

第一步，打开类所在的头文件；

图 8.84

第二步，从头文件所在的目录，一级一级往上查找，直到找到一个容纳了 Build.cs 文件的目录为止。这个 Build.cs 文件所在的目录名，一般就是类所在的模块名。

还是以行为树组件 UBehaviorTreeComponent 为例，通过 IDE（VS 等工具）的自动跳转功能，我们可以跳转到类定义的文件在 BehaviorTreeComponent.h。这个文件位于 BehaviorTree 目录下，如果没有 Build.cs 文件，再继续往上找（是 Classes 文件夹），如果还没有，再往上就是 AIModule 文件夹，该文件夹内有一个叫作 AIModule.Build.cs 的文件，这个就是模块的定义文件。所以 UBehaviorTreeComponent 类所在的模块就是 AIModule。

查找到模块名之后，我们就可以将模块的名字添加到依赖列表。

打开模块目录下的 Build.cs 文件。对于 Autocook 项目来说，就是"Source\Autocook\Autocook.Build.cs"文件，如图 8.85 所示。

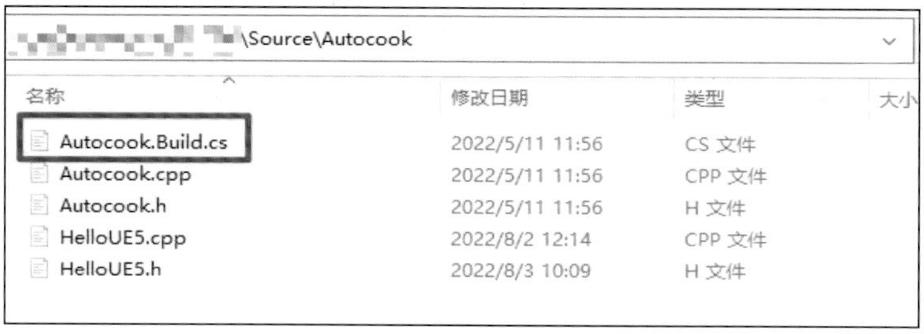

图 8.85

在文件中，找到 PublicDependencyModuleNames 数组。这个数组的内容表示公开依赖的模块的名字，类型是 List<string>。我们可以使用 Add 方法来添加单个模块名，也可以用 AddRange 来添加多个模块名。

我们看到原来 Autocook.Build.cs 文件中已经有代码 8.79。表示 Autocook 依赖于 Core、CoreUObject、Engine 和 InputCore 四个模块。

【代码 8.79】

```
PublicDependencyModuleNames.AddRange(new string[] { "Core",
"CoreUObject", "Engine", "InputCore" });
```

我们在后面跟上一个 AIModule，即可成功链接上 AIModule，如代码 8.80。

【代码 8.80】

```
PublicDependencyModuleNames.AddRange(new string[] { "Core",
"CoreUObject", "Engine", "InputCore", "AIModule" });
```

除了 PublicDependencyModuleNames 以外，还有一个对应属性叫作 Private DependencyModuleNames。二者的区别在于前者是 Public 代码源文件要使用到的模块，后者则适用于只有 Private 代码源文件需要链接到的模块。

4. UProject 文件

讲完 Target.cs 和 Build.cs 这两个文件，我们再回过头来看看项目根目录下的 Autocook.uproject 文件。

图 8.86

一般情况下，安装 UE5 后，引擎会自动生成关联 uproject 文件，所以你应该可以看到 uproject 的文件图标变成了图 8.86 所示的样子。双击 uproject 文件时，如果你的项目是纯蓝图项目，或者包含 C++ 代码且项目已经编译完毕，那么可以直接打开编辑器。

uproject 文件的作用是描述当前项目，说明项目中有哪些模块和使用了哪些插件。uproject 文件本质上是一个文本文件，我们可以用笔记本或者类似的软件打开它。这个 uproject 文件打开后的内容如代码 8.81。

【代码 8.81】

```
{
    "FileVersion": 3,
    "EngineAssociation": "5.0",
    "Category": "",
    "Description": "",
    "Modules": [
        {
            "Name": "Autocook",
            "Type": "Runtime",
            "LoadingPhase": "Default",
            "AdditionalDependencies": [
                "Engine"
            ]
        }
    ],
    "Plugins": [
        {
            "Name": "Bridge",
            "Enabled": true,
            "SupportedTargetPlatforms": [
                "Win64",
                "Mac",
                "Linux"
            ]
        }
    ]
}
```

可以看到 uproject 文件中定义了项目中的模块 Autocook，规定它的类型为

Runtime，并且加载时机为默认。代码还说明了项目中使用到的插件，其中包括一个叫作 Bridge 的插件，并且 Enabled 属性为 true，表示这个插件正在启用中。

> **提示**
>
> 模块的类型（Type 选项）最常见的有两种：
> - Runtime 表示这个模块是游戏运行时模块；
> - Editor 表示这个模块是编辑器模块，只能在编辑器模式下使用。

8.8.3 插件

既然讲到了解耦，那我们就顺便讲一下另一种解耦的方法——插件。在 UE5 中，我们可以创建各种各样的插件。一般来说，插件的功能是相对独立的，并且可以被方便地移植到其他项目中。

1. 创建一个插件

通过 UE5 编辑器，我们可以很方便地创建一个自己的插件。接下来，让我们直接上手实践一下，创建一个插件并看看其中又有些什么奥妙。

编译项目后打开 UE5 编辑器。在场景编辑器的菜单栏中选择"Edit"→"Plugins"来打开插件窗口，如图 8.87 所示。打开窗口后，就能看到所有插件的列表，如图 8.88 所示。我们单击左上角的"Add"按钮创建一个新的插件。

图 8.87

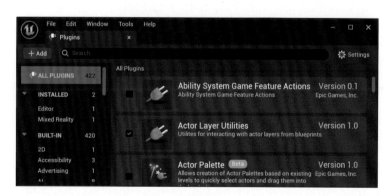

图 8.88

在弹出的插件创建面板中，选择"Blank"模板（表示插件中什么实质性的内容都没有），然后选择插件的路径，一般我们会将其存放在"项目目录 \Plugins"目录下。在路径右侧的输入框中输入插件的名字"TestPlugin"，然后单击右下角的"Create Plugin"按钮创建插件，如图 8.89 所示。

单击"Create Plugin"按钮之后有可能会弹出一个对话框，提示插件加载失败，如图 8.90 所示。这是由于插件中的 C++ 代码尚未编译的缘故，单击对话框的"OK"按钮即可。

如果你此时正打开着 VS，有可能会自动跳转到 VS，并且提示你要重新加载项目。此时单击"Override"按钮进行确定就可以重新加载项目。

之后，我们就可以在 VS 的 Solution Explorer 视图中找到 Plugins 文件夹下的 Test Plugin 源码了，如图 8.91 所示。

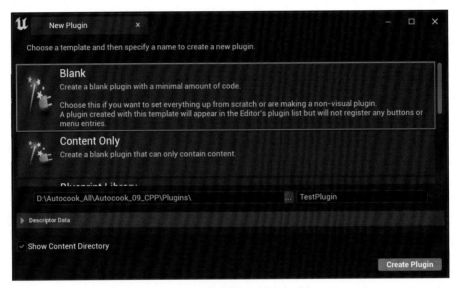

图 8.89

图 8.90

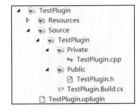

图 8.91

2. uplugin 文件

在 TestPlugin 的源代码中，我们先来看位于插件根目录的 TestPlugin.uplugin 文件。这个文件主要是定义了插件的一些基础信息，比如说版本号、详细描述、插件作者等。除此之外，在该文件中还有一个比较值得注意的配置，如代码 8.82。

【代码 8.82】

```
"Modules": [
    {
        "Name": "TestPlugin",
        "Type": "Runtime",
        "LoadingPhase": "Default"
    }
]
```

与 uproject 文件一样，在文件的 Modules 选项里，定义了插件中所有的模块。并且记录了模块的名称、模块的类型和加载插件的阶段。

3. build.cs 文件

插件下的 build.cs 文件与模块下的是一样的。因为插件本身也是由模块组成的，所以需要 build.cs 来设定构建规则。

与其他 build.cs 一样，需要关注的点包括了 PublicDependencyModuleNames 和 PrivateDependencyModuleNames。

4. Public 和 Private 文件夹

我们在前文中提到，在编辑器中创建新的类的时候，能够选择类是需要公开，还是私有的。现在在 TestPlugin 插件中，我们来尝试一下分别创建 Public 和 Private 两种类，看看二者有什么区别。

我们先来创建一个公开类。

打开 UE5 编辑器，通过上方工具栏的 "Tool" → "New C++ Class" 来打开 C++ 类创建指引框。在 "All Classes" 标签中选择 UObject 作为基类（见图 8.92），单击 "Next" 按钮进入下一步。

图 8.92

这里由于我们已经有了两个模块，所以在创建 C++ 类的时候需要选择类属于的模块。单击右边的下拉框，选中 TestPlugin(Runtime)，表示要把类添加到 TestPlugin 模块中，如图 8.93 所示。

图 8.93

选择 "Class Type" 为 Public，类名输入为 "TestPublicClass"（见图 8.94），最后单击 "Create Class" 按钮创建类。

图 8.94

创建类结束之后，如果我们是由 VS 启动的编辑器，那么 VS 会跳转到前台，并且提示要 Reload 项目，如图 8.95 所示。单击 "Reload All" 按钮，会提示如果想要 Reload 项目，需要停止调试，此时选择 "是" 即可，如图 8.96 所示。

查看 VS 中的 Solution Explorer 视图，在路径"Source\TestPlugin"中可以看到 Private 和 Public 文件夹。其中，头文件 TestPublicClass.h 位于 Public 文件夹下，Test PublicClass.cpp 位于 Private 文件夹下，如图 8.97 所示。

图 8.95

图 8.96

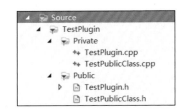

图 8.97

打开 TestPublicClass.h，见代码 8.83。可以看到类 UTestPublicClass 带着导出标记 TESTPLUGIN_API（导出标记的命名规则是：模块名的大写 + 下画线 + "API"），这个导出标记是用来将类导出到 dll 的，只有做了这个标记，其他模块才能够使用到这个类。

【代码 8.83】

```
UCLASS()
class TESTPLUGIN_API
UTestPublicClass : public UObject
{
    GENERATED_BODY()
};
```

接下来，让我们来创建一个 Private 类，看看和 Public 类有什么不一样。

编译项目后打开 UE5 编辑器，我们再来创建另一个 Private 的类。同样的，打开类创建指引窗口，选择 Object 作为基类。在下一个页面中，这时需要选择类的 Class Type 为 Private。其他的，模块仍需要选择为 TestPlugin(Runtime)，类名为"TestPrivateClass"，如图 8.98 所示。

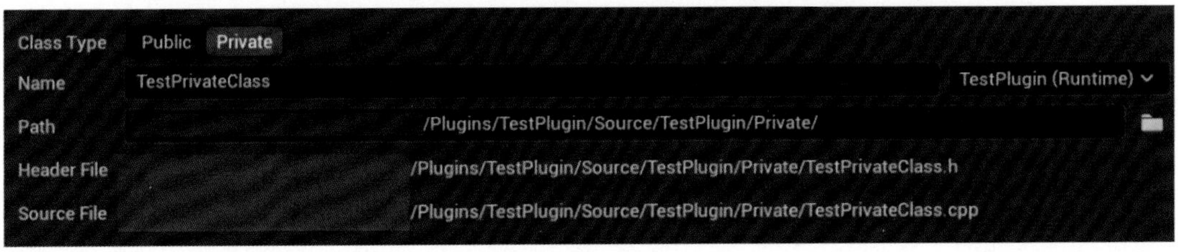

图 8.98

回到 VS 并且 Reload 项目。如图 8.99 所示，在 Solution Explorer 视图中可以发现 UTestPrivateClass 类对应的头文件和 CPP 文件都在 Private 文件夹中（并非跟 Public 类一样头文件在 Public 中，源文件在 Private 中）。打开 TestPrivateClass，可以发现 UTestPrivateClass 类前并没有导出标记，说明这个类不会被导出，其他模块无法使用它。

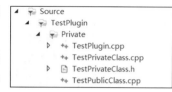

图 8.99

5. TestPlugin.h 和 TestPlugin.cpp

我们再来看看每个插件都必须要有的，与插件同名的头文件和源文件。通过这两个文件能够实现很多功能，比如它能够向引擎注册本插件，并且响应插件在被启动和关闭时的生命周期事件，在插件被启动的时候进行初始化等。

代码 8.84 是 TestPlugin.h 的内容。在这段代码中，写了一个实现于 IModuleInterface 接口的类，名字是 FTestPluginModule。它重载了两个函数：一个函数是 StartUpModule，在插件启动时会被调用，我们可以在这里面做一些插件初始化的逻辑；另一个函数是 ShutdownModule，在插件被关闭时会被调用，我们可以在这里面做一些插件的数据清除等工作。

除了上面提到的两个函数以外，还有其他的一些函数可供我们进行重载，大家有兴趣的可以自己研究一下。

【代码 8.84】

```
#pragma once
#include "CoreMinimal.h"
#include "Modules/ModuleManager.h"
class FTestPluginModule : public IModuleInterface
{
public:

    /** IModuleInterface implementation */
    virtual void StartupModule() override;
    virtual void ShutdownModule() override;
};
```

6. 插件的使用

如果想要让我们的项目使用刚才创建的插件，可以修改项目的 uproject 文件，在 Plugins 数组中加上插件配置，如代码 8.85。

【代码 8.85】

```
{
    "Name": "TestPlugin",
    "Enabled": true
}
```

我们也可以打开 UE5 编辑器，在工具栏中选择"Edit"→"Plugins"来打开插件管理窗口，在窗口中搜索到 TestPlugin 插件，然后将它选中，如图 8.100 所示。

图 8.100

第 9 章　如何继续自学 Unreal Engine 5

本书到这里就快要结束了。通过前面八章的学习，想必大家对 UE5 已经有了一定的了解并掌握了基本的操作，利用这些知识，也许你已经能够独立地完成一个游戏的制作。

有读者会问，UE5 的内容就这些吗？当然不止！UE5 的内容博大精深，但是限于篇幅原因，本书无法把所有内容都罗列出来。如果你真的想比较系统地了解和掌握 UE5，还需要进一步靠自己去摸索来学习。

在游戏开发技术的学习中，在"师傅领进门"与"修行靠个人"中间，我觉得还缺了一步"师傅指方向"。一次成功的教育，是能让学生有能力继续自主学习。所以，授人以鱼不如授人以渔。

虽然还有很多内容我们无法在本书中详细介绍，但是在本章中，会介绍一些学习的方向，供大家参考，大家可以顺着这个线索继续自主学习下去。

本章主要介绍两大方面的内容。首先，笔者会介绍一种自己经常使用的源码阅读方法。接下来，简要介绍 UE5 的重点模块。

↘ 9.1　阅读 Unreal Engine 5 源码的方法

先来谈谈如何阅读 UE5 的源码吧。

想要精进 UE5 的学习，必须要学会阅读引擎的源码。什么时候我们会需要阅读 UE5 的源码呢？一般是以下这两种情况：

第一种情况——当网上的资料无法满足我们的需求的时候。

虽然 UE 已经发布了很久，并且官方及非官方的关于 UE4 和 UE5 的文章和视频也不少，但是这些资料大多都是讲的模块功能的使用方法，仅有少部分会涉及原理。而且这些文章，要么浅尝辄止，浮于表面，要么非常高深，让人看得云里雾里。这个时候，如果我们还想要了解这个模块，就只能靠自己阅读源码了。

第二种情况是当你想要深入了解一个模块的时候。

如果你对某一个模块特别感兴趣，想要学习它是怎么被设计与实现的，那么阅读代码可以让你看到模块的作用和原理，还可以让你能够汲取其中的设计哲学，用来丰富自己的编码经验。

总之，阅读源码是我们深入学习 UE5 的过程中逃不开的事。

然而，源码也不是那么好读的。我刚开始看 UE5 源码的时候也和大家一样，有时候觉得某个模块源码的量太多了，看了很久，看得头昏脑涨也不知道在讲什么，很容易就会产生挫败感，进而想要放弃。

但是后来我发现：模块的源码量多，不意味着它一定很难懂。UE 的源码设计非常规范，编写的时候遵循着一定的规则，只要掌握了阅读的方法，就可以用更高的效率读懂它。

那么，接下来就介绍一下我这几年阅读代码时总结出来的一些方法。

9.1.1　第一阶段：对模块的初步了解

刚开始阅读一个模块的时候往往是最痛苦的。在刚接触一个新鲜事物的时候，我们脑子里面对它完全没有概念，会让我们不知从何下手。在这个时候，我们的学习曲线处于最陡峭的那一段，人容易产生挫败感，有可能就因此放弃了。所以如果你决定阅读一个完全不了解的模块源码，先不要急——我们要让脑子里面先对模块有一个初步的认识。

想要对模块有初步的认识，可以从两方面入手。

第一，尽可能地将该模块的功能使用一次或以上。使用模块可以让我们：

● 能够直观地感受模块的功能；

● 了解模块执行功能都需要一些什么参数；

● 运行完功能可以得到怎样的结果。

第二，在网上搜索对应的资料，并尽可能地阅读和做笔记。我们要利用好网上的资料，可以从官方文档找起，然后再看网上非官方的文章和视频。

看资料的时候，看到任何不明白的新概念（源码中的某个没见过的类型、看不懂的变量名或者新的设计模式），都要记下来。记下来之后，使用搜索引擎等工具，弄懂每一个概念的意义。对这些概念了解之后，再去阅读模块源码，看到对应的名词就能够做到心里有底。这就有点像我们学习英语，想要读懂一篇文章，不要求我们对所有单词都能看懂，但是文章中常出现的那些关键的单词我们是一定要先搞懂的。

如果我们阅读的是一份比较小众的模块源码，有可能网上的对应资料会很少。没关系，因为在这一步中我们还没开始真正深入地阅读源码，而只是先熟悉一下相关概念，所以我们可以退而求其次——寻找源码对应功能的一般原理，或者找相似功能在其他游戏引擎中的实现。

举个例子，假设我们想阅读 UE5 中关于物理引擎的代码，但是网上找不到资料（其实是有的，这里只是假设）。那么，我们可以从物理引擎的原理入手，先搜一下游戏中的物理引擎入门，或者搜索其他游戏引擎中（Unity 或者 Cocos2dx）物理引擎的实现原理。这些通用模块虽然在各个引擎中有不同的实现方式，但是原理上基本都是相通的。通过这种间接的方式，也能够让我们对模块有初步的了解。

9.1.2　第二阶段：确定模块的输入和输出

在前一步中，我们已经对模块的功能，还有模块中的概念有了初步的了解，那么现在就可以开始看源码了。

阅读一份代码，可以先从确定模块的输入和输出开始。包括了：

- 先确认实现模块的功能需要些什么参数，对应的代码在哪里？
- 模块会输出什么结果，对应的代码又在哪里？

搞明白了模块的输入和输出之后，接下来就可以顺藤摸瓜，找出源码中是如何使用这些输入参数一步步地计算，最终得到输出结果的。而这些计算的过程就是我们要关注的模块实现细节。

9.1.3　第三阶段：画图整理

有时候模块的逻辑过于复杂，如果不借助笔记或者画图将它们记录下来，很容易就看了后面忘了前面。

在画图方面，我推荐使用几种图将它们的关系整理下来，分别是：UML 类图、流程图、时序图。

UML 类图记录的是类的内容，还有类与类之间的关系。当你在源码看到非常多的类和函数，而且它们之间的关系错综复杂的时候，画一幅 UML 类图就能将它们的关系理清。

流程图画的是一个逻辑的流程。如果遇到源码中有非常复杂的逻辑，复杂到我们看到后面就忘了前面的时候，就可以画一幅流程图来整理逻辑。

时序图关注的则是在整理代码中信息的传递。如果源码中涉及非常多数据的相互传输，那么可以使用时序图进行整理。

9.1.4　第四阶段：消化知识

在一番努力过后，我们已经把源码阅读过了一遍，但是如果想要让它成为我们知识体系的一部分，我们需要将这些知识用自己的语言进行输出。我们可以在阅读和整理源码之后，写一篇文章进行总结，或者向别人讲述学到的东西，用这种方式来将新的知识融入已经掌握的知识体系中。

↘ 9.2　模块导读

在接下来这一节中，会介绍一些 UE5 的重要模块或者学习方向，以及对应的一些资料（排序不分先后），供大家参考。

9.2.1 打包

在做出游戏的主要内容之后，我们需要对游戏进行打包发布。在打包这方面，有两个方向可以研究。

一个是 UE5 的自动工具（AutomationTool）。使用这个工具，可以制作无人值守的打包流程。如果我们的团队中包括了策划以及美术人员，通过使用 AutomationTool，我们可以手动或者自动地编译可执行文件并上传到版本管理服务器上，让策划和美术能够直接运行编译好的 UE5 编辑器。

另一个则是游戏运行平台相关的研究。使用 UE 制作的游戏可以发布到多个平台，包括了主机平台 PlayStation、Switch、XBOX，电脑平台 Windows、MacOS、Linux，移动平台 Android、iOS 等。发布到不同的平台会涉及那个平台对应的知识。比如说，如果我们想要将游戏发布到 iOS 平台，那么就得学习 MacOS 上 XCode 的使用，还有 Objective-C 语言的使用等知识；想要发布到 Android 平台，那么就要有一定的 Java 和 Android 开发的知识。

9.2.2 C++

UC++ 与原生 C++ 有诸多不同，其中的 UObject 体系提供了许多原生 C++ 并不具有的特性，诸如反射、GC、网络同步等，每一个特性都是一个不小的课题，如果想要深入了解 UC++，可以从这些特性的实现入手。

当然，万变不离其宗，UC++ 的新特性最终也是使用原生 C++ 来实现的，所以原 C++ 方面的知识也不能欠缺。在 UE5 中使用了大量 C++11 标准带来的新特性，包括并不限于 lambda 表达式、auto 类型、右值与完美转发等。这些新特性广泛地被应用在 UE5 源码中，所以如果想要阅读和学习 UE5 源码，需要扎实的 C++ 基础，最好先学习一下 C++11 和 C++14 标准带来的新特性。

想要生成 UC++ 最终编译的代码，离不开引擎的 UHT 和 UBT 工具，我们在书中也有简单介绍。这两个工具的源码也可以找到，可以研究一下它们的实现。

9.2.3 AI

在第 6 章中，我们只是简单地了解了 UE5 里行为树的用法。实际上，在 UE 中还包括了另外两套可能会用到的 AI 相关的系统：EQS（Enviromental Query System，环境查询系统）和 Perception（感知系统）。EQS 的用处是从一个数据集合中查找出最符合需求的一系列结果；而感知系统的用处是赋予角色感知能力，让它能够察觉到游戏场景中的信息。

书中我们还介绍了如何使用蓝图来编写行为树节点。行为树节点也可以使用 C++ 实现，并且自由度更高，比如说我们可以使用 C++ 来创建一种新的 Composite 节点。

UE 的行为树系统设计非常精良，使用了很多设计的技巧，比如节点的单例模式，它会把节点的数据内存都集中在一起管理。阅读行为树系统的源码可以让我们吸收到很多代码设计上的营养。

当然，除了官方的行为树框架以外，我们也可以在虚幻的商场中找到其他的 AI 框架，比如状态机或者 HTN 等框架，接入到游戏中就能使用。或者我们也可以自己钻研和比较各种 AI 的实现方案，并在 UE5 中编写出属于自己的一套 AI 方案，这样的实践可以让我们对 UE5 中的 AI 有深入的了解。

9.2.4　渲染

大多数玩家玩游戏的时候，希望游戏是好玩又好看的。"好看"这一部分就是由游戏中的渲染负责的，它决定了每一帧的画面是怎样被绘制出来的。

渲染模块是个大学问。在学习渲染模块之前，需要有一定的图形学知识。接下来我们就可以尝试使用这些知识，结合网上的文章来编写自己的材质，使用这些材质来达到令自己满意的效果。使用材质一段时间之后，就可以研究一下 UE5 渲染模块的源码，以及学习如何创建自己的渲染模型。

9.2.5　网络

UE5 的网络功能基于 UObject 提供的反射。游戏可以编译为服务器模式和客户端模式，并由服务器做一些关键性的逻辑。我们可以设置某些函数只在服务器上运行或者只在客户端运行。

UE5 的网络功能可以支持我们比较轻松地做出很棒的联网游戏，所以这方面同样值得研究。

9.2.6　Unreal Engine 5 的关键新特性

UE5 对比 UE4 来说，有重大的改进。除了 UI 风格上发生了很大的改进之外，UE5 还推出了很多新功能。其中最亮眼的有四个模块：全局实时光照方案 Lumen、虚拟几何体 Nanite、原声音 MetaSound 及控制器 ControlRig。

UE5 推出了一种全新的全局光照和反射的方案——Lumen。Lumen 能够带来更加优秀的渲染效果，但同时，也会需要更高的硬件支持。

Nanite 是 UE5 推出的虚拟几何体方案。它能够让我们在游戏中尽情地使用高模（指的是三角形特别多，细节特别多的模型），但是在应用到游戏中的时候只处理我们能感受到的细节，并且 Nanite 会对模型进行压缩，让高模占据的空间不需要那么多。

MetaSound 系统允许我们使用类似于材质图的节点来设计和产出一个新的游戏音效，让我们能够在音效上更加自由地创作。

ControlRig 则能够让我们用控制器的方式来制作动画。通过使用控制器，我们可以更快更简便地制作出符合需求的动画。

除了上面提到的四个大功能以外，UE5 还提供了许多其他新的功能，等大家自己去挖掘。